산업안전심리학

장성록·위국환·김선화·용홍출 지음

도서출판 GS인터비전

머리말

누구도 사고가 일어나기를 바라는 사람은 없다. 아니, 예방하려고 힘쓴다. 우리나라에서도 1981년 12월 31일 산업안전보건법을 제정하여 산업재해를 줄이기 위하여 법적, 제도적 장치를 마련하고 안전한 사업장이 되도록, 안전한 사회가 되도록 모두 노력하고 있다. 또한, 2021년 1월 26일 중대재해처벌법을 제정하여 산업재해 뿐만 아니라, 사업 또는 사업장, 공중이용시설 및 공중교통수단을 운영하거나 인체에 해로운 원료나 제조물을 취급하면서 안전·보건 조치의무를 위반하여 인명피해를 발생하게 한 사업주, 경영책임자, 공무원 및 법인의 처벌 등을 규정하였다. 중대재해를 예방하고 시민과 종사자의 생명과 신체를 보호하기 위하여 정부에서는 각종 지원책을 제시하고 제재를 가하기도 하였다. 또한 사업장에서는 설계 검토에서 설치 검토, 제조 시 검사 그리고 정기점검, 수시점검과 안전보건관리자 및 작업자 안전교육 등 여러 가지 예방책을 수행하여 산업 현장에서의 재해요인이 많이 줄었다. 하지만 아직도 산업재해가 많이 발생하고 있으며 특히 21세기에 들어와서는 산업재해의 감소가 정체 상태를 보이고 있다. 이러한 사실은 이제까지 물적 위험성, 즉 불안전 상태에만 관심을 갖고 있던 재해 예방 방식에 의한 재해 요인 제거가 거의 한계에 이르고 있다는 것을 의미한다. 또한 기업의 차원에서 보면 재해 발생은 인명 피해와 재산 피해뿐만 아니라 품질, 생산성과 더 나아가서는 수익성에 가장 영향을 많이 주는 요소라고 볼 수 있다.

원인이 없는 사고는 없다. 지금은 발생하지는 않았다 하더라도 사고를 유발하는 요인이 존재한다면 언젠가는 사고가 일어나게 되어 있다. 머피의 법칙은 이런 요인들이 가장 적합하지 않은 시간에 일어난다고 이야기를 하고 있지만 사고가 일어나기에 적합한 시간이라는 것은 없다. 이러한 사고의 원인을 분석하면 인간의 불안전 행동이 90% 이상이라는 것은 각종 통계에서 보듯이 자명하다.

이러한 인간의 불안전 행동을 조금이라도 줄일 수 있는 방안을 마련하는데 산업안전심리학이라는 방법론을 제공하고자 본서를 집필하게 되었다. 본서에서 제시하고 있는 내용이 산업안전심리학의 모든 것을 포함하고 있다거나 산업안전심리학을 체계화하였다고 단언할 수는 없다. 그러나, 저자가 지난 30 여 년간 산업현장에서 수행한 안전진단, 안전수준 평가, 사고조사 등의 경험과 안전공학과 제자들의 안전관리자로서 겪고 있는 애로 사항들을 바탕으로 실제 현장에서 안전관리를 수행함에 있어 반드시 고려하여야 할 심리학 분야의 이론을 정리하였다. 이를 통하여 우리나라의 안전관리 수준을 높이고 재해율 감소에 미력하게나마 도움이 되길 바란다.

2023년 1월 18일

대표저자 장성록

목차

제1장

심리학의 개요

1.1 심리학의 역사

“우리는 누구인가? 우리의 생각을 초래하는 것은 무엇인가? 우리가 어떤 행동을 하는 이유는 무엇인가? 우리 주변에서 일어나는 현상을 어떻게 이해하고 대처해야 하는가?” 등 인간에 대한 의문점 중에 가장 핵심이라고 할 수 있는 것은 ‘마음’이다. 행동의 근원을 살펴보면 ‘마음’의 움직임에 따라 행동이 수반되며 그 마음이 머무는 곳에서 행동이 나타난다.

고대 철학을 살펴보면 소크라테스 이전에는 자연 철학이 주를 이루었는데 소크라테스부터 인간의 내면에 있는 진리를 고민하고 토론하는 것을 알 수 있다. 소크라라테스 제자인 플라톤(Platon, B.C. 428/427 ~ 348/347)은 인간의 의식이 육체와 분리되어 있으며, 마음과 몸은 실제가 전혀 다른 것으로서 뚜렷이 구분될 수 있다는 심신이원론(心身二元論, mind-body dualism)을 주장하였다. 반면 아리스토텔레스(Aristoteles, B. C. 384~322)는 인간의 의식이 육체와 분리될 수 없어 의식과 육체는 하나이며 몸과 마음이 명확하게 나눠질 수 없다는 심신일원론(心身一元論, mind-body monism)을 주장하였다.

아리스토텔레스의 전통을 부활시킨 경험론은 감각 연구를 통해 인간의 본성에 접근할 수 있는 길을 제공하였고, 데카르트의 기계론적 인간관은 심리학이 다른 학문의 연구 업적을 활용할 수 있는 배경을 제공해 주었다.

1.1.1 구조주의

'현대 심리학의 아버지'라 불리는 분트(Wundt, 1832~1920)는 1879년 독일의 라이프치히(Leipzig)대학에서 최초로 실험실을 열어 인간의 의식을 연구 대상으로 한 과학적인 접근을 시도했다. 그는 눈으로 볼 수 없는 마음을 과학적으로 파악하려고 했으며 인간의 의식 과정도 화학에서 분자 구조로 설명하는 것처럼 가능하다고 주장했다. 분트는 실험 장치를 통해 소리가 발생하면 바로 버튼을 누르도록 요구하였는데, 사람들은 대략 0.1초 내에 반응했다. 그리고 소리의 지각을 의식적으로 자각하면 바로 누르도록 요구하였을 때는 대략 0.2초 정도가 걸려 자신의 자각을 깨닫는 것이 조금 더 오래 걸리는 것으로 나타났다. 분트는 이 실험으로 ' 마음의 원자', 즉 가장 빠르고 가장 단순한 심적 과정을 측정하고자 했다.

'내성심리학' 또는 '요소주의 심리학'이라고도 불리는 구조주의(structuralism) 심리학은 인간을 이해하기 위해서는 의식 과정에 무엇이 일어나고 있는지를 잘 탐색하고 말로 표현해야 된다고 주장했다. 이러한 관찰 방법을 내성(introspection)법이라고 하는데 자신의 의식 작용을 재해석하고 구성하는 과정으로 생각이나 감정, 느낌 등을 자기 스스로 들여다보고 언어로 보고하는 방법을 말한다.

구조주의 심리학은 분트의 제자인 티치너(Titchener, 1867~1927)에 의해 이름이 붙여졌으며 소개되었다. 그는 미국 코넬대학교의 심리학 교수로 있으면서 미국에 구조주의를 소개하였고, 마음의 구조를 묘사하는 심리학을 연구하면서 인간의 의식(consciousness) 구조를 자연과학적 연구 방법으로 파악하고자 했다.

티치너는 마음 구조의 요소를 분류하고 이해하려는 목표를 가지고 있었다. 그는 사람들에게 어떠한 상황이 일어났을 때 느끼는 내면의 감정을 스스로 성찰하도록 요구했다. 그러나 불행하게도 내성이라는 구조주의의 기법은 다분히 신뢰할 수 없는 것으로 판명되었다. 내성법은 철저하게 주관적인 영역에 존재하고 있었기 때문에 객관성을 확보하기가 어려웠다. 또한 원하는 만큼의 심리 작용과 심성 요소에 대한 표본을 얻어낼 수 없어서 심리학 연구에 큰 장애를 초래하게 되었다. 내성법이 시들해지자 구조주의도 함께 쇄락의 길을 걸었다. 단순 요소들을 가지고 마음의 구조를 구성해보고자 시도했던 것은 조립하지 않은 부품들을 살펴봄으로써 자동차를 이해하고자 시도하는 것과 다름없었다.

1.1.2 기능주의

기능주의(functionalism)는 의식을 연구 대상으로 했지만 구성주의와는 다르게 의식이 어떻게 기능하는가를 보고자 하였다. 즉, 제도·역할·규범 같은 한 사회의 모든 요소들은 어떤 목적을 가지며 그 사회의 장기적인 존속에 반드시 필요하다는 전제에서 출발한다.

기능주의의 대표자라 할 수 있는 제임스(James, 1842~1910)도 분트와 티치너처럼 인간의 의식에 관심을 가지고 연구를 하였으나 그의 의식에 대한 관점은 이들과 차이가 있었다.

제임스는 주관적 경험이 마치 원자로 이루어진 분자이기보다는 강(그는 이것을 '의식의 흐름'이라 불렀다)과 같으며, 기본 요소로 분리하려는 시도는 옳지 않다고 느꼈다. 제임스는 심리학자들이 마음이 어떤 것인지 보다는 그것이 왜 있는 것인가에 대해 더 관심을 두어야 한다고 생각했다. 그래서 제임스와 다른 심리학자들은 기능주의라 불리는 심리학의 새로운 접근을 발전시켰다. 이는 정신 과정의 적응적 중요성을 강조한 심리학에 대한 접근이었다. 여기서 '적응적 중요성'이란 다윈(Darwin, 1809 ~1882)에게서 찾을 수 있다. 동물들은 자신들의 물리적 속성을 후손들에게 전해주며, 가장 '적응적인' 속성들(즉 후손들의 생존과 번식을 돕는 속성들)은 한 세대에서 다음 세대로 전해지기 쉽다고 한다. 제임스는 우리의 신체적 특성이 적응적이기 때문에 진화한다면, 마음을 조성하는 데도 자연선택이 작용했을 것으로 생각하여 "의식은 다른 모든 기능과 마찬가지로 사용을 위해 진화했다"고 주장했다.

또한 제임스는 인간의 행동을 기능적인 것으로 보고 유기체가 지각 능력을 가지고 어떻게 환경에 기능하는가에 관심을 가졌다. 그는 의식이 어떤 요소들로 구성되어 있는지 안다고 하더라도 인간을 올바르게 이해할 수 있는 것이 아니며 의식이나 정신과정을 여러 개의 조각들로 나눌 수 없는 하나의 것으로 보았기 때문에 구성주의를 비판했다. 그는 우리가 바나나를 볼 때 길고 노란 물체를 보는 것이 아니라 바나나 전체를 보는 것처럼 연속적인 흐름인 지각과 연합으로 본다고 생각했다. 따라서 무엇을 보았는가(느꼈는가, 생각하는가 등) 하는 의식의 내용 분석이 아니라 어떻게 보았는가(느꼈는가, 생각하는가 등) 하는 심리적 기능을 연구 대상으로 삼았다.

구성주의 심리학자들은 의식이 변화하는 환경에서 어떤 적응적(행동) 기능이 있는가를 고찰하려고 하는 노력이 필요하며, 이것은 내성법만으로는 부족하고 실제적 행동 관찰을 병행해야 한다고 주장했다.

1.1.3 행동주의

행동주의 심리학(behaviorism)의 창시자로 볼 수 있는 왓슨(Watson, 1878 ~1958)은 기능주의 심리학자들과 구조주의 심리학자들이 공유한 생각, 즉 정신이 심리학을 연구하기 위한 적절한 대상이라는 생각에 반대하였다. 그는 실험 심리학의 창시 자인 분트의 내성법(의식 경험의 심적 과정을 관찰, 분석)을 비판하였다. 관찰하고 측정할 수 없는 것은 과학적으로 연구할 수 없다는 입장을 내세우며 감각, 감정, 사고는 관찰할 수 없다고 하였다. 하지만 사람들이 다양한 상황에서 반응할 때 그들의 조건 형성된 행동은 관찰하고 기록할 수 있다고 주장하였다. 이 주장에 동의한 많은 심리학자들은 모든 행동을 조건 형성의 결과로 보고 인간 이해의 기본 공식을 자극과 같은 반응의 관계로 규정하였다.

행동주의 심리학자들에게 연구의 정확한 대상은 '관찰 가능한 행동'이었다. 정신적 경험과 달리 행동은 측정되고 다른 과학자들에 의하여 증명될 수 있는 것이다. 예를 들어, 배고픔에 대한 연구에서 행동주의자들은 정신적 경험을 연구하기 보다는 관찰 가능한 섭식 행동 그 자체를 연구한다. 비록 왓슨은 정신 과정이 직접적으로 행동을 유발한다는 것을 부정하였지만 정신의 존재 자체를 부정하지는 않았다. 그는 배고픈 느낌과 같은 정신에서 섭식의 원인을 찾는 대신, 저혈당과 같은 신체적 조건이나 식욕을 자극하는 냄새와 같은 환경에서 그 원인을 찾아 설명하려 하였다.

왓슨은 파블로프(Pavlov, 1849~1936)의 연구에 강하게 영향을 받았다. 파블로프는 개의 소화기의 연구 과정에서 개에게 먹이를 주면(무조건 자극) 침이 나오는 것(무조건 반응)에 종소리를 함께 하면(조건 자극), 이후에는 종소리만 나도 바로 침이 나오는 것(조건 반응)이 학습된다는 것을 처음으로 밝혔다. 이것을 조건반사(고전적 조건형성)라고 한다. 왓슨은 인간의 감정이 고전적 조건화에 의해 학습이 가능하고, 인간의 행동은 특정한 자극과 조건만 주어진다면 언제든지 통제하고 변화시킬 수 있다고 '아기 앨버트의 실험' 결과를 통해 주장했다.

스키너(Skinner, 1904~1990)는 행동주의를 보다 발전시키는 핵심적 역할을 하였다. 그는 '스키너 상자'에 쥐를 넣고 실험 장치를 통해 유기체가 복잡한 환경 상태에서도 스스로 반응 양식을 습득하고 강화해 나가는 조작적 조건형성을 발견하게 된다. 조작적 조건형성이란 인간이 환경 자극에 능동적으로 반응하여 나타나는데, 보상이 뒤따르는 행동은 증가하고 처벌이 주어지는 행동은 감소된다는 것이다. 이러한 행동을 반복적으로 일어나게 하면 점차 어떤 목표의 상태에 이르게 할 수 있다는 주장에 따라 이것을 순치이론이라고 부르기도 한다.

1.1.4 형태주의

형태주의 심리학의 대표적인 학자는 독일의 베르트하이머(Wertheimer, 1880~1943)와 독일 심리학자 코프카(Koffka, 1886~1941) 및 쾰러(Kohler, 1887~1967)가 있다. 베르트하이머는 마음을 구성요소로 분석하려는 구조주의 심리학자들을 반박하였다. 그는 인간이란 어떤 대상을 개별적 부분의 조합이 아닌 전체로 인식하는 존재라는 믿음을 뒷받침하기 위하여 게슈탈트(Gestalt)라는 용어를 사용하였는데 이는 영어의 'form' 혹은 'shape'에 해당하는 말이다.

'전체란 단순히 부분의 합이 아니라 그 이상을 의미한다'라는 말은 형태주의의 기본 원리를 가장 잘 표현하고 있다. 이런 기본적인 가정 때문에 베르트하이머는 마음을 개별 요소로 분석하려는 구조주의 심리학자들을 비판하였다. 형태주의 심리학자들은 어떤 내용을 구성 요소로 나누면 이미 원래의 내용은 존재하지 않으며, 이 요소를 재결합하여도 원래대로 돌릴 수 없다고 주장하였다. 즉, 의식의 내용을 구성 요소로 분석하면 원래의 내용은 사라지고, 이 요소를 다시 결합한다 해도 원래대로 돌릴 수 없기 때문에 전체는 부분의 단순한 합이 아닌 전체 정신 과정의 흐름으로 형성된다고 보았다. 그렇기 때문에 인간을 올바르게 이해하기 위해서는 의식이 단순한 구성 요소의 합이 아니라 각 요소의 상호 관계의 맥락 속에서 지각하는 것이 필요하다.

형태주의 심리학은 베르트하이머에 의하여 주창되었지만, 그의 동료이자 가장 영향력 있는 형태주의자며 작가인 코프카와 형태주의 심리학을 자연과학 분야로 승격시키고 문제 해결 연구에 적용시킨 쾰러에 의하여 대중화되었다. 코프카와 쾰러는 형태주의 심리학을 미국에 소개하였다. 특히 쾰러는 1959년에 미국 심리학회(APA) 회장으로 추대되었으며 형태주의와 행동주의 심리학의 장점들을 포용한 심리학을 만들어야 한다고 주장했는데 인지심리학적 관점을 선호한 학자들은 이 조언을 받아들였다.

형태주의 심리학자들은 인간의 감각 기관을 통해 들어오는 정보의 형태를 인지하고 해석하는 인간의 지각(perception)에 대한 문제에 가장 큰 관심을 가졌으며, 학습, 기억, 문제 해결 등의 지적 활동에서 지각 중심적인 해석을 강조하였다.

또한 인간을 자극에 대해 반응하는 단순한 수동적 존재로 보지 않고 능동적이고 적극적인 존재로 인식하였으며, 보다 높은 수준의 정신 능력을 설명하는데 공헌하여 후에 인지심리학에 많은 영향을 주었다.

1.1.5 정신분석학

정신분석이란 인간의 의식 세계 아래에 내면세계인 무의식의 세계를 가정하고 인간이해를 위해 이곳을 분석하는 학문이다. 이론 전반에 걸쳐 있는 기본 가정은 정신결정론(psychic determinism)과 무의식적 동기(unconscious motivation)로 인간이 행하거나 생각하고 느끼는 모든 것에는 심리적 요인이 복잡하게 깔려 있으며 거기에는 정신이라는 에너지가 결정적으로 작용하고 있다고 보았다.

정신분석학은 의학에서 그 기원을 찾을 수 있다. 정신분석(Psychoanalysis)의 창시자인 프로이드(Freud, 1856~1939)는 오스트리아 출신의 신경과 의사였다. 심리학자 중 가장 잘 알려져 있는 프로이트는 의식 세계보다 무의식 세계가 인간의 행동과 사고를 지배한다고 주장하였다.

정신분석 이론에서 인간의 행동을 이해하기 위해 가장 기본적으로 중요하게 생각하는 것은 인간의 본능과 무의식이다. 프로이드는 인간에게 삶의 본능과 죽음의 본능 두 가지가 있다고 보았는데 죽음의 본능의 주된 구성 요소를 공격성으로 보았다. 또한 정신분석 이론에서 무의식은 인간의 정신 구조에 있어 그 심연에 해당하는 부분으로 우리가 인지하는 의식이나 의식과 근접해 있어 조금만 노력하면 깨달을 수 있는 전의식과는 달리, 우리가 스스로 자각하거나 깨닫지는 못하지만 인간 행동에 가장 큰 영향을 미치며 꿈이나 실언 등을 통해 드러난다고 가정한다. 그는 무의식을 빙산의 일각으로 보고 인간의 행동을 분석하면 방대한 무의식의 세계를 알 수 있다고 하였다.

프로이트의 정신분석 이론에 의하면 인간 행동은 내적으로 강한 심리적 힘에 의해서 움직이고 동기화된다. 그 행동 기저에 있는 심리적 힘이란 선천적인 본능(instinct)이나 욕구 등을 의미하며, 프로이트는 이것을 체계적으로 연구하면서 사람의 성격이나 사고 등의 행동을 설명하였다.

이렇듯 정신분석은 인간의 행동이나 사고는 무의식의 지배를 받고 본능적인 욕구의 표현을 금지당할 때 억압되어 무의식적 행동인 꿈이나 신경증적 증상, 실수, 실언, 망각 등으로 나타난다고 보았다. 꿈은 인간의 무의식적 욕구나 소망 갈등 등이 상징적으로 표현되기도 하고, 꿈의 무의식적 소망이 최근 사건뿐만 아니라, 어린 시절에도 뿌리를 두고 있다는 것을 알게 되었다. 또한 특정한 공격적 욕구가 무의식으로 억압되다가 실수의 형태를 빌어 나올 수도 있고 망각은 자신이 원하지 않는 고통과 관련된 기억을 떠올리고 싶지 않은 무의식적 동기가 행동으로 나타나게 된 것으로 보았다.

그는 본인이 의식하지 못하는 무의식이 인간 행동에 큰 영향을 미친다는 가설 하에 자유연상법을 통하여 억압된 기억들을 끌어냄으로써 히스테리 치료에 효과를 거두었다.

프로이드는 이러한 공헌점에도 불구하고 특히 성적 충동을 지나치게 강조한 점에서 동료들로부터 비판을 받게 되었다. 이것은 알프레드 아들러, 칼융 등을 중심으로 신정신분석학파(neo psychoanalysis)가 결성되게 만든 계기가 되었다. 이들은 무의식적 동기와 유아기의 중요성은 인정하되 성적 요소보다 사회 문화적 요소(인간관계 문화적 영향 등)를 더 강조했다.

1.1.6 인본주의

1950년에 미국의 심리학자인 매슬로우(Maslow, 1908~ 1970)와 로저스(Rogers, 1902~1987)가 인간은 자유의지를 가지고 있으며 무의식적인 동기와 환경적 자극에 의해 움직이는 존재가 아니라는 생각을 발전시키면서 인본주의적 접근이 생겨났다. 인본주의 심리학은 건전한 인간 자체를 대상으로 삼아 인간을 능동적인 성장 가능의 잠재력을 지닌 주체로 보았다. 인본주의에서는 개인의 주관적 경험을 강조한다. 즉, 개인이 주어진 사건을 지각하고 해석할 때 각자의 개인적 견해를 중요시한다는 것이다. 또한 인간은 스스로 자기 행동에 대해 책임지며, 자신이 통제할 수 없는 힘에 의해 행동하는 것이 아니라 스스로 행동을 지배한다고 생각한다. 그렇기 때문에 연구의 초점을 개인의 내적 생활과 경험을 이해하는 데 두었다.

로저스에 의하면 인간은 생득적으로 스스로를 유지하거나 발달시켜 잠재적으로 가지고 있는 역량을 키우려 하는 경향성을 지니고 있는데, 이를 실현화 경향성이라고 한다. 로저스는 실현화 경향성은 사람뿐 아니라 살아 있는 모든 유기체에서 공통적으로 드러난다고 했다. 실현화 경향성 중 자아를 유지하고 발전하며 잠재력을 발휘하려는 경향성을 자아실현 경향성이라고 한다. 로저스는 인간 유기체 실현의 궁극적인 목표를 "충분히 기능하는 인간"으로 보았는데, 이들은 경험에 개방적이며 순간마다 자신의 존재의 의미를 발견하고 삶에 충실하다고 보았다.

인본주의 심리학은 인간의 자유 의지와 자기실현에 초점을 두고, 인간을 각자의 실존적인 경험과 주관적인 감정을 통해 세상을 지각하는 자유롭고 능동적인 존재로 규정하였다. 인본주의는 인간의 잠재능력을 신뢰하고 인간의 기본적인 동기로서 성장 동기를 강조한다. 인간은 선천적으로 내적 욕구를 갖고 태어나며 이러한 욕구를 만족시키기 위해 노력하게 되는데 노력의 궁극적인 지향점은 단순히 생물학적 만족이나 긴장의 감소가 아닌 자아실현의 추구이다.

매슬로우는 이것을 결핍욕구와 성장욕구인 5단계로 구분하였고 인간은 생득적으로 자신의 잠재력을 발달·성장시키려는 본능적 경향을 갖는다고 보았다. 따라서 결핍 욕구인 생리적 욕구가 성취되어야 그 다음 단계로 나아가고자 하는 욕구가 일어나며 결국 가장 높은 단계인 자아실현으로 나아가고자 하는 욕구가 생기기 때문에 단계의 중요성을 강조하였다.

1.1.7 인지주의

인본주의 심리학이 출현한 1960년대에 심리학자들은 인지 혁명을 선도하였다. 인지 혁명은 마음이 정보를 처리하고 파지하는 방식의 중요성과 같이, 심리학을 심적 과정에 대한 초창기의 관심사로 되돌리게 만들었다.

인지심리학(cognitive psychology)은 실험 심리학의 영역 중 하나로, 행동의 주관적인 측면을 중시하여 지식 획득과 심리적 발달 등 연관된 정신적 과정을 탐구하는 심리학의 분야이자 정보처리 관점에서의 인지 활동을 연구하는 학문이다. 인지적 접근은 형태주의 심리학과 행동주의 심리학의 결합이다. 인지심리학은 형태주의 심리학처럼 유기체의 지각과 정보 처리, 경험의 해석 등 정신의 적극적인 작용을 강조한다. 그리고 행동주의 심리학처럼 객관적이고 잘 통제된 실험실에서의 연구도 강조한다. 따라서 인지심리학은 언어적 보고에만 의존하지 않고 관찰 가능한 반응을 통해 정신적 과정을 추론한다. 정신적 작용이 행동에 별로 영향을 끼치지 못한다고 주장하는 극단적인 행동주의 심리학자들과 달리, 많은 인지심리학자들은 정신적 작용이 행동에 영향을 미친다고 믿는다. 또한 인간은 단지 수동적으로 자극을 기각하는 것이 아니라 능동적으로 받아들여 그것을 다시 새로운 형태나 항목으로 변경시킨다고 주장한다.

사람들은 내적, 외적 정보를 받아들이고, 이런 정보를 신경계의 어디에 저장하고 있다가 필요할 때 사용한다. 특정한 대상에 주의를 기울이고, 그 대상을 지각하며, 특정한 내용을 저장하고, 새로운 사실을 배우며 익히고, 언어를 사용하며, 문제를 해결하는 지적 과정을 인지(Cognition) 과정이라고 한다. 그리고 인지과정에 의하여 획득, 조작된 정보의 내용, 즉 지식을 심적 표상이라고 한다. 인지심리학에서는 정보가 조작되고 처리되는 과정과 그 처리 내용, 즉 심적 표상의 문제에 관심을 갖는다.

오늘날 인지적 관점은 심리학에서 가장 많은 영향력을 행사한다. 인지 심리학자인 켈리(Kelly, 1905~1967)는 성격과 심리치료, 정신 이상에 대한 연구에 적용되는 이론을 제시하였다. 켈리는 인간이 인지 구조에 의해 행동한다고 믿었는데 실제로 인간은 각기 사고의 틀이 다르므로 동일한 자극 대상에 대해서도 저마다 다르게 해석하고 지각할 수 있다고 주장하였다.

오늘날 인지심리학은 계속해서 사람들이 정보를 지각하고 처리하며 기억해내는 방식 그리고 불안장애나 우울증을 비롯한 심리장애에서 사고와 정서가 상호작용하는 방식을 과학적으로 탐구한다.

1.1.8 긍정심리학

긍정심리학(positive psychology)은 개인과 사회를 번영시키는 강점과 장점을 연구하는 최근 주목받고 있는 심리학의 한 분야이다. 심적 과정의 병리적 성격을 고찰하고 진단, 처방하던 과거의 연구 추세에서 벗어나, 인간의 긍정적 잠재력과 번영, 삶의 질과 행복 수준의 증가를 도모하여 만족스러운 삶을 살아가게 하는 것을 목적으로 하는 과학적 심리학의 한 분야이다.

심리학의 초기 100년은 학대와 불안, 우울과 질병, 편견과 가난 등과 같은 불행을 이해하고 치유하는 것에 초점을 맞추고 이런 감정을 완화시켜 고통을 덜어주는 역할을 하였다. 하지만 셀리그만(Seligman, 1942~)으로 대표되는 긍정심리학자들은 개인과 조직, 사회에 일어나는 기쁘고 좋은 일을 더 오랫동안 지속시킬 수 있는 방법과 힘들고 나쁜 일들을 극복하고 해결할 수 있는 과학적인 방법들을 제안하였다.

긍정심리학자들은 인류의 번성에 도움을 주는 정서와 특질을 이해하고 계발하는 것에 관하여 더 많은 연구를 수행할 것을 주창해왔다. 이들은 자신의 접근을 긍정심리학(positive psychology)이라고 부르며, 행복이 즐겁고 몰입하며 의미 있는 삶의 부산물이라고 주장하였다.

긍정심리학은 개인과 조직에 있어 최적의 기능과 작용에 대한 과학적 연구라고 할 수 있다. 사랑, 감사, 즐거움, 용서, 일의 만족도 같은 긍정정서와 창의성, 용감성, 감상력, 호기심, 열정 같은 강점들이 삶 속에서 어떻게 작용해서 어떤 결과를 산출해 내는지를 알아내고자 했다.

긍정심리학은 과학적 방법을 사용하여 개개인의 재능을 활용하는 '좋은 삶' 그리고 현재의 자신을 넘어서는' 의미 있는 삶'의 구축을 탐구한다. 그리고 부정적 사고 및 행동에 대한 긍정적인 사고 및 행동과의 균형 있는 삶에 초점을 강조한다.

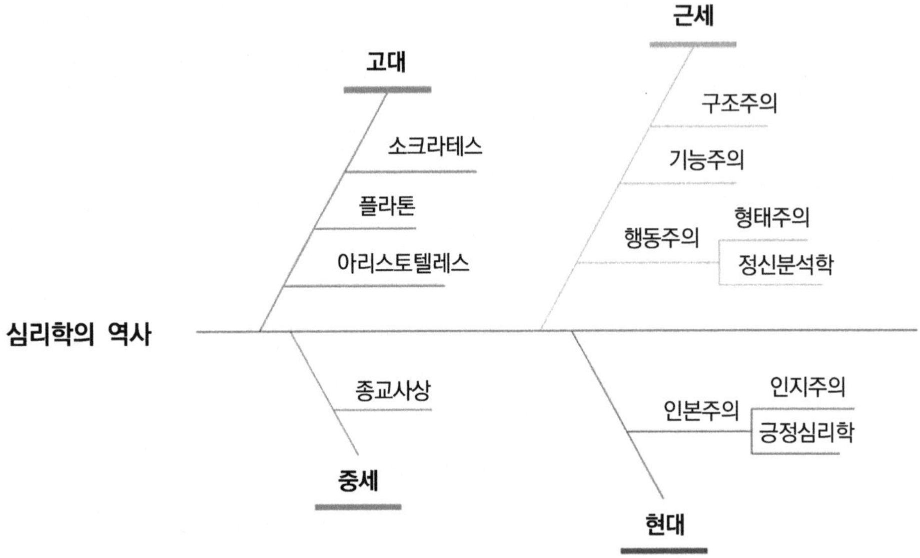

[그림 1-1] 심리학의 역사

1.2 심리학의 범위

1.2.1 생리심리학

생리심리학은 인간행동의 생리적 기초를 다루는 분야로, 주로 뇌의 기능과 신경계통 및 내분비계가 행동에 미치는 영향을 연구한다. 생리적 과정과 신경 과정에 토대를 두고 심리 현상을 기술하고 설명하려는 심리학으로 심리적 과정과 기본적인 생리적 사상 간의 관계, 즉 정신과 육체 현상에 관심을 갖는다.

육체적 조건을 떼어 놓고서 인간의 심리를 생각할 수는 없다. 심리학자들의 관심의 대상은 신체와 정신이었고 모든 유기체는 몇 개의 기관 계통으로 구성되어 있다. 결국 생리심리학은 생물학적 존재로서의 육체적 기능과 기관 계통의 작용 결과로 나타나는 인간의 심리를 연구하는 학문이라고 할 수 있다.

생리심리학 학자들은 호르몬의 분비 유형과 행동의 관련성에 관심을 가진다. 인간행동의 생리학적 측면, 즉 행동을 통제함에 있어서 신경계의 역할이나 호르몬을 분비하는 신체 부위와의 상호작용 등을 연구하는 것이다. 이들은 또 뇌에 전기적 자극을 가함으로써 감정을 변화시키려고 하며, 정신분열증 환자에게는 도파민 호르몬이 과다하기 때문에 도파민 수준을 조절하기도 한다. 또 우울한 환자에게는 뇌 중추의 쾌감을 전기적으로 자극하여 우울한 감정을 변화시키기도 한다.

최근에는 약물과 신체 및 심리적 반응 사이의 관계를 다루는 약물심리학도 포함하여 광범위한 분야의 명칭으로 생물심리학이란 용어도 등장하였다.

1.2.2 학습심리학

학습심리학은 학습 활동에 따른 심리 현상에 대하여 연구하는 학문이다. 학습심리학에는 조건 반사에 의한 자극과 반응과의 연결을 중시하는 자극·반응 이론과 통찰이나 의미의 이해를 강조하는 인지 이론이 있다.

심리학에 있어서의 학습이란 인간을 포함한 동물이 여러 가지 경험을 통해서 행동을 변용시켜 가는 과정이다. 일상생활 속에서 우리 인간과 동물들이 자연스럽게 하고 있는 행동과 변화 나아가 그 메커니즘을 해명하고자 하는 게 바로 학습심리학이다.

학습심리학에서는 어떤 경험이 어떻게 행동에 변화를 주는지, 또 행동 변화가 있을 때 원인은 무엇인지를 연구하며, 보다 좋은 행동의 변화를 기대하려면 어떤 경험이 필요하게 되는지를 밝히고자 한다.

학습심리학의 연구방법은 관찰법과 실험법의 두 가지로 나뉜다. 관찰법은 자연 환경에서의 인간이나 동물의 행동을 관찰하는 것으로, 관찰 대상에 대한 행동을 통제하지 않고 특정한 경험에 의해 어떻게 행동이 변화하는지를 관찰한다. 실험법은 관찰 대상에 대해 경험시킬 내용을 변화시킴으로써 어떻게 행동이 변화되는지를 관찰한다.

1.2.3 발달심리학

발달심리학은 사람의 출생부터 사망까지 일생 동안 연령 및 환경에 따른 정신 과정과 행동상의 변화를 다루는 학문이다. 발달 심리학자들은 유아기, 아동기, 청소년기, 성인기와 노년기에 이르기까지 인간의 다양한 생애 단계에 걸쳐 나타나는 언어적, 인지적, 사회적 변화의 원인과 과정을 탐구한다. 또한 애착의 형성과 안정된 대인 관계의 발달, 도덕성의 습득에 대해서도 관심을 갖는다.

인간의 전 생애에 걸친 발달 과정에는 어떤 특징이 양적으로 증대되고, 기능이 유능해지며, 구조가 더욱 복잡해지는 긍정적인 변화와 더불어 양적으로 감소되고, 기능과 구조가 퇴화하는 부정적인 변화가 함께 포함된다.

발달에 포함된 개념으로는 성장과 성숙이 있다. 성장은 주로 신체적 특성의 긍정적인 변화를 뜻하는데 근래와 와서 성장과 발달은 서로 교환해서 사용할 수 있는 동일한 개념으로 간주된다. 성숙은 학습에 의하지 않고 생득적으로 가지고 태어나는 유전적 요인에 의해 발달적 변화들이 통제되는 생물학적 과정으로 신체 구조, 운동 기능, 인지 구조, 정서 등에서 일어나는 질적인 변화를 뜻한다.

발달심리학 분야는 발달 단계의 어느 시기를 주로 연구하느냐에 따라 아동심리학, 청년심리학, 장년심리학, 노년심리학 등으로 세분화 된다.

1.2.4 인지심리학

인지심리학이란 인간이 지각 과정에서 받아들인 정보가 학습, 기억, 주의 등의 처리 과정을 통해 어떻게 심리적으로 가공되고 행동으로 표출되는지를 연구하는 것으로 과학적·기초적 심리학의 한 분야이다. 인지 심리학자들은 인간의 정보 처리나 해석, 사고 과정이 어떻게 행동에 영향을 미치는지에 대해 연구한다. 인간이 지식을 획득하는 방법, 획득한 지식을 구조화하여 축적하는 메커니즘을 주된 연구 대상으로 한다.

인지심리학은 지각, 기억, 이해, 주의, 사고, 학습, 추론, 문제해결과 인간의 고차적 인지 기능을 연구 대상으로 한다. 이 연구 대상도 크게 기초와 응용의 두 가지로 분류할 수 있다. 지각, 기억, 주의는 인지심리학 내에서도 기초적인 연구 대상으로 보고 언어, 추론, 문제 해결 등은 좀 더 고차적, 응용적인 대상으로 간주한다. 인지심리학은 뇌과학, 신경과학, 신경심리학, 정보과학, 언어학, 인공지능, 컴퓨터 과학 등과 관련이 있다.

심리학의 기초 분야에서는 '정보처리자로서의 인간'의 관점이 매우 깊이 받아들여지고 있기 때문에 인지심리학은 다른 심리학 하위 분야의 기초를 이루고 있다고 해도 무방하다.

1.2.5 사회심리학

사회심리학이란 우리의 사고, 감정, 및 행동이 실제의 혹은 상상 속의 타인(들)에 의해 어떻게 영향 받는지를 과학적으로 연구하는 학문 분야이다. 사회적 상황 요인이 개인의 행동·생각·느낌에 어떤 영향을 미치는지, 그리고 개인과 공동체 간의 상호작용은 어떻게 이루어지는지를 심리적 측면에서 연구하는 학문이다.

사회 심리학자들은 대인 지각과 태도, 대인 간 상호작용에 영향을 미치는 개인의 태도, 집단이 집단 구성원들의 행동에 영향을 미치는 방식 등에 대해 연구한다. 보다 구체적으로 자신과 타인, 세상에 대한 개인의 태도 형성과 변화, 동조나 복종 등의 방식으로 개인의 행동에 영향을 미치는 집단의 영향력, 또한 집단에서의 의사 결정과 과제 수행에 대해서도 연구한다.

사회심리학은 사람과 상황의 상호작용의 관점에서 사회적 행동에 대해 밝힘으로써 세상을 보다 정확하고 균형 있게 바라볼 수 있게 해 준다.

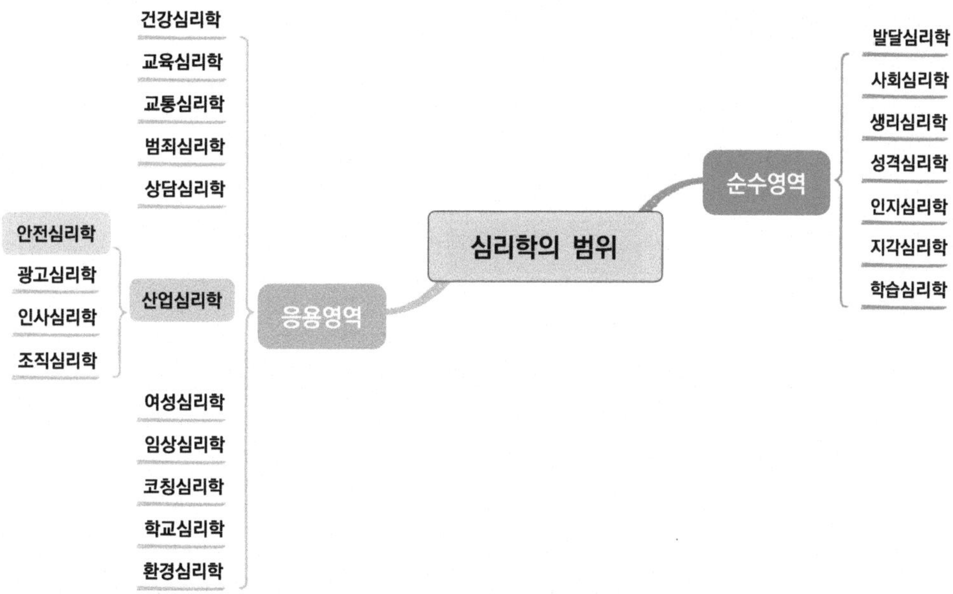

[그림 1-2] 심리학의 범위

1.2.6 교육심리학

교육심리학이란 교육학의 하위 영역으로서, 교육 목표를 효과적으로 달성하기 위한 교육의 과정, 즉 교수-학습 과정에 관한 개념·법칙·이론과 효과적인 실천 방법을 연구하는 학문이다. 교육의 목적을 위하여 심리학적 지식이나 결과를 활용하는 응용심리학이며, 교육을 개선하는 데 필요한 심리학적 정보(학습자의 지적·정의적·발달적 특성의 이해, 학습에 대한 이해, 수업 과정에 대한 이해, 생활 지도와 적응에 대한 이해, 교육 측정과 평가에 대한 이해 등)에 대한 이해 등에 필요한 실천적인 정보를 제공한다.

학습자의 초기 상태 진단을 포함한 학습 지도에 초점을 두며, 심리학적 지식과 결과를 활용하여 학습과 관련된 다양한 문제들에 대해 적절한 지식을 제공한다. 어떻게 하면 잘 가르치고 배울 수 있는지와 관련된 지식 체계를 종합한 학문이므로 교육심리학자들은 교육 과정이 학생들에게 어떠한 영향이 있는지 살피고, 학생들의 눈높이에 맞는 학습 방법을 제공하고, 발달 과정에 맞춰서 교육 과정을 제공하고 개발할 필요가 있다.

1.2.7 상담심리학

상담심리학이란 심리학의 이론과 원리를 상담과 심리치료 장면에 적용하여 심리적 문제를 호소하는 사람을 돕고 성장하게 하는 과정과 방법을 연구하는 학문 분야이다. 평생의 발달 과정에 걸쳐 개인의 심리사회적 기능 증진을 돕는 학문으로 정서적, 사회적, 교육적, 발달적, 조직적, 건강 관련 문제들의 예방 및 해결에 초점을 두고 있다.

상담심리학은 정신건강, 성격, 발달, 교육, 진로 선택, 직업 적응, 가족 관계, 부부 문제, 개인적 성장 등의 다양한 분야에서 심리적인 어려움을 호소하거나 마음의 상처를 입은 사람들을 대상으로 심리적 문제를 해결해주고 개인의 자존감을 높여주기도 하면서 삶의 질을 향상시키는데 목적이 있다.

상담 과정에서 내담자와 상담자는 상담을 위한 공동의 목표를 수립하고 상담자는 조력자 역할을 하는데, 내담자의 수에 따라 개인 상담 또는 집단 상담으로 분류할 수 있다. 상담은 일반적으로 내담자에 대한 전반적인 평가와 상담 목표 수립을 위한 초기 면접 후, 필요에 따라 심리 검사를 실시하고 1~12회의 단기 상담 또는 장기 상담을 진행하는 순서로 이루어진다.

1.2.8 범죄심리학

범죄심리학이란 범죄나 범죄자를 설명하는데 있어 심리학적 이론과 지식을 적용하여 범죄와 관련된 현상에 대한 이해를 높이는 학문이다. 인간이 범죄를 저지르는데 영향을 미치는 인지적, 성격적 특성과 범죄자의 범행 동기와 심리 상태, 범죄 현장에서 나타난 행동, 범죄자들 간의 개인차에 근거한 유형 분류 등 범죄와 범죄자들을 보다 잘 이해하고 설명하는데 목적이 있다.

범죄심리학은 개인의 내적 특성에 주목하여 범죄의 원인, 범죄자의 인지적·성격적 특성 범죄행동의 개인 차, 범죄자의 치료 및 재범 방지를 통한 범죄의 예방 등 다양한 분야를 그 연구 대상으로 한다.

심리학이 인간의 행동과 정신 과정을 연구하는 학문이라면 범죄심리학은 범죄적 행동 또는 범죄 행동의 심리학이라고 할 수 있다.

1.2.9 산업심리학

산업심리학이란 일터에서의 개인행동을 이해하기 위해 심리학의 이론과 원리들을 적용시키는 학문이다. 즉, 산업 사회에 있어서 인간 행동을 심리학적으로 연구하기 위한 학문으로서 산업 환경 속에서 활동하는 인간과 관련된 여러 가지 사상을 심리학적인 방법과 법칙으로 관찰·실험·조사·분석하여 실제 경영과 노동 등에 관련된 문제를 해결하는데 적용하여 바람직한 산업 관계의 수립과 발전에 기여하려는 실천 심리학이다.

산업심리학자들은 직원과 고용주의 태도와 행동, 직장에서의 대인 관계, 조직 및 조직 정책의 구조, 동기부여와 리더십의 복잡한 과정, 개인 성과와 조직 성과, 조직 문화· 분위기· 맥락 · 일과 가족 혹은 삶 간의 조화에 많은 관심을 가지고 있다.

산업심리학과 조직심리학은 내용에 따라 구분되어 왔다. 산업심리학은 주로 직무 분석, 훈련, 선발 및 수행 측정, 평가와 관련이 있고, 조직심리학은 동기부여, 직무 태도, 리더십, 조직 구조 , 조직 문화, 직무 수행 과정과 관련이 있다.

산업심리학의 주제는 전통적으로 다양한 직무들에 적합한 수행 평가, 측정 및 선발에 초점을 맞추고 있기 때문에 기술적인 측면이 강하다. 반면 조직심리학의 주제는 동기부여, 리더십, 고용주와 직원 관계, 직무 태도와 같은 관계적 요소를 더 많이 포함하고 있다. 두 분야는 서로 밀접하게 관련되어 있고, 상호 의존적이다.

1.3 안전과 심리학

1.3.1 안전심리학

안전은 미래적이며 불확실한 반면 위험은 현재적이며 비교적 확실하다. 위험은 늘 우리를 유혹한다. 흡연이 건강에 위험을 증가시킨다는 걸 알고 있기 때문에 금연하고자 노력한다. 하지만 금연이 자신의 건강을 지켜준다고 확신하기는 어렵다. 그것은 인생의 마지막이 되어서야 알 수 있는 미래의 일이기 때문이다. 하지만 현재의 담배 한 모금은 확실한 만족감을 안겨 준다. 스트레스가 있는 경우 더욱 강하게 느끼게 된다.

교통안전도 이와 마찬가지다. 교통 법규를 지켜서 안전해지는 것은 운전 행위가 종료되는 미래에 가서야 판단이 가능해진다. 하지만 신호 위반은 운전자에게 확실하게 몇 분의 시간을 단축시켜 준다. 이처럼 위험은 현재에 확실한 이익을 주기 때문에 유혹적인 것에 비해 안전은 현재로선 불확실하고 가까운 미래에 가서야 검증되기 때문에 매력적이지 않다.

하지만 위험의 유혹을 이기지 못하면 엄청난 손실을 안을 수밖에 없다. 미래의 안전을 이야기하기 보다는 지금 현재의 위험이 어떠한 손실을 야기하는지 확실히 보여줄 필요가 있다. 예를 들어 안전 규정을 준수하지 않았을 때 확실히 비용이나 시간의 증가가 일어나도록 분명하고 강력한 처벌이 이루어져야 할 것이다.

안전에 대한 심리학적으로 접근할 때에도 위험이 보내오는 구체적 신호들에게 집중하는 것이 필요하다. 안전에 대해 연구는 곧 위험을 예방하기 위한 연구라고 할 수 있다. 안전하기 위해서는 무엇보다 예방이 중요하고, 예방하기 위해서는 위험에 더 집중해야 할 필요가 있다.

코로나19의 장기화와 다양한 사회 재난으로 인해 사회적 불안이 지속되면서 안전에 대한 욕구는 점점 커지고 있다. 우리의 모든 생활이 안전과 밀접한 관련이 있기 때문에 안전을 논하려면 다양한 학문 분야에 걸친 학제적 접근이 필요하다.

심리학은 인간의 행동과 심리 과정을 과학적으로 연구하는 경험 과학의 한 분야이므로 여러 학문과 함께 안전에 도움을 제공할 수 있다. 안전을 확보하고 유지하기 위해서 인적 요인에 대한 고려가 반드시 전제되어야 하기 때문에 안전 문제에 대한 심리학적 접근은 필연적이라 할 수 있다. 이와 관련하여 하인리히(Heimrih)는 「산업재해 예방 : 과학적 접근」(Industrial Accident Prevention : A Scientific Approach)이라는 저서에 심리학이 재해 예방에 중요한 기초에 해당하며 안전 문제 해결의 필수적인 수단이라고 기술하였다.

안전심리학이란 광범위한 산업심리학 가운데 사고를 예방하기 위하여 안전 관리 영역에서 인간 행동을 심리학 측면에서 연구하는 학문이다. 재해는 주로 인간과 기계의 접촉계면(Man-machine interface)에서 발생했는데 근래에는 휴먼에러에 의한 사고가 증가한다는 것이다. 즉 설비나 환경의 개선, 기계의 보수, 기술의 진보 등에 의해 인간의 작업 형태가 변하게 되고, 이로 인하여 휴먼에러에 의한 사고도 증가하고 있다. 이러한 휴먼에러를 비롯한 각종 사고를 예방하기 위해서는 인간의 특성과 조직 및 집단의 특성을 심리적으로 파악할 필요가 있다.

호오돈의 실험(Hawthorne experiment)에서 생산성을 좌우하는 것은 물적 요인이 아니라 인적 요인이며, 작업자들의 내적 만족감과 안정감을 확보해야만 생산 능률이 향상된다는 것을 알게 되었다. 이는 생산성 향상에 인적 요인과 조직 및 집단의 특성이 반드시 고려되어야 한다는 것을 의미한다.

이처럼 인간과 조직 및 집단을 안전한 방향으로 유도하기 위해서 안전심리학의 응용은 필수적이라고 할 수 있다.

1.3.2 안전심리의 5요소

안전심리의 5요소는 기질, 동기, 가정, 습성, 습관으로 다음과 같은 특징이 있다.

① 기질(Temper)은 인간의 성격, 능력 등 개인적인 특성을 말하는 것으로 성장 시의 생활 환경에서 영향을 받고, 여러 사람들과의 관계 및 주변 환경에 따라 달라진다.

② 동기(Motivation)는 인간의 마음을 움직이게 하는 원인으로 행동을 일으키게 한다. 동기는 일정한 목적을 가지고 일어나며, 목적을 달성하기 위하여 일정 시간 내에 사고 절차를 거치며 그 결과로서 행동을 하게 된다. 인간의 행동은 어떤 동기에 의해 일어나며 행동을 좋게 하려면 긍정적인 동기부여가 필요하다.

③ 감정(feeling)은 인간의 희로애락으로 사고를 일으키는 정신적 동기를 만든다. 정신 상태는 감정과 직결되어 있으며, 불안정한 정신 상태는 이직, 습관성 결근, 능률저조 등의 감정 반응으로 나타나고, 사람의 안전과 밀접한 관계를 갖는다.

④ 습관(custom)은 성장 과정에서 형성된 개인의 특성이 자신에게 습관화된 현상을 말한다. 나쁜 방향의 습관은 개성에 영향을 미쳐 불안전한 행동으로 나타나고 안전사고에 영향을 준다. 습관에 영향을 미치는 요소는 동기, 기질, 습성, 감정 등이 있다.

⑤ 습성(habit)은 인간이 가지고 있는 의식과 주의 집중력 및 긴장 상태를 말한다. 잘못된 습성은 안전 의식 부족, 주의력 부족, 방심 및 공상, 개성적 결함, 판단력 부족 등에서 발생하며 교육이나 훈련으로 교정하여야 한다.

1.3.3 안전심리학의 범위

본 책에서는 인간의 특성과 조직 및 집단의 특성, 재해 예방을 위한 관리 방안의 일환으로 산업 현장에서 실제 적용하기 위한 기초 이론들을 다루고자 하며 범위는 다음과 같다.

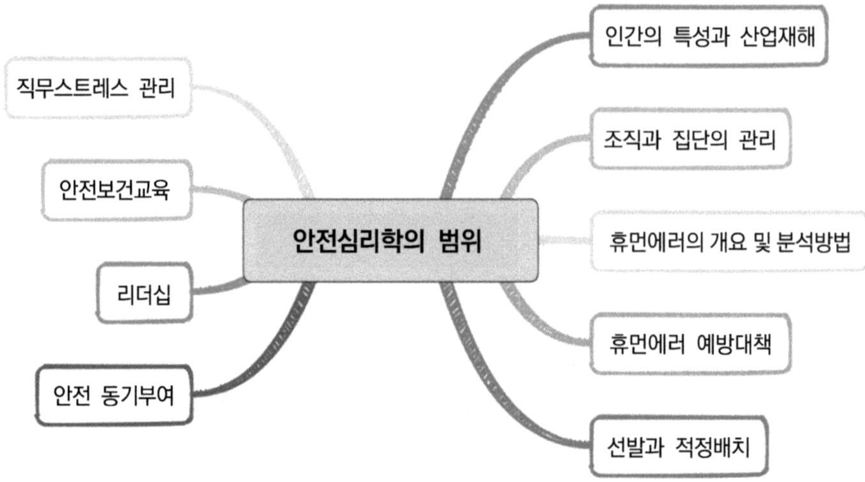

[그림 1-3] 안전심리학의 범위

제2장

인간의 특성과 산업재해

2.1 불안전 행동과 재해

불안전 행동이란 대단히 넓은 개념이므로 차라리 위험한 행동이라고 하는 것이 훨씬 이해하기 쉬울 것이다. 위험의 존재가 결과적으로 사고·재해를 초래하는 것이기 때문에 인간의 위험 행동만 없으면 사고·재해의 원인이 되는 일은 없다고 할 수 있겠지만 인간의 행동을 전체적으로 관리하는 것은 대단히 어려운 일이다.

산업재해를 안전 공학 측면에서 분석하면 대부분의 재해가 불안전한 상태에서 불안전한 행동이 겹쳤을 때 발생한다. 발생된 산업재해의 대부분이 불안전 행동이라고 하는 재해 요인을 포함하고 있다는 것을 재해 통계에서 찾아볼 수 있다.

산업재해의 원인 구성 요소는 다음과 같다.

① 불안전 상태는 포함되어 있으나 불안전 행동은 포함되어 있지 않다.

② 불안전 행동은 포함되어 있으나 불안전 상태는 포함되어 있지 않다.

③ 양자가 동시에 포함되어 있다.

이 가운데 대부분의 재해가 ②, ③의 경우에 해당한다.

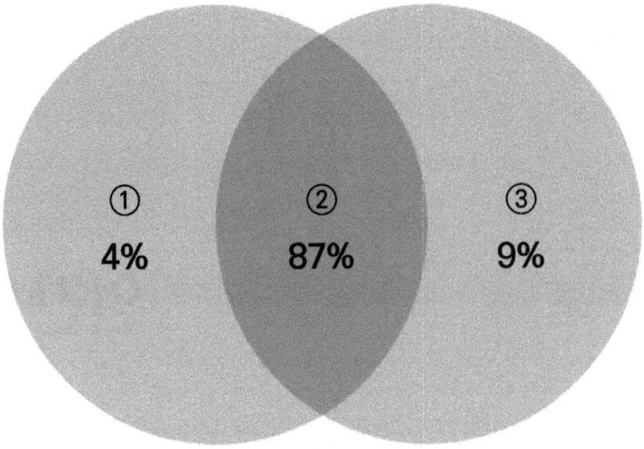

[그림 2-1] 산업재해의 원인 분석

불안전 행동은 일반적으로 '안전한 상태를 불안전한 상태로 바꾸어 놓는 행동 및 재해 발생의 조건을 완료시킬 우려가 있는 행동'으로 정의할 수 있다. 인간은 안전 상태를 불안전 상태로 전환시키거나 안전한 상태에서도 인간의 특성에 의해 재해를 발생시킬 수 있으므로 안전 대책은 불안전 행동을 없애는 것에 중점을 두어야 한다. 외부 조건에 결함이 있다 하더라도 작업자가 그것을 충분하게 의식하고 그 결함을 보충할 능력을 갖추고 있다면 재해를 일으키지 않을 가능성이 커진다. 하지만 외부 조건에 어떤 결함이 있는 상태, 즉 불안전한 상태 하에서는 주의를 기울이고 있더라도 수많은 근로자 중 일부가 실수를 일으켜서 재해가 발생되는 것이 현실이다.

따라서 불안전한 행동을 합리적으로 제거하기 위해서는 인간에 대한 생리적, 심리적인 탐구를 통하여 근원적인 안전 대책을 수립하는 것이 필요하다.

2.2 인간 특성에 따른 재해의 요인

2.2.1 사고의 경향성

산업재해 통계를 살펴보면 대부분의 사람들은 재해에 노출된 경우가 적으나, 한 사람이 재해를 여러 번 반복하는 사례가 많은 것을 알 수 있다. 흔히 '사고뭉치'라는 표현은 사고의 경향성을 말하는 것으로 사고 유발의 기본적 정신 동태와 성격을 말한다. 그린우드(Greenwood)의 이론에 의하면 영국의 기업체에서 일어난 사고의 대부분은 소수의 근무자에 의해서 반복적으로 발생되었다는 것을 알 수 있다. 이처럼 재해를 일으키기 쉽고, 또는 몇 번인가 사고를 일으킨 사람들을 재해 빈발자 또는 사고 빈발 경향자라고 부른다. 재해를 없애기 위해서는 소수이기는 하나 이러한 재해 빈발자를 사전에 발견하여 제거하는 것이 필요하다.

재해 빈발자는 크게 미숙성 빈발자, 상황성 빈발자, 소질성 빈발자로 분류할 수 있다. 미숙성 빈발자는 기능이 미숙하거나 환경에 익숙하지 못하기 때문에 사고를 발생시키는 사람이다. 이들은 교육 훈련과 업무의 경험이 축적됨에 따라 안전한 행동을 할 수 있다. 상황성 빈발자는 작업이 어렵거나, 기계 설비에 결함이 있거나, 환경상 주의력의 집중이 어렵거나, 심신에 근심이 있기 때문에 사고를 발생시키는 사람이다. 이들은 작업 방법, 기계 설비, 환경의 개선 등 상황이 바뀌면 안전한 성향으로 바뀌게 된다. 소질성 빈발자는 주의력 산만, 주의력 지속 불능, 주의력 협소, 편중, 저지능, 생활의 불규칙, 흐리멍텅함, 작업에 대한 경시나 지속성 부적, 정직하지 못함, 흥분성(침착성 결여), 비협조성, 도덕성의 결여, 소심한 성격(도전적), 감각 운동의 부적합 등에 의해서 사고를 발생시키는 사람이다. 이들은 선발 과정에서 능력을 파악하여 적절한 직무분석 및 배치, 작업 방법의 개선, 교육 훈련을 통하여 안전한 직무 수행을 할 수 있도록 관리해야 한다. 세 가지 유형 가운데 소질성 빈발자는 재해 빈발 경향자라고 할 수 있다. 재해 빈발 경향자들에게는 다음의 사항을 고려하는 것이 필요하다.

재해 빈발자들에게서 드러나는 개인적 결함들이 있다 하더라도 이들을 사전에 발견하는 방법은 아직 없다. 재해 빈발의 원인 모두를 작업자의 개인적 책임으로 생각하는 것은 잘못이다. 재해 빈발은 환경, 작업 방법의 개선 등에 의해서 해결될 수 있는 것이 많기 때문에 재해 빈발자의 개인적 결함은 교육 훈련 등의 방법으로 교정될 수 있는 여지가 많다.

2.2.2 인간의 특성

재해를 발생시키는 인간의 특성은 크게 지능, 성격, 감각운동 기능으로 분류할 수 있다.

(1) 지능

학자에 따라서 지능과 사고와의 깊은 관련성을 인정하기도 하고 그렇지 않은 경우도 있다. 기셀리(Ghiseli)와 브라운(Brown)은 지능 수준이 맡은 직무에 필요한 지능보다 현저히 낮거나 높을 경우 사고 발생률 및 이직률이 높기 때문에 맡은 직무에 알맞은 적정한 지적 수준이 요구된다고 주장하였다.

따라서 조직은 개개의 직무가 요구하는 지적 수준 정도를 파악하여, 적합한 사람을 선발하고 적정한 사람을 배치를 하거나, 적응력을 키우기 위한 훈련을 지속적으로 수행하는 것이 필요하다.

(2) 성격

성격적으로 작업에 적응하지 못할 경우에는 사고를 발생시킬 확률이 높아지므로 작업자의 적성에 맞는 적정 배치가 필요하다. 고마다는 허영적, 쾌락주의적, 도덕성 결여, 소심한 성격 등을 가진 사람들 중에서 사고가 많다는 것을 분석하였다. 이 외에도 많은 학자들이 성격에 따라 사고를 일으키는 유형을 분석하였다.

(3) 감각 운동 기능

티핀(Tiffin)과 프렛처(Fretz)에 의해 시각 기능에 결함이 있는 사람과 두 눈의 시력이 불균형인 사람에게서 재해가 많다는 것이 알려졌다. 시각 기능은 일반적으로 반응 속도보다 반응의 정확도와 관련이 크며, 인간의 반응 속도와 재해 발생률은 매우 밀접한 관계가 있는 것으로 알려져 있다. 스즈끼(鈴木)의 연구에서 일본 국철(國鐵, 현 JR) 선로 보수 근로자 중 10년 이상 근무한 근로자를 대상으로 단순 반응 실험을 한 결과 반응 시간 및 실수율이 재해 경험과 관계있는 것으로 밝혀졌다. 다께우치(竹內)는 기관차 운전자를 대상으로 선택 반응에 대한 실험을 한 결과 선택 반응 시간이 0.55초 이상인 경우 사고율이 비교적 높은 것으로 밝혀졌다. 스즈끼, 다께우치 등의 연구 결과를 종합하면 단순 반응 시간, 선택 반응 시간 및 실수율이 산업재해와 관계가 있는 것으로 판명되었다. 이러한 소질적 사고 요인을 가진 근로자에 대한 적절한 작업 배치는 어려운 일이기는 하지만 반드시 추진되어야 할 안전 대책 중의 하나이다.

2.2.3 주의와 부주의

(1) 주의

주의란 행동의 목적에 의식 수준이 집중하는 심리 상태를 말하며, 부주의란 목적 수행을 위한 행동 전개 과정에서 목적에서 벗어나는 심리적, 신체적 변화의 현상을 말한다.

인간의 심리에는 수치상의 신뢰도만으로는 만족할 수 없는 문제들이 있다. 그 중 하나가 주의력이다. 주의력은 [그림 2-2]와 같이 넓이와 깊이가 있고 또한 내향, 외향이 있다.

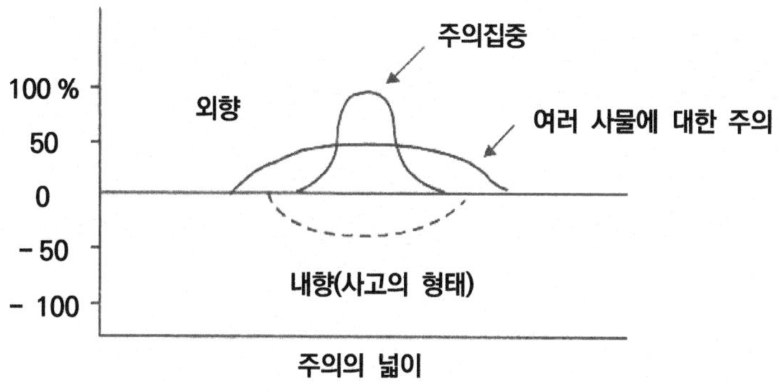

[그림 2-2] 주의의 도식

주의의 깊이가 외향(外向)일 때는 감각 신경의 작용으로 사물을 관찰하면서 주의력을 경주할 때이고, 반대로 주의가 내향(內向)일 때는 사고(思考)의 상태이며 감각 신경계가 활동하지 않는 공상이나 잡념을 가지고 있는 상태이다. 또한 감시하는 대상이 많아지면 주의의 범위는 넓어지고, 감시하는 대상이 적어질수록 주의의 넓이는 좁아지고 깊이는 깊어진다.

주의의 특징에는 선택성, 방향성, 변동성이 있으며 다음과 같이 설명된다.

① 선택성: 여러 종류의 자극을 자각할 때 소수의 특정한 것에 한하여 선택하는 기능

② 방향성: 한 지점에 주의를 집중하면 다른 곳의 주의가 약해진다.

③ 변동성: 주의에는 주기적으로 부주의의 리듬이 존재하며, 고도의 주의를 장시간 지속할 수 없다.

(2) 주의력과 대뇌의 활동

인간이 장시간 동안 주의를 기울이지 못하는 것은 대뇌의 활동과 관계가 있다. 의식의 작용이란 자기 자신이 존재한다고 하는 자기 인식이 가능한 동시에 자기 자신의 행위를 스스로 의식할 수 있는 작용이다. 의식 수준은 항상 일정 수준에 머물러 있는 것이 아니라 상황에 따라, 혹은 시간에 따라 변화하는데 일반적으로 뇌파의 형태에 따라 [그림 2-3]과 같은 5단계 모형이 널리 알려져 있다.

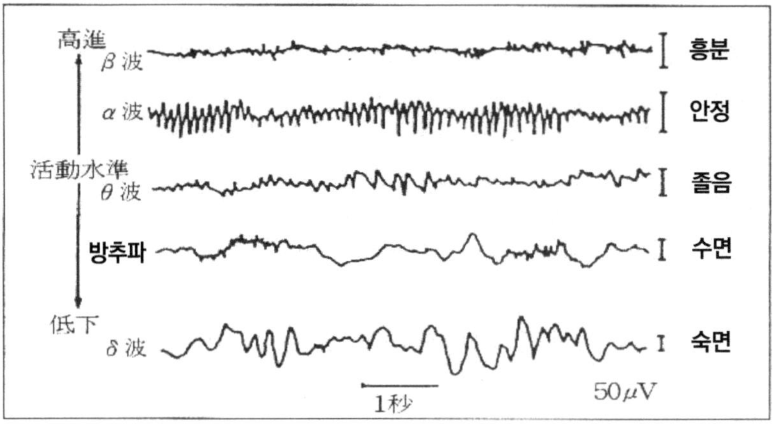

[그림 2-3] 인간의 의식 수준과 뇌파 형태

- 베타파(β파) : 뇌가 활발하게 활동하는 상태로 활동파라고 한다.
- 알파파(α파) : 뇌는 안전 상태이며 가장 보통으로 인정되어 휴식파라고 한다.
- 세타파(θ파) : 의식이 몽롱하며 졸음이 심하고 실수를 일으키기 쉽다.
- 방추파 : 수면 상태
- 델타파(δ파) : 숙면 상태

대뇌 활동 수준과 실수 가능성은 상관관계가 크며, [표 2-1]과 같이 정리할 수 있다.

- 0 단계는 무의식 상태이기 때문에 작업 중에는 나타나지 않는다.
- Ⅰ 단계는 과로했을 때나 야간작업을 했을 때 볼 수 있는 의식 수준으로 부주의 상태에서 실수가 빈발하는 상태이다. 운전 작업에서는 전방 주시 부주의나 졸음 운전 등이 일어나기 쉽다.
- Ⅱ 단계는 일상적인 의식 상태이긴 하지만 휴식 시의 느슨한 상태로, 주의력이 전향적으로 기능하지 못하기 때문에 무심코 실수를 저지르기 쉽다. 단순 반복 작업을 장시간 지속하는 경우도 여기에 해당한다.
- Ⅲ 단계는 적극적인 활동 시의 명쾌한 의식으로 대뇌가 활발히 움직이므로 주의의 범위도 넓고, 실수를 일으키는 일은 거의 없다.
- Ⅳ 단계는 과도한 긴장 시나 감정 흥분 시의 의식 수준으로 대뇌의 활동력은 높지만 주의가 눈앞의 한 곳에 집중되고 냉정함이 결여되어 판단력은 떨어진다.

실수 가능성은 Ⅳ단계일 때 최대이고 Ⅰ단계, Ⅱ단계의 순이다. 안전 작업을 위해서는 Ⅲ단계가 바람직하지만 오래 지속될 수 없다. 오히려 무리하면 계속해서 피로해지지 때문에 의식 수준이 Ⅰ단계로 떨어져 생각할 수 없는 곳에서 과오가 발생하게 된다. 일반적으로 작업 중의 3/4정도는 Ⅱ단계이고, 습관화된 정상 작업은 대개 Ⅱ단계에도 처리될 수 있다. 따라서 Ⅱ단계의 의식 수준에서도 위험이 없도록 기계 설비나 작업 환경을 안전화할 필요가 있다. 비정상 작업에서는 필요에 따라 Ⅲ단계로 바꿔 작업하도록 훈련하는 것이 중요하다.

[표 2-1] 인간의 의식 수준과 주의력

단계	의식의 상태	주의 작용	생리적상태	신뢰성	뇌파형태
0	무의식, 실신	없음	수면, 뇌발작	0	δ파
I	정상이하, 의식둔화 subnormal	부주의	피로, 단조로운, 졸음, 주취	0.9 이하	θ파
II	정상, 이완 normal, relaxed	수동적, 내향적	안정기거, 휴식, 정상작업	0.99 ~ 0.99999	α파
III	정상, 명쾌 normal, clear	능동적, 전향적, 위험예지, 주의력범위넓음	적극 활동	0.999999 이상	α ~ β파
Ⅳ	超정상, 흥분, hypernormal, excited	한점에 집중, 판단 정지	감정 흥분, 긴급 방위반응, 당황과 공포반응	0.9 이하	β파 혹은 방추파

(3) 부주의

부주의란 목적 수행을 위한 행동 전개 과정에서 목적에 벗어난 심리적, 생리적 변화의 현상을 말한다. 이러한 부주의는 의식의 단절, 우회, 의식 수준의 저하 및 의식의 과잉에 의해 일어나며, 사고의 원인으로 직결된다. 부주의를 방지하기 위한 관리적 대책은 다음과 같다.

① 설비 및 환경적 측면에 대한 대책
- 설비 및 작업 환경의 안전화
- 표준 작업 제도 도입
- 긴급 시 안전대책

② 기능 및 작업적 측면에 대한 대책
- 적성 배치
- 안전 작업 방법 습득
- 표준 동작의 습관화
- 적응력 향상과 작업 조건의 개선

③ 정신적 측면에 대한 대책
- 안전 의식 및 작업 의욕 고취
- 피로 및 스트레스 해소 대책
- 주의력 집중 훈련
- 카운셀링(상담)

2.3 불안전 행동의 직접 요인

불안전 행동은 재해 사고의 원인들 중에서 인간의 행동에 관한 것들로 사고를 초래하게 된 작업자의 행동에 대한 불안전한 요소를 말한다. 일반적으로 불안전 행동이 발생하는 요인은 다음과 같다.

① 작업상의 위험에 대한 지식 부족으로 인한 불안전 행동
② 안전하게 작업을 수행할 수 있는 기능 미숙으로 인한 불안전 행동
③ 안전에 대한 태도 불량(의식부족)으로 인한 불안전 행동
④ 인간의 특성인 휴먼에러(Human error)에 의한 불안전 행동

2.3.1 지식의 부족

작업자가 자신의 직업과 관련하여 위험에 대한 지식이 부족하다면 위험에 대한 적절한 조치나 제거가 어려울 수밖에 없다. 위험을 제거하기 위해 필요한 지식에는 두 종류가 있다. 하나는 작업을 수행하는데 필요한 기술적인 지식이며, 다른 하나는 위험과 그 방호 방법에 관한 지식이다. 이 두 가지 지식은 일체적이어야 하지만 실제로는 분리되어 있어 사고가 일어나는 경우가 적지 않다.

산업안전보건법에서는 근로자를 대상으로 안전보건교육을 의무화하고 있다. 부족한 안전보건 지식을 보강하여 근로자들의 안전한 작업을 도모하고 재해를 예방하기 위해

서이다. 안전보건 교육은 안전보건에 관한 지식의 강요가 목적이 아니라 교육을 통해 작업자 스스로가 유해 위험 요인을 발굴하고 제거 방법을 생각하는 능력을 기르는 것에 초점을 맞추어야 한다.

2.3.2 기능의 부족

숙련된 작업자는 작업 준비 부족이나 작업 방법에 있어 효과적으로 안전하게 처리함으로써 무리하거나 불필요한 동작이 없는 안전 작업이 가능하다. 반면 기능이 미숙하거나 작업 경험이 부족한 작업자는 불안전한 행동으로 인해 재해를 유발시킬 가능성이 매우 높다.

일정한 숙련과 경험에 의해 안전에 대한 능력이 향상되고, 이것이 지식과 일체화된다면 안전한 작업이 가능하게 된다. 그러므로 교육이나 훈련을 통해 작업의 숙련도를 높이거나 경험을 증가시켜야 한다. 또한 작업의 준비 상태를 철저히 하고 작업 방법의 부적절함을 개선시켜 무리가 없는 안전한 작업이 되도록 하여야 한다.

2.3.3 태도의 불량(의식 부족)

대부분의 사람들이 작업 중에는 위험이 존재한다는 것과 그것 때문에 안전 기준이 정해져 있다는 것을 알고 있다. 안전 기준만 잘 지켜도 위험은 많이 줄어들지만, 지키지 않아도 부상을 입지 않을 것이라고 대수롭지 않게 여기거나, 번잡하고 성가시다고 느끼면 절차를 생략하는 등의 불안전 행동을 많이 한다. 특히 안전 규정을 위반한 작업을 했는데도 사고에 이르지 않았다면 지속적으로 규정을 위반할 가능성이 높아진다.

결국 안전이라는 것은 지식의 문제라기보다는 태도, 의식의 문제이며, 안전에 대한 동기부여가 되어 있지 않을 때 많이 발생한다.

인간의 행동 원리에는 자기가 목표로 하는 것에 향하려고 하는 자주성이 있다. 인간은 로봇이 아니기 때문에 누가 시킨다고 해서 그대로 행동하는 것은 아니다. 그러나 개인은 자신이 속해 있는 집단의 힘에 영향을 받는 존재다. 안전 태도 역시 자신이 속한 집단 전체의 안전 분위기, 결속력에 의해 좌우될 수 있기 때문에 지속적인 소집단 안전 활동을 증가시킬 필요가 있다.

2.3.4 휴먼에러(Human Error)

에러(Error)의 사전적 의미는 주어진 목표로부터 일정한 제한 범위를 벗어난 결과를 의미한다. 휴먼에러는 시스템의 성능, 안전 또는 효율을 저하시키거나 감소시킬 잠재력을 갖고 있는 부적절하거나 원치 않는 인간의 결정이나 행동으로 어떤 허용 범위를 벗어난 일련의 인간 동작 중의 하나를 의미한다.

Meister는 휴먼에러를 '시스템으로부터 요구된 작업 결과로부터의 차이'라고 정의하고 있다. 휴먼에러는 기기를 조작하고 보수할 때만이 아니라 기기를 개발하는 단계에서도 일어나며 조작, 보수 작업자의 실수의 대부분은 시스템 개발 시에 시스템에 반영(Built in)된 설계 측의 실수에 기인한다. 인간공학은 이와 같은 인식에 의거하여 시스템 개발 단계에서 인적 요인에 대한 대책을 중시하고 있다.

마이스터는 조직자의 실수의 원인을 두 가지의 범주로 나누고 있다. 하나는 조작자 개인의 특이 요인에 의한 것으로 능력이나 훈련의 부족, 동기의 부족 등이 이에 속한다. 다른 하나는 상황 요인으로 이것은 장치나 기기의 인간공학적 배려의 부족, 환경 조건이나 작업 공간의 불비, 운전이나 보전에 필요한 기술 자료의 부적절 등 시스템 부적합에 의한 것이다. 전자에 대해서는 시스템 개발에 참가한 기술자의 책임에 귀착된다. 따라서 조작자 실수를 종래와 같이 작업자 개인의 자질상의 결함이나 태만에 의한 것이라고 보고 개인에게 책임을 넘겨씌우는 것이 아니라, 오히려 시스템 개발의 서투름에 강한 영향을 받고 있다는 사실을 지적하였다. 그리고 개인의 실수 가능성을 주변 또는 배후 요인과의 관련이 깊다고 보았다.

한편 미국의 Sandio 연구소의 스웨인(Swain)은 '인적 실수는 허용되는 한계를 넘어서 나타난 일련의 인간 행동'이라고 설명하면서 첫 번째 요인으로 작업 상황에 원인이 있다고 보았다. 이것은 작업 상황의 설계와 관계가 있는 실수로 마이스터가 주장하는 상황 요인에 해당된다. 두 번째 요인은 조작자의 인간 특성이 1차 원인이 된 실수로서 마이스터의 개인의 특이 요인과 같은 것이다.

휴먼에러에 대한 자세한 내용은 4장에서 다루기로, 여기서는 휴먼에러에 대한 분류만 언급한다. 그 중에서 심리학적 분류, 실수 원인의 수준에 따른 분류, 인간의 행동과정을 통한 분류, 대뇌의 정보처리 실수에 대한 분류, 작업별 휴먼에러 분류를 살펴보면 다음과 같다.

(1) 심리학적 분류(A. D. Swain)

- 생략 실수(Omission error): 필요한 작업 또는 절차를 수행하지 않아서 기인한 실수
- 지연 실수(Timing error): 필요한 작업 또는 절차의 수행 지연에 의한 실수
- 수행 실수(Commision error): 필요한 작업 또는 절차의 불확실한 수행에 의한 실수
- 순서 실수(Senquential error): 필요한 작업 또는 절차의 순서 착오로 인한 실수
- 작업 외적 실수(Extraneous error): 불필요한 작업 또는 절차를 수행함으로 기인한 실수

(2) 실수 원인의 수준적 분류

- 1차 실수(Primary error): 작업자 자신으로부터 발생한 실수
- 2차 실수(Secondary error): 작업 형태나 작업 조건 중에서 문제가 생겨 실행할 수 없는 실수나 어떤 결함으로부터 파생하여 발생하는 실수
- 수행 실수(Command error): 요구된 것을 실행하고자 하여도 필요한 물건, 정보, 에너지 등의 공급이 없는 등 작업자가 움직이려 해도 움직일 수 없어서 발생하는 실수

(3) 인간의 행동과정을 통한 분류

- 입력 실수(Input error)
- 정보처리 실수(Information processing error)
- 의사결정 실수(Decision making error)
- 출력 실수(Output error)
- 피드백 단계에서의 실수(Feedback error): 제어 실수

(4) 정보처리 시 발생하는 실수

- 인지 실수: 작업 정보의 입수에서 감각 중추의 인지 과정에서 일어난 실수
- 판단 실수: 뇌에서 일어나는 것으로 의사 결정의 실수나 기억에 관한 실패
- 동작 또는 조작의 실수: 운동 중추에서 올바른 지령이 주어졌으나 동작 도중에 생기는 실수

(5) 작업 별 휴먼에러 분류

- 조작 실수: 기계를 조작 시 발생하는 실수
- 설치 실수: 설비, 장치를 설치할 때에 잘못된 착수나 조정을 한 실수
- 보전 실수: 점검 보수를 주로 하는 보전 작업상의 실수

2.4 불안전 행동의 배후 요인

불안전 행동의 직접 원인은 지식, 기능, 태도(의욕), 휴먼에러로 정의하였다. 이러한 직접 원인을 가져오게 하는 배후 요인은 다양하지만 레윈(Lewin)의 인간행동 이론(Behavior theory)을 근간으로 [그림 2-4]와 같이 인적 요인과 환경 요인으로 나눌 수 있다.

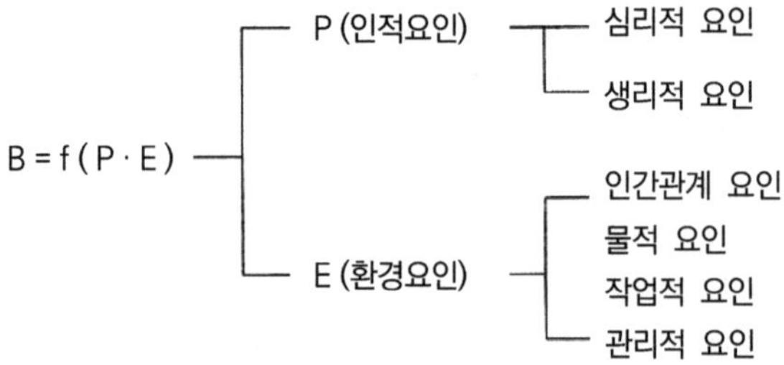

[그림 2-4] 인적요인과 환경요인이 인간의 행동에 미치는 영향

2.4.1 인적요인

(1) 심리적 요인

① 망각

일상생활 중에서 건망증은 누구에게나 있지만 작업 중에 절차와 순서를 망각하면 사고로 연결된다. 독일의 심리학자인 에빙하우스(Ebbinghaus)의 망각곡선은 시간적 경과에 따라 그래프를 그린 것이다. 무엇을 기억했다하더라도 처음엔 급속히 잊어버리지만 시간이 경과되면서 잊히는 정도는 완만해진다. 기억을 유지하려는 시도가 없거나 의식적으로 복습하지 않으면 1시간 정도 지나면 약 절반은 잊어버리고, 6일 정도가 지나면 1/4도 정도 밖에 남지 않는다. 작업 중의 연락이나 정보는 오늘, 내일의 행동에 관한

사항이 많고 화급을 요하는 작업 정보도 있다. 30분이 지나면 반은 잊어버리게 되므로 중요하거나 위험한 작업은 문서로 명시하거나 작업을 시작하기 전에 재확인 · 지시하는 것이 필요하다.

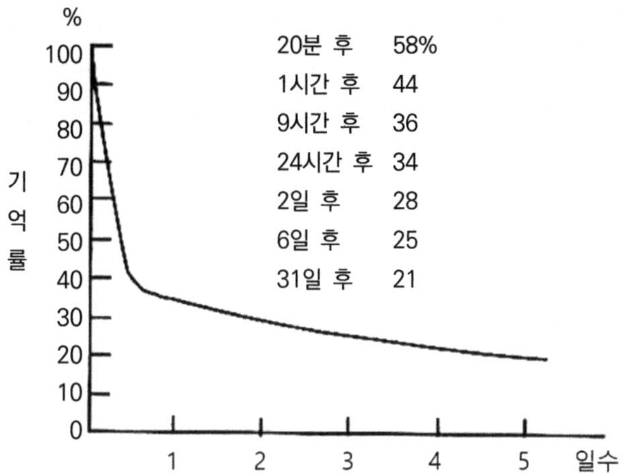

[그림 2-5] 에빙하우스의 망각곡선

② 소질적 결함

소질적 결함은 전술한 '사고의 경향성'에서 소질성 빈발자의 특성을 말한다. 특히, 위험 직종에 취업하는 사람의 경우 개인적인 특질을 고려해야 하며, 적성 배치를 통한 안전 관리가 되어야 한다.

③ 주변적 동작

주변적 동작이란 주위 상황을 보지 않고 작업에만 몰두하여 외부의 위험을 알아차리지 못해 사고와 연결되는 동작을 의미한다. 주위의 상황에 적응할 수 있도록 동작의 조정을 행하지 않기 때문에 위험 장소에 본인도 모르게 접근하는 경우도 있다. 자신은 주의하며 작업을 하는 것 같지만 모든 동작을 의식하고 행하는 것은 불가능에 가깝다. 작업 중에는 이와 같은 주변적 동작이 발생할 수 있다는 것을 염두에 두고, 위험한 곳은 울타리 등으로 방호하는 것이 필요하다.

④ 의식의 우회(迂廻)

작업자의 요구나 관심을 어느 한 곳으로 돌리게 되면 그것 이외의 일들은 의식되지 않는다. 인간은 하루 종일 긴장을 계속 유지하기는 곤란하다. 일상생활에서의 걱정, 불안, 불만 등이 작업 중에 나타날 수 있고 그것에 의식을 빼앗겨 한눈을 팔거나 잘 듣지 못하는 등의 현상이 나타나기 쉽다. 의식의 우회는 작업의 부적응 상태가 되어 사고와 직결된다. 일반적으로 우회를 나타내는 행동 특징은 day dream(직장에서 작업 중 무엇을 생각하는지 꿈을 꾸는 것과 같은 상태로 멍하니 있는 상태), 공상, 회상 등이다.

⑤ 걱정거리

작업 중에 작업 이외의 문제들이 걱정거리가 되어 일에 집중하지 못할 수 있다. 예를 들어 놀러 갈 생각, 텔레비전 드라마의 회상 등의 잡념이 의식을 점유하고, 그 때문에 불안전 행동을 일으키는 경우도 적지 않다. 특히 걱정거리는 작업에 대한 주의력 집중을 방해한다. 잊고자 해도 떠오르는 것이 걱정거리의 특징이다.

⑥ 무의식 행동

인간은 무의식적으로 불안전 행동을 하는 경우가 있다. 일상생활에서 주변을 의식적으로 관찰하면서 행동하기도 하지만 의식하지 않은 채 행동하는 경우도 적지 않다. 이러한 행동은 익숙한 환경에서 행동하거나 서두를 때에 일어나기 쉽고, 일할 때에도 착각, 오해, 간과 등 오인의 형태로 나타나기도 한다. 무의식 행동으로 인해 발생하는 사고를 예방하기 위해서는 안전 조치의 실시, 지적 호칭 등을 하는 것이 필요하다.

⑦ 위험 감각(위험 감수성) 미약

작업자가 자신의 작업 대상인 기계 · 설비에 대해 어떠한 위험이 있는지를 인식하거나 주변 환경에 대해 위험을 느끼고 있는지의 여부는 재해와 관련이 깊다. 같은 기계 · 설비나 환경에 대해 어떤 사람은 위험을 느끼고, 어떤 사람은 거의 느끼지 않는 경우가 있을 수 있는데 후자의 경우는 사고 · 재해의 위험이 높다고 할 수 있다. 사고·재해의 위험을 낮추기 위해서는 위험 감각을 높이기 위한 교육 훈련 및 안전 활동을 전개하는 것이 필요하다.

⑧ 지름길 반응

지름길 반응이란 지나갈 길이 있는데도 불구하고 되도록이면 지름길을 통하여 빨리 목적 장소에 도달하려고 하는 것을 말한다. 공장 내의 통로에 흰 선으로 표시하거나 건설현장에서 작업자의 통로를 정해 놓고 있어도, 최단거리를 지나가려고 움직이고 있는 기계 옆을 지나가거나, 바닥에 놓여 있는 불안정한 재료 위를 걷다가 재해를 입는 예는 적지 않다. 이를 예방하기 위해서는 안전보건교육 등을 통해 규칙을 준수하게 하고 위험 감각(위험 감수성)의 고양 등이 필요하다.

⑨ 생략 행위

생략 행위는 규칙을 무시하거나 제멋대로의 판단에서 나오는 행동이다. 작업 시에 소정의 작업 용구를 사용하지 않거나 정해져 있는 작업 순서를 빠뜨리는 행동 등이 있다. 중요한 작업에서는 많이 발생하지 않지만 부수적인 작업이나 임시적인 작업, 특히 작업자가 피로하거나 작업이 급하게 진행될 때 많이 발생한다. 이를 방지하기 위해서는 규칙을 준수하는 직장의 분위기, 집단으로서의 규율과 도덕성 회복, 작업 개시 전의 절차, 사용 기계·설비 및 보호구 준비의 확인 등이 필요하다.

⑩ 억측 판단

억측 판단이란 주관적인 판단이나 희망적 관찰을 토대로 아마 이 정도면 될 거라고 확인하지 않고 행동하는 경우를 말한다. 안전행동은 안전 확인에 의해 보장되므로 작업 정보는 정확하게 전달하고 정확하게 입수해야 한다. 또 과거의 경험에 사로잡혀 선입견을 가지고 판단하거나 자기의 형편이 좋은 대로 희망적 관측을 하는 것은 지양하여야 하며, 항상 바른 작업을 하도록 노력해야 한다.

⑪ 착각(착시)

인간의 대표적인 착시 현상에는 시야의 다른 부분이 어두울 때 생기는 착각 현상(자동 운동)과 물리적으로 일정한 위치에 있는 물체가 순간적으로 출현하거나 소실함으로써 그 물체가 마치 움직이고 있는 것처럼 보이는 현상(가현 운동)이 있다.

정상적인 시력을 가지고도 물리적 상태를 왜곡해서 지각하는 착시 현상의 예는 [그림 2-6]과 같다. 이와 같은 착각을 일으킨 원인은 자극 자체에 있으며 이러한 착각이 작업 중에 발생하지 않게 하려면 설비나 환경을 개선하는 것이 선결 조건이다. 동일한 모양이나 크기의 벌브(Bulb)를 1개소에 정연하게 배치한다는 것은 보기에는 좋으나 선택의 에러를 일으키기 쉽다. 계통에 따라 색체, 크기 위치 등을 양립성이 맞도록 바꾸는 것이 좋다.

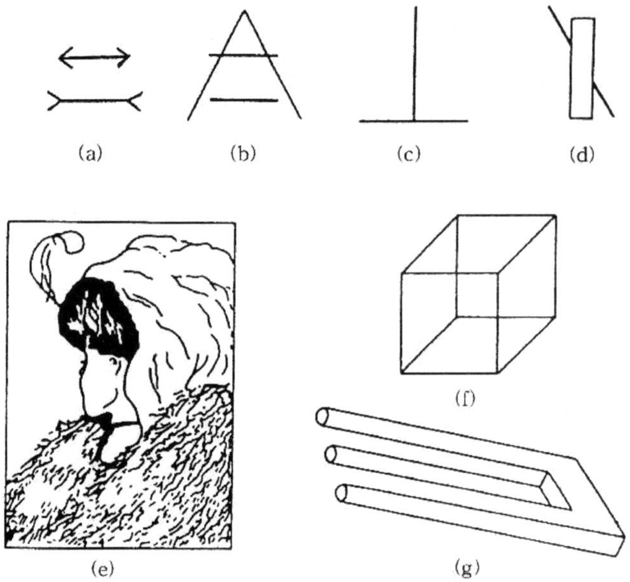

[그림 2-6] 착시의 예

⑫ 성격

성격이란 각 개인의 감정적 및 의지적인 소질에 떠받쳐서 행하는 특유의 행동 방식이다. 성격과 재해 경향의 관련은 그다지 명확하지는 않으나 다음의 성격 특성은 주목할 필요가 있다.

- 주의 일탈성(逸脫性): 주의가 벗어난다.
- 천려성(淺慮性): 중요한 때에도 주의가 얕다.
- 집단이반성(集團離反性): 규칙이나 습관을 받아들이기 어렵다.
- 대인불감성(對人不感性): 타인에게 영향을 주지 않는다.
- 고통감이상성(苦痛感異常性): 고통을 마음에 두지 않는다.
- 자기과신성(自己過信性): 자신이 너무 지나쳐 위험감각이 약하다.
- 사회부정응성(社會不適應性): 자기주의가 강하고 팀웍이나 그룹 목표에 무관심하다.

이 분류는 재해 다발자에 대하여 잰킨스(Jenkins)가 조사한 결과에 의한 것이다. 생산 현장에서도 작업자의 성격 특성에 대해 알아두는 것은 바람직한 일이다.

(2) 생리적 요인

① 피로

피로는 인간이라면 누구나 경험하는 현상으로 육체적, 정신적 작업에 의해서 작업 능률이 저하되는 상태이다. 피로는 정신적 피로, 육체적 피로, 급성 피로, 만성 피로로 구분할 수 있다. 피로 요인이 되는 작업 내용, 작업 환경, 근로에 대한 적응 능력 등을 고려하여 피로 대책이 강구되어야 작업을 안전하게 수행할 수 있다.

② 영양과 에너지 대사

근로 에너지에 필요한 영양분을 충분히 섭취하여 작업에 지장이 없도록 해야 한다. 에너지 대사율(Relative metabolic rate: RMR)은 작업에 소요된 에너지의 양을 말하며 작업 강도의 단위로 사용된다. 에너지 대사율에 적합한 에너지의 보급이 이루어지지 않으면 작업으로 인한 심신의 부조화가 발생하게 된다. 에너지 대사율은 다음의 식으로 표시할 수 있다.

$$\text{에너지 대사율} = \frac{\text{작업대사량(작업에만 필요로 하는 칼로리)}}{\text{기초대사량(생명유지에만 필요로 하는 칼로리)}}$$

$$= \frac{\text{(작업 시 소비 칼로리)} - \text{(안정 시 소비 칼로리)}}{\text{기초대사량}}$$

에너지 대사율은 개인차를 제외한 작업에 특유(特有)한 값이므로 작업의 강도를 나타내는데 편리하다. 작업의 강도를 에너지 대사율로 구분하면 경작업에서는 0~2RMR, 중(中)작업에서는 2~4RMR, 중(重)작업에서는 4~7RMR, 초중작업에서는 7RMR 이상이다.

③ 적성과 작업의 종류

불안전 행동을 없애고 산업재해를 예방하기 위해서는 작업의 내용과 근로자의 적성이 잘 맞아야 한다. 적성 검사는 심리적, 생리적으로 여러 가지 방법이 제시되고 있다. 근로자를 적재적소에 배치하는 것은 생산성의 향상과 불안전 행동의 제거에도 도움을 준다. 근로자를 배치할 때 고려할 사항은 신체적으로 결함이 있는지의 여부와 질환이 있는지의 여부이다.

2.4.2 작업환경 요인

(1) 인간관계 요인

모든 작업자는 직장에서 자기 이외의 사람과 반드시 대인관계를 갖는다. 각 작업자의 지식, 기능, 노력, 작업 결과, 상호 협조, 협력 등은 직장의 성적이나 사기에 관계가 있으며, 인간관계를 형성하는 데 중요한 요소가 된다. 작업자 간의 원활하지 못한 인간관계는 불안전 행동을 유발하여 사고나 재해의 발생 위험이 커지게 된다. 특히 단독작업이 아닌 협동 작업의 경우 작업자 간의 원활한 정보교환과 인간관계를 통한 팀웍이 중요한 영향을 미칠 수 있다.

(2) 설비적 요인

작업자의 신체에 적합하도록 인간공학을 적용한 설비의 유무는 안전사고의 예방에 매우 중요한 역할을 한다. 작업자가 착각이나, 착오를 일으키지 않고 생리적으로 피로감을 주지 않는 설비 구성과 계획이 중요하다. 기계 기구의 취급상의 문제, 보호구 불량 등도 설비적 요인이 될수 있다.

기계 설비의 안전성에 대해 과거에는 구조(재료, 강도 등), 기능(가동 상태, 성능 등), 외관(모양, 위험부의 덮개 등) 등에 중점을 두었으나 최근에는 그것에 못지않게 작업성(부품 배치 표시, 조작의 용이성), 보전성(점검 · 정비가 용이하고 횟수가 적다 등), 신뢰성(고장, 트러블 등이 적다) 등이 중시되고 있다. 기계 설비에 고장이 잦아지면 긴급 대응해야 할 상황이 발생하여 위험 작업도 많아지게 된다.

산업안전보건법 시행규칙에서도 기계 설비 등의 위험 방호에 대해 많은 규정이 있다. 이것은 작업자가 불안전 행동을 하더라도 위험 방지를 통해 재해로 연결되지 않도록 하기 위한 최소한의 규정이다. 근원적 안전화의 하나인 Fool proof 설계도 작업자가 실수를 하더라도 재해로까지 사태가 진행되지 않도록 하기 위한 기능을 갖게 하는 것이다.

(3) 작업적 요인

작업적 요인은 작업의 내용과 방법 등에 관한 작업 방법적 요인과 작업 장소의 조건에 관한 작업 환경적 요인으로 나눌 수 있다.

① 작업 방법적 요인

a. 작업 자세

작업 자세가 나쁜 상태에서 작업을 하게 되면 쉽게 피로해지고, 작업의 진척에 방해를 받으며 작업의 질을 저하시킨다. 따라서 자연스럽지 못한 작업 자세를 장시간 지속하는 것은 안전상 문제가 된다.

b. 작업 속도

대부분의 작업에는 경제적 속도가 존재하는데 이는 피로가 축적되지 않는 범위에서 생산성과 안전성의 확보에 적합한 것이어야 한다.

작업에 소요되는 시간은 크게 나누면 ① 동작 시간(작업자의 육체 동작이 중심이 되는 시간), ② 기계 시간(기계 설비의 가동이 중심이 되는 시간), ③ 정신 시간(작업자의 두뇌 활동이 중심이 되는 시간)의 세 종류가 있으나, 작업을 서두르게 되면 동작 시간과 정신 시간에서만 절약하려고 초조하게 굴어 불안전한 동작이 나오기 쉽다.

c. 작업 강도

작업의 고통 정도는 근로가 생체에 미치는 생리적 부담의 크기와 관계가 있는데 이 생리적 부담의 무게를 작업 강도라고 한다. 에너지 소비가 큰 작업은 근육에 큰 피로를 줄 뿐만 아니라, 정신적으로도 강한 영향을 미친다. [그림 2-7]에서 보는 바와 같이 중노동이 지속됨에 따라 주의력, 추리 판단, 심신의 조절 기능 및 의지 동작이 점차 저하되어 가고 있음을 알 수 있다

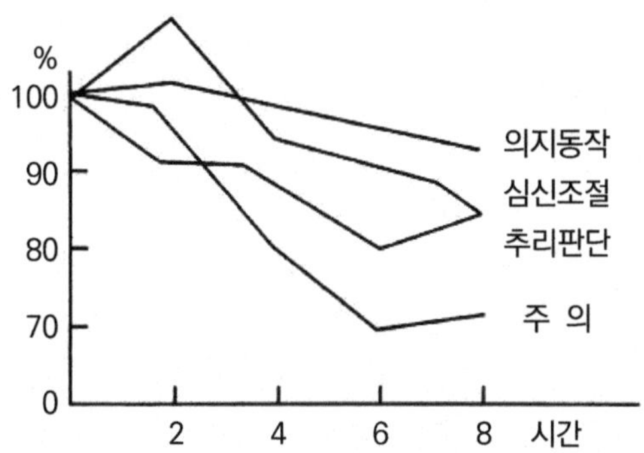

[그림 2-7] 8시간 근로에 있어서의 정신기능의 변화

d. 작업 시간

일반적으로 장시간의 근로는 근로자의 피로, 저 능률, 재해로 연결되기 쉽다. 작업 시간이 길어짐에 따라 생체 기능이 저하되고, 불안전 행동에 의한 위험이 증가된다. 작업 현장에서 재해가 증가하거나 두뇌 근로에서의 능률 저하와 실수는 기능 검사에 의해 나타난 피로와 일치되는 것이 확인되고 있다.

e. 휴식 시간

작업자가 같은 작업을 장시간 계속하게 되면 피로감이 증대되어 능률이 저하되고 재해가 증가하게 된다. 그러므로 작업의 강도와 작업 환경(더위, 추위, 소음, 유해가스 등)을 고려하여 적정한 휴식 시간을 주어야 한다. 작업 강도는 가볍더라도 고도의 정신 긴장이 요구된다면 장시간의 작업은 불가능하므로 이 점도 고려하여야 한다.

② 작업 환경적 요인

a. 작업 공간

작업 장소는 작업의 용이성과 관계가 있다. 작업 시의 자세를 편안하게 할 수 있는지, 신체의 움직임을 자유롭게 할 수 있는지, 시간이 길어지더라도 정확하게 작업을 할 수 있는지 등의 문제는 작업 공간을 설정할 때 매우 중요한 검토 사항이다. 무리한 동작을 하기 쉬운 공간에서는 언제든지 불안전 행동이 발생할 수 있기 때문에 안전한 작업 공간을 마련하는 것이 바람직하다.

b. 온습도

온도와 작업 능률의 관계를 살펴보면 정신노동의 경우 17~22℃, 육체노동의 경우 15~17℃가 적합하다. 고온에서 작업을 할 경우 체온 상승, 산소 소모량 증대, 혈압 강하, 맥박 수 증가, 체내 수분 결핍, 체내 염분 부족 등이 발생한다. 이는 환기, 복사열 차단, 근로 시간 단축, 휴식 시간 연장, 염분 및 비타민 공급으로 해결할 수 있다. 저온에서의 작업할 경우 피부 온도 저하, 산소 소모량 증대, 호흡 수 증가, 혈액, 간장, 위에 나쁜 영향을 미친다. 이는 작업 시간의 단축, 보온 대책, 영양 공급, 방한복 착용, 열량이 풍부한 지방질 음식 섭취, 단백질, 비타민 섭취 등으로 해결할 수 있다.

(건구온도+습구온도)X0.72+40.6의 공식으로 산출되는 불쾌지수는 온도와 습도가 높을수록 높게 나타난다. 같은 온도일 경우 습도가 높을수록 참기 힘들어지는 것이다. 불쾌지수가 높아지면 일반적으로 작업능력이 떨어진다. 온도 20도에서 작업능률을 100으로 보면 24도에서는 83%, 30도에서는 63% 정도의 능률을 보인다.

c. 환기

바깥의 공기가 신선하다면 실내로 들여와 오염된 공기를 깨끗이 바꿀 수 있고, 오염이 심하면 공기 조화기로 알맞게 조절하거나 공기 집진기로 공기 중의 먼지를 거를 수 있다. 공기의 오염도는 공기 중에 포함된 이산화탄소(CO_2)의 양으로 측정할 수 있고, CO_2의 농도가 0.1%이상일 경우 환기가 필요하다.

d. 조명

조명은 작업장에서 근로자가 시야를 확보하여 안전하게 작업을 진행할 수 있게 도와준다. 불충분한 조도 환경에서 작업할 때는 눈이 쉽게 피로해지며, 작업 능률이 저하되고 장시간 작업을 할 경우 시력 저하를 가져올 뿐만 아니라 안전사고를 유발할 수 있다. 따라서 작업장에 맞는 조명 방식과 조명 기준을 적용하여야 한다.

e. 색체 조절

작업자에게 심리적으로 좋은 작업 환경은 색체 조절을 통해 만들 수 있다. 적절한 색체 조절은 안정된 분위기, 눈의 피로 감소, 불필요한 긴장감을 제거, 정신적 피로를 감소시킨다. 물체의 표식이 정확하면 기계류를 취급하기에 편리하고 작업 환경이 밝아져 작업 능률을 향상시키고, 동시에 생산 능률 향상을 기대할 수 있다.

f. 소음

소음이 인체에 미치는 영향은 생리적 장애, 심리적 장애, 근로 의욕 저하에 의한 생산성 저하 및 사고 위험성 등을 들 수 있다. 소음의 허용 한계는 평균 80-90 dB 정도이며, 이 이상의 소음에 대해서는 작업 시간을 줄여야 한다. 소음의 대책으로는 소음원 자체에 대한 방지 수단으로 격리 및 흡음재의 사용이 있고, 진동 부분의 구조 재량이나 흡음기 부착, 귀마개 사용, 배경 음악(환경 음악:BGM)의 이용 등이 있다.

g. 진동

진동의 종류에는 전신 진동, 국부 진동이 있고, 진동으로 인한 직업병은 레이노 증후군(착암기, 자동식 톱, 스케일링, 그라인드 등 사용 시 국부 진동에 의한 손가락의 혈액 장애), CTS(Carpal tunnel syndrome; 사무기기 사용자에게 많이 발생하며 손가락 마비, 통증 등)가 있다. 진동 장애에 대한 대책으로는 진동 원인 제거, 완충물을 이용한 진동 감소, 작업 시간 조절, 정기적 진단 등이 있다.

(4) 관리적 요인

① 교육 · 훈련의 부족

작업자에 대한교육 훈련이 제대로 이루어지지 않으면 작업자의 지식 부족, 기능 미숙 등에 의해 불안전한 행동이 유발된다. 작업자가 작업절차를 어느 정도 알고 있는지에 따라 지식 교육 → 기능 교육 → 태도 교육 순으로 교육하는 것이 필요하다.

② 감독 지도의 불충분

작업자의 작업 행동에 대한 감독 지도는 사고 예방에 매우 중요한 역할을 한다. 작업자 스스로 불안전 행동을 줄이려는 노력도 필요하지만 동시에 작업자들을 감독하고 지도하여 사고를 미연에 방지하는 것도 필요하다. 작업개시 전의 작업 협의, 작업 중의 안전 확인, 지시, 지도 등을 철저히 하여 작업자의 불안전 행동을 방지하여야 한다.

③ 적성 배치 불충분

업무에 필요한 지능, 지식, 태도, 체력 등이 부족한 사람이 작업에 배치되면 불안전 행동을 유발할 가능성이 많아진다. 신체적 · 정신적인 발달 정도, 능력적 결함, 고령화 현상 등에 의해 문제가 되는 작업자에 대한 적정 배치는 안전을 위해 반드시 필요하다. 특히, 유해 위험작업에 근로자를 배치할 때에는 더욱 주의를 기울여 사고를 예방하는 것이 필요하다.

제3장

조직과 집단

3.1 조직 이론

조직은 공통의 목적을 달성하기 위하여 인적·물적 요소의 상호작용을 통하여 하나의 구조적 과정을 형성하고, 이러한 구조적 과정을 형성하기 위하여 제 기능을 분화하고 권한을 배분한 후 개인에게 할당하여 목적 달성에 기여토록 하고, 그들의 활동을 조정하여 유효한 사회 체제를 유지시켜 나간다. 따라서 조직이란 '일정한 공통된 목적을 달성하려는 인간의 복합적인 의사결정의 체계'로 정의할 수 있다.

조직 이론은 크게 두 가지로 나뉜다. 하나는 과학적 관리론, 인간관계론, 관리과정론, 관료제도 등으로 요약되는 전통적 관리 조직 이론이고, 다른 하나는 의사결정론, 시스템이론, 행동과학론 등으로 집약되는 근대적 관리 조직 이론이다.

3.1.1 관료주의

관료주의는 베버(Weber)에 의해 산업혁명 초기 조직의 특징인 기업주와 종업원의 불평등, 착취 등을 시정하기 위해 고안되었다. 관료주의는 필요한 직무에 따라 직위를 고안하고 직위 간의 위계적 서열을 결정하는 것이다. 그러면 누가 그 직위에 임명되어도 각 직위자는 서열에 따라 지시를 순차적으로 이행하게 된다. 관료주의는 합리적·공식적 구조로서의 관리자 및 근로자의 역할을 규정하여 비개인적, 법적인 경로(업무분장)를 통하여 조직이 운영되며, 질서 있고 예측 가능한 체계이며 정확하고 효율적이다. 또한 개인적인 편견의 영향을 받지 않고 종업원 개인의 능력에 따라 상위층으로의 승진이 보장된다.

베버는 관료주의 조직을 움직이는 네 가지 기본 원칙을 다음과 같이 설명하였다.

- 노동의 분업 : 작업의 단순화 및 전문화
- 권한의 이임 : 관리자를 소단위로 분산
- 통제의 범위 : 각 관리자가 책임질 수 있는 근로자의 수
- 구조 : 조직의 높이와 폭

관료 조직의 중요한 문제점은 조직 자체가 아무리 훌륭하다 하더라도 인간이 언제나 공식적인 조직에 순종하지 않는다는 점이다. 관료 조직에 대한 비판을 정리하면 다음과 같다.

- 인간의 가치와 욕구를 무시하고 인간을 조직도 내의 한 구성 요소로만 취급한다.
- 개인의 성장이나 자아실현의 기회가 주어지지 않는다.
- 개인은 상실되고 독자성이 없어질 뿐 아니라 직무 자체나 조직의 구조, 방법 등에 근로자가 아무런 관여도 할 수가 없다.
- 사회적 여건이나 기술의 변화에 신속히 대응하기가 어렵다.

3.1.2 근로자 참여

현대 조직 이론은 조직을 구성하는 개개 근로자에게 초점을 맞추어 전체 조직의 행동을 이해하기 전에 개개인의 행동에 대한 이해를 필요로 한다. 따라서 개인의 일에 대한 태도, 직무 만족, 동기, 지도력의 심리적 측면에 대한 고려가 우선된다. 이러한 것들은 고전적 관료 조직에서는 간과했던 것으로 직무의 충실화 및 확대, 정책 결정 시 활동적인 근로자의 참여, 개인의 의사 표현, 창의력 발휘, 자아 충족의 기회 제공 등의 효과가 있어서 조직 전체의 특성이나 목표가 이루어진다고 믿는다.

이러한 현대 조직 이론은 조직의 의사 결정이나 직무 등에 근로자의 참여가 전제되어야 한다.

근로자 참여의 조건은 다음과 같다.

- · 근로자들의 참여에 심리적으로 몰입할 수 있어야 한다.
- · 참여에 근로자들이 동의해야 한다.
- · 의사 결정은 근로자들과 개인적으로 관련된 것이어야 한다.
- · 근로자들은 스스로 표현할 수 있어야 한다.
- · 의사 결정 시 충분한 시간을 필요로 한다.
- · 참여로 인해 발생되는 비용이 생산성에 문제가 되어서는 곤란하다.

· 근로자는 보복으로부터 안전해야 한다.
· 근로자의 참여가 관리자의 명예를 훼손해서는 안 된다.
· 효율적인 의사소통 경로가 제공되어야 한다.
· 근로자의 참여 과정에 대한 훈련이 있어야 한다.

3.2 조직의 형태

조직 형태는 직능을 분화하고 그것을 분담한 구성원이 협동해서 합리적으로 직능을 수행할 수 있도록 한 분업과 협업의 관계로서의 구조를 말한다. 그런데 조직 구조는 경영의 제반 업무 활동이 분화, 발달함에 따라 점차 복잡한 양상을 띠고 있어 순수한 조직 형태(직계 조직, 기능 조직, 직계 참모 조직)를 채택하고 있는 회사는 거의 없다. 모든 산업 조직에는 라인과 스텝이 있고, 각종 위원회를 설치함으로써 조직의 다원적 운영을 꾀하고 있다.

기업 조직의 근간이 되는 기본적인 조직 구조의 형태는 다음과 같다.

3.2.1 직계 조직(Line organization)

직계 조직은 명령 일원화의 원칙을 중심으로 상위자의 권한과 명령이 직선적 또는 계층적으로 하위자 또는 일선 작업자에게 직접 전달되는 조직 구조로 라인 조직이라고도 한다. [그림 3-1]과 같이 톱에서부터 최하위의 단계에 이르는 모든 직위가 단일 명령 권한의 라인으로 연결되어 있다. 그런데 이 같은 직계 조직에 있어서 하위자는 1인의 직속 상사 이외의 사람과는 직접적인 관계를 갖지 않게 된다.

이 조직은 명령 계통이 매우 간단하면서 일관성을 가지며 책임과 권한의 귀속이 분명하고, 경영 전체의 질서 유지가 잘 되는 장점이 있다. 반면에 상위자의 1인에 권한이 집중되어 있기 때문에 과중한 책임을 지게 되며, 권한을 위양하여 관리 단계가 길어지면 상하 커뮤니케이션에 시간이 걸리고, 횡적 커뮤니케이션이 어려운 단점도 있다. 이러한 직계 조직 형성은 모든 조직 및 단위 조직에 공통되는 조직 편성의 기본이 된다. 하지만 규모가 확대되고 환경 변화의 적응이 긴요한 현대의 산업 조직에 있어서는 직계 권한 관계만으로는 성립할 수 없다.

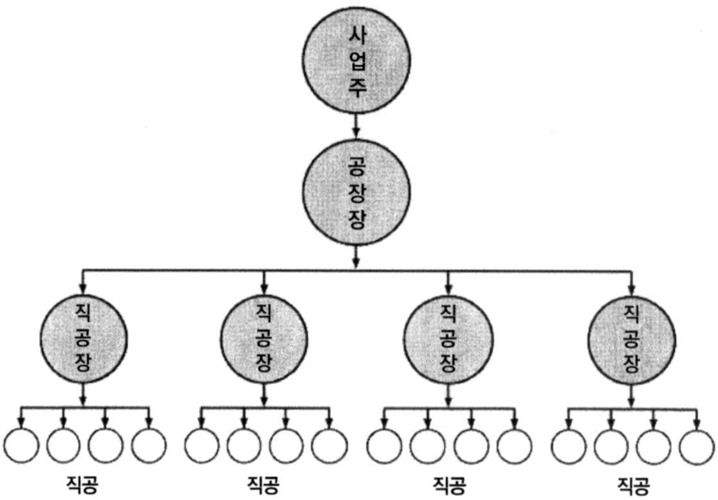

[그림 3-1] 직계식 조직 구조

중소기업이나 서비스 기업 형태에서 많이 이용되며, 군대에서 기본적인 구조로 채택하기 때문에 군대식 조직, 또는 직선식 조직, 수직적 조직이라고도 한다.

3.2.2 직능식 조직(Functional organization)

직능식 조직은 기능식 조직이라고도 하는데 직계 조직의 단점을 보완하기 위하여 테일러(F.W.Taylor)의 기능식 직장 제도에서 출발하였다. 관리자가 일정한 관리 직능을 담담하도록 기능별 전문화가 이루어지고, 각 관리자는 자기의 관리 직능에 관한 것은 다른 부분의 부하에 대해서도 명령 · 지휘하는 권한을 수여한 조직을 말한다. 이는 수평적 분화 관계에 중점을 두고 관리자의 업무를 기능화의 원칙 또는 기능별 전문화의 원칙에 따라 부문 별로 전문적인 관리자를 두고 지휘·감독하는 조직 형태이다.

이 직능식 조직은 종래의 직계식 조직 하의 만능적 직장을 대신한 것이다. 예를 들면, [그림 3-2]와 같이 기획부에 4개 직장(시간 · 원가계, 지도표계, 순서계, 공장감독계)과 현장에 4개 직장(준비계, 지도계, 수리계, 검사계) 등 8명의 직장에게 관리 기능을 분담시키는 것으로 만들어졌다.

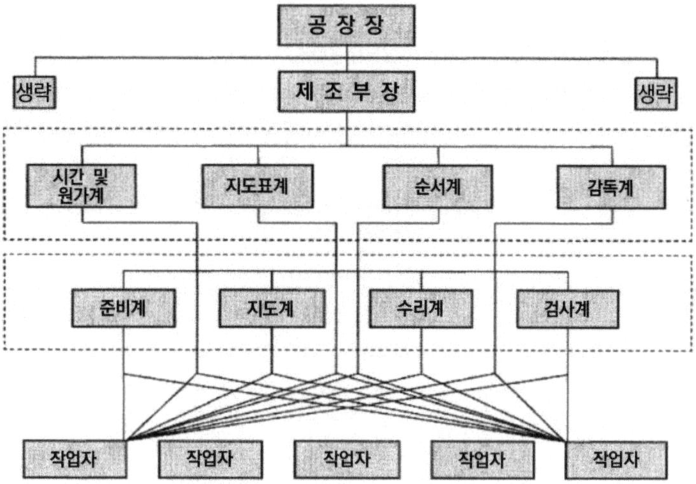

[그림 3-2] 직능식 조직 구조

이 조직은 상위자의 관리 기능을 직능별 전문화에 의하여 배분함으로써 그 부담을 경감할 수 있고, 작업자 양성이 용이하며, 각 작업자에게 정확한 과업을 부여할 수 있다는 장점이 있다. 반면에, 하위자는 몇 명의 상위자로부터 명령을 받게 되므로 혼란을 야기할 염려가 있고, 전문적 직능에 대한 합리적인 분할이 불확실한 경우에 책임의 소재가 불분명하며, 동위 계층의 관리자 간에 의견 대립이 있을 때에 그 조정이 어렵다는 단점이 있다.

3.2.3 직계 참모 조직(Line and staff organization)

직계 참모 조직이란 라인-스텝 조직이라고도 하며, 직능별 전문화의 원리와 명령 일원화의 원리를 조화할 목적으로 [그림 3-3]과 같이 라인과 스텝을 결합하여 형성한 조직이다. 라인-스텝 조직은 라인 조직의 기본을 유지하면서 스텝의 조언 기능이 부가되어 있다. 스텝은 기획 · 조사 · 연구 부문에서 라인 활동의 전문적 사항에 대하여 조언하는 권한을 가지고 있으며, 라인은 라인의 전형적인 명령과 집행을 가짐으로써 근본적인 기능 조직의 단점을 보완하고 있다. 이 조직은 미국의 에머슨(Emerson)이 테일러의 직능식 조직의 형태를 변형 개발하여 제안한 것이다.

이 조직은 직능에 대한 전문적 지식을 활용하면서 명령 일원화의 원칙을 유지할 수 있고, 라인 부분 관리자들은 스텝의 전문적 지식 및 경험의 지원을 받을 수 있어 효과적인 활동이 가능하다는 장점이 있다. 반면에 스텝을 중용할 때 스텝이 라인부문의 집행에 개입하여 명령 체계의 혼란이 야기될 수 있고, 스텝이 경시되면 조언 · 조력이 라인에 의하여 활용되지 못한다는 단점이 있다.

이 조직 구조는 기업 경영에서 널리 채용되고 있으므로 라인과 스텝의 관계를 명확히 하는 반면, 양자의 관계가 원만하게 조화되도록 쌍방에서 노력하는 것이 필요하다.

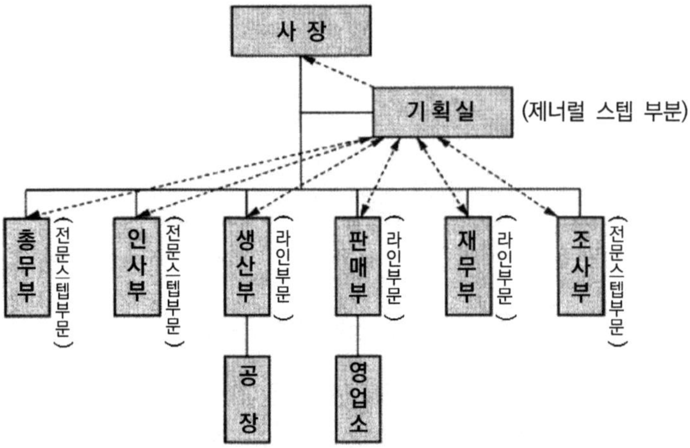

[그림 3-3] 직계참모 조직 구조

3.2.4 위원회 조직(committee organization)

위원회 조직은 지금까지 설명한 3가지 조직 형태의 보완적 조직이며, 특정 목적을 위하여 집단으로서 공동 의사를 결정하는 공식적인 회의체이다. 현재 많은 기업체의 경영 과정에서 이 조직 형태가 활용되고 있다.

이 조직의 본질은 '집단에 의한 공동 의사 결정'이라는 데서 찾을 수 있다. 그러나 이 조직의 결정은 대체로 조언적 성질을 가지는 경우가 많으며, 대체로 기능적으로 협의 또는 조정 기능이 높게 평가된다.

3.2.5 사업부제 조직(divisional organization)

사업부제 조직은 [그림 3-4]와 같이 기업의 경영 활동을 각 사업부별로 독자적 시장과 제품을 갖는 시장 책임 단위와 독립 채산적인 관리 제도를 행하는 이익 책임 단위 그리고 마치 타 기업과도 같은 분권화 단위의 세 가지 측면을 가진 조직을 말한다. 따라서 사업부는 기업 경영의 이익 관리를 위한 책임 중심적인 조직으로 제품의 생산 계획, 판매 계획 등을 독자적으로 수행하게 되는 것이다.

현재 대기업이 사업부제 경영 조직을 채택하게 된 이유는 ① 경영 다각화 전략에 적응 ② 토탈·마케팅의 요구에 부응 ③ 의사 결정의 합리화를 기함 ④ 책임 체제의 명확화를 꾀함, ⑤ 실천에 의한 경영자 양성 ⑥ 모티베이션을 개선하기 위해서이다.

사업부제 조직에는 다음과 같은 두 가지를 들 수 있다.

(1) 제품별 사업부제 조직(product divisionalization)

이 조직은 분리할 수 있는 제품 조직의 하나하나가 거의 독립된 사업체로서 설립되고, 각각 자율적으로 구매, 생산, 판매 활동을 수행하면서 모든 기능에 관한 책임을 진다. 따라서 회사 전체의 제품 계열 중에서 제조상 또는 판매상 동질성을 갖는 어떤 제품을 일괄 분리하여 비교적 자주적인 지역별화가 되도록 독자적 제품 사업부를 마련한다.

(2) 지역별 사업부제 조직(district divisionalization)

이 조직은 지리적인 지구 또는 지역을 명확히 하고, 그곳에서의 사업 일체에 관하여 사업부장이 직접 책임을 지는 조직으로 기업의 사업 단위를 지역단위로 분화하여 책임 경영을 시키기 위해서 채택되는 조직 구조이다. 따라서 이 조직 구조 하에서 각 사업부의 책임자는 일부 지역 내에서의 모든 경영 활동에 대하여 광범위한 책임과 권한을 가진다. 이 경우 각 사업부는 독자적인 손익 계산과 독립 채산을 할 수 있는 이익 센터(profit center)가 된다.

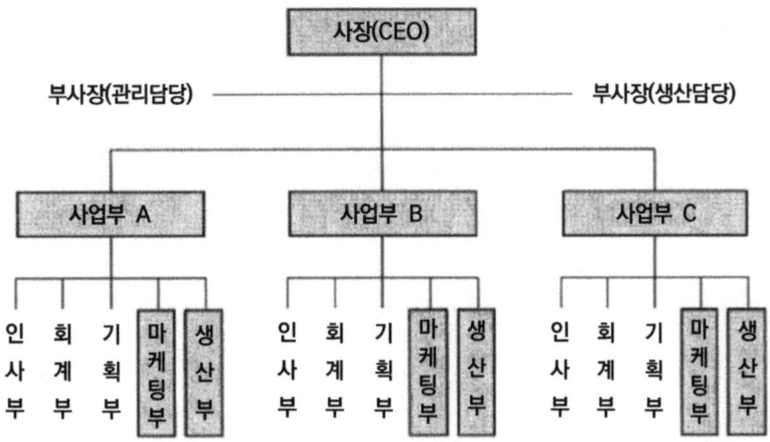

[그림 3-4] 사업부 조직 구조

3.2.6 프로젝트 조직(project organization)

프로젝트 조직이란 특정한 프로젝트, 즉 문제를 처리하기 위하여 일시적·잠정적으로 형성된 조직체를 말한다. 이를 나타내면 [그림 3-5]와 같다.

오늘날 경영자는 경영상 어떤 사안을 아이디어로서 제기시켜서 그것을 효율적으로 제품화하고 또 그것을 판매할 구체화된 계획을 세워 나갈 수 있고 또 그것을 집행하지 않으면 안 된다. 그런데 이러한 프로젝트를 처리함에 있어서 직능식 조직이나 사업부 조직 또는 직계 참모 조직으로는 불가능하다. 예컨대, 우주 개발 프로젝트, 미사일 개발 프로젝트, 플랜트 건설 프로젝트, 도시 개발 프로젝트, 연구 개발 프로젝트 등 이들 모든 프로젝트를 유효하게 실현하기 위해서는, 확고한 책임과 중심의 계획과 그 추진을 위한 조직이 필요하다. 이와 같은 필요에서 만들어진 조직을 프로젝트 조직, Task Force 또는 과제 기동대 조직이라고 칭한다.

일반적으로 프로젝트 조직에는 다음과 같은 특성이 있다.

- 경영조직 내부에 프로젝트별로 조직화를 꾀한 조직 형태이다.
- 원칙적으로 일시적 잠정적인 조직이다.
- 프로젝트, 매니저는 '라인'의 장이며, 프로젝트를 기획·실시하는 권한과 책임을 가지고 있다.
- 직능 부문 조직이나 사업부제 조직이 조직 구조를 중심으로 한 것임에 비하여 프로젝트 조직은 과정을 중심으로 하여, 과정과 구조를 통합하는 새로운 조직이다.
- 프로젝트 조직에는 직능 분화에 의한 전문화가 이루어지지 못한다는 결점이 있다.

프로젝트 조직의 책임자는 다음과 같은 세 가지 유형이 있다.

- 프로덕트 매니저(product manager)
- 프로젝트 매니저(project manager)
- 프로그램 매니저(program manager)

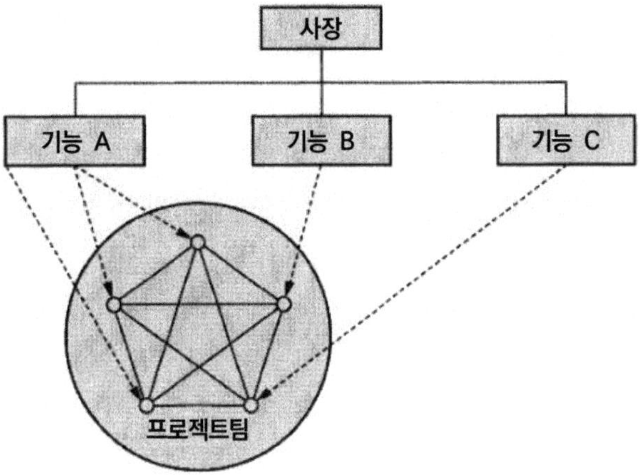

[그림 3-5] 프로젝트 조직 구조

3.3 안전보건 관리 조직

안전 관리를 효율적으로 수행하고 성과를 올리기 위해서 가장 우선되어야 할 일은 안전의 근원적인 문제에 대한 검토이다. 안전에 관한 근원적인 문제가 해명되어도 이 것을 기업의 관리에 적합한 형태로 유도(변환)하는 방법이 강구되지 않으면 안전 관리의 효율이 오르지 않는다. 어떠한 형태로 근원적인 문제를 파악할 것인가, 즉 관리하여 할 내용을 정확하게 파악하는 것이 유효한 안전 관리를 실시하기 위한 두 번째 문제이다. 다음으로 안전 관리는 기업의 조직 활동으로 실천하지 않으면 안 된다. 따라서 이 문제를 관리하는데 적합한 조직을 생각하는 것이 세 번째의 문제가 된다.

사업장에서 안전 관리를 조직적으로 추진하고 재해 예방의 성과를 올리기 위해서는 [그림 3-6]과 같이 최우선적으로 경영자는 안전 우선의 자세를 경영 기본 방침 및 안전 방침에 공표하여야 한다. 안전보건 관리책임자는 경영자의 기본 방침에 의거하여 안전 관리자 및 보건 관리자를 지휘하여 산업재해 예방 시책을 적극적으로 추진·관리하여야 한다. 경영자의 기본 방침에 의한 안전 활동을 조직적으로 추진하기 위해서는 각 계층의 합의에 의한 안전 관리 계획을 수립하고, 실시·통제해야 한다.

안전 활동을 효과적으로 추진하기 위해서는 무엇보다도 라인의 책임자가 활동하기 쉽도록 다음의 조건을 정비하여야 한다.

① 생산 조직에 준하는 안전관리 체제를 확립한다. 즉, 생산 라인의 각 계층의 안전 확보와 관련되는 책임, 직무 및 권한을 분명하게 결정한다.
② 안전관리 예산을 편성한다.
③ 안전 활동의 근거가 되는 안전관리 규정, 안전 기준, 안전 수칙 등을 정한다.
④ 관계자에 대한 교육을 통해 안전 활동에 필요한 능력을 부여한다.
⑤ 직장 내에 인간관계를 형성한다.

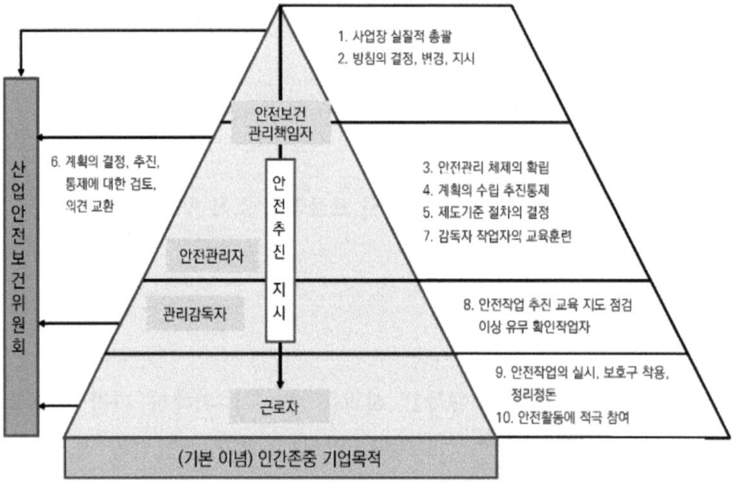

[그림 3-6] 안전 관리의 조직적 추진기구

3.3.1 안전보건 관리 조직의 형태

일반적으로 사용되는 안전보건 관리조직에는 직계식, 참모식, 직계참모식 조직이 있다.

(1) 직계식 안전보건 관리 조직(라인 조직)

직계식 안전보건 관리 조직은 [그림 3-7]과 같이 모든 직위가 단일 명령 권한의 라인으로 연결된 조직 형태로, 명령과 보고가 상하 관계이므로 간단명료하고 직선적이다.

이 조직은 안전 관리에 대한 계획에서부터 실시 평가에 이르기까지 즉 안전의 PDCA사이클 등 모든 것을 생산 조직(생산 라인)을 통하여 행하는 관리 방식이며 Line형 안전 관리라고 한다. 따라서 모든 권한이 포괄적이고 직선적으로 행사되고, 조직에 안전을 전문으로 분담하는 부문이 없으므로 고도의 관리를 기대할 수는 없다. 따라서, 이 조직은 100인 미만의 소규모 사업장에 적합하다.

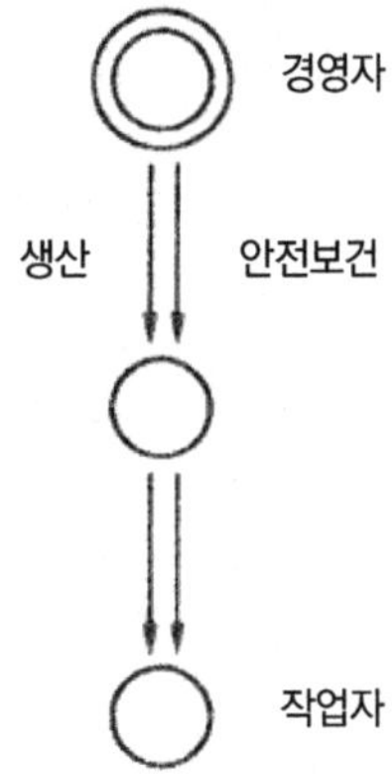

[그림 3-7] 직계식 조직의 예

직계식 조직의 장단점은 다음과 같다.

① 안전에 관한 명령·지시나 개선 조치가 각 부문의 직제를 통하여 생산 업무와 같이 흘러가므로 지시나 조치가 철저할 뿐만 아니라 그 실시도 빠르다.

② 책임과 권한이 명백하고 이해하기 쉽다.

③ 명령과 보고가 상하관계 뿐이므로 간단명료하다.

④ 생산 Line의 각급 관리, 감독자는 일상의 생산 관계 업무에 쫓겨 안전에 대한 지식이나 정보를 몸에 익힐 수가 없다.

⑤ 라인에 과중한 책임이 발생할 수 있다.

(2) 참모식 안전보건 관리 조직(기능식 조직)

관리자가 일정한 관리 직능을 담당하도록 직능별 전문화가 이루어지고, 각 관리자는 자기의 관리 직능에 관한 것을 부하에게 명령, 지휘하는 권한을 수여한 조직이다.

이 조직은 안전 관리를 관장하는 Staff 부문을 두고, 안전 관리에 관한 계획, 조사, 검토, 권고, 보고 등을 행하도록 하는 것이다. Staff의 성격상 업무 관장은 어디까지나 계획안의 작성, 조사, 점검 결과에 따른 조언, 보고에 머무는 것이며 스스로 생산 Line의 안전 업무를 행하는 것은 아니다. 이 조직은 Taylor가 제창한 것으로 분업의 원칙을 고도로 이용하려는 것이며, 책임 및 권한이 직능적으로 분담되어 있다.

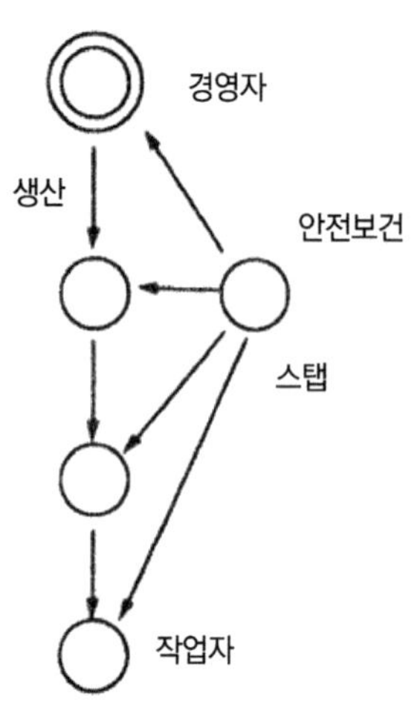

[그림 3-8] 참모식 안전보건관리 조직의 예

참모식 조직의 장단점은 다음과 같다.

① 전문 Staff의 지도에 의해서 고도의 안전 활동이 진행되게 되므로 전문적인 문제해결 방안을 모색하고 조치할 수 있다.

② Line에서의 관리, 감독자가 안전에 관하여 미숙하더라도 양성을 통해 안전이 추진되며, 점차 안전 관리 업무가 표준화 되어 정착하게 된다.

③ Line에서의 생산 활동 가운데서 안전에 노력을 기울임에도 불구하고 작업자 입장에서 보면, 생산 및 안전에 관한 명령이 각각 별개의 두 계통에서 나온다는 결함이 생긴다.

④ 두 계통의 충돌로 인하여 질서 유지에 혼란을 가져올 수 있고, 응급조치가 어려우며, 통제 수속이 복잡하다.

(3) 직계 참모식 안전관리 조직(라인스텝 조직)

직능별 전문화의 원리와 명령 일원화의 원리를 조화시킨 조직으로 많은 사업장에서 채용하고 있다. 즉 안전 업무를 전문으로 관장하는 Staff 부문을 두는 한편 생산 Line의 각 층에도 겸임 또는 전임의 안전 담당자를 두고 안전 대책은 Staff 부문에서 기획하고, 이것을 Line을 통하여 실시하도록 한 것이다.

직계 참모식 조직의 장단점은 다음과 같다.

① 안전 Staff는 안전보건 관리 책임자의 밑에 설치되어 전문적으로 보좌한다.
② 안전 Staff는 안전에 관한 기획, 입안, 조사, 검토 및 연구를 행한다.
③ Line의 관리, 감독자에게 안전에 관한 책임과 권한이 부여되나, 전문 사항에 대해서는 안전 Staff의 지식이나 기술 등을 활용하면서 Line은 생산 활동에 그 힘을 집결시킬 수가 있다.
④ 안전 Staff의 힘이 강해지면 그 권한을 넘어서 Line에 간섭하게 됨으로써 Line의 권한이 약해져, 그 Line은 유명무실해진다.
⑤ 안전 활동이 생산과 유리될 우려가 없기 때문에 운용이 적절하면 이상적인 조직이라고 할 수 있다.

직계 참모식 안전보건 관리 조직의 예는 [그림 3-9]과 같다.

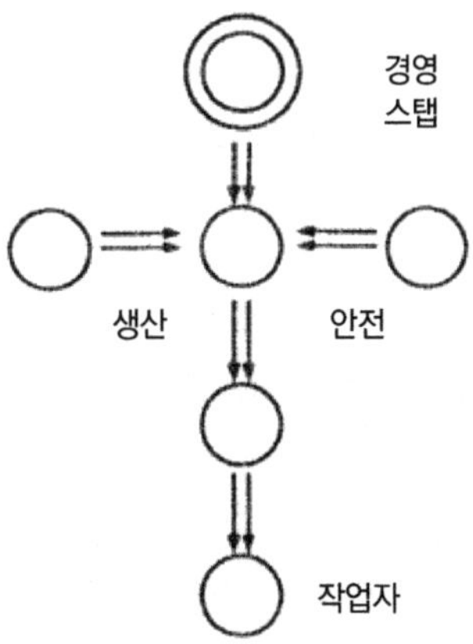

[그림 3-9] 직계참모식 안전보건관리 조직의 예

3.3.2 법에서 정하는 안전관리 조직

안전 관리의 기본적인 조직은 산업안전보건법 제2장에서 규정하고 있다. 그러나 안전 관리 조직이 생겼다고 해서 바로 안전 관리가 추진된다고 볼 수 없다. 훌륭한 조직이 있으면서도 생산 라인과 안전 Staff 부문과의 사이에 협력 관계가 보증되어 있지 않아서 충분한 기능을 발휘하지 못하고 있는 경우가 있다. 또 생산 라인 각 급의 관리·감독자는 매우 열심히 노력하고 있으나, 서로의 의사소통이 나쁘기 때문에 사업장 전체로서의 종합적인 힘이 발휘되지 못하는 경우도 있다. 현장의 제일선에서는 여전히 안전이 생산보다 뒤로 미루어지고 있는 실정이다.

생산 라인에 안전 관리 기능을 부여하고 안전 Staff는 라인의 활동을 조성하는 기능을 하는 것이 근대적 안전 관리의 원칙이다. 조직 운영은 생산 라인의 안전 관리의 완벽을 기하는 방향에서 실천되어야 한다. 조직의 구성원은 각자에게 부여된 책임을 각 개인으로서 수행하여야 하며 조직 전체의 기능이 충분히 발휘될 수 있도록 조직의 구성원 전원이 노력해야 한다.

개정된 산업안전보건법(법률 제16272호, 2020.1.16, 전부개정)에서는 안전보건관리 조직에 대해 다음과 같은 사항을 규제하고 있다.

- 일정 규모 이상의 사업장에서는 안전보건관리책임자를 둔다.(제15조)
- 안전관리자와 보건관리자를 두어 사업주 및 안전보건관리책임자를 보좌하고 관리감 독자 및 안전 담당자에 대해 지도·조언을 하도록 하였다.(제17,18조)
- 사업장의 관리감독자에게 당해 직무와 관련된 안전보건상의 업무를 수행하도록 법정화 함으로써 관리감독자를 안전관리 조직 속에 두었고, 위험 방지가 특히 필요한 작업에는 당해 작업의 관리감독자를 안전담당자로 지정하고 안전보건 관리 조직 속에 두었다.(제16조)
- 산업보건의(의사)를 안전보건 관리 조직 속에 두었다.(제22조)
- 안전보건총괄책임자를 둔다.(제62조)

개정된 산업안전보건법은 안전을 생산 라인에 정착시키는 제도적인 장치로서 사업장의 관리감독자(경영 조직에서 생산과 관련되는 당해 업무와 소속 직원을 직접 지휘·감독하는 부서의 장이나 그 직위를 담당하는 자를 말한다.)에게 당해 직무와 관련된 안전보건상의 업무를 수행하도록 법제화한 것이다.

또, 일정의 사업장에서 근로자의 위험 또는 건강 장애를 예방하기 위한 기본 대책 등 안전 또는 보건에 관한 중요 사항에 대하여 조사·심의하게 하기 위해 산업안전보건위원회를 설치할 것을 사업주에게 의무화 하고 있다. 종래에는 동 위원회의 설치를 행정 지도로 권장하였으나 법의 제정을 계기로 법률상의 제도로서 정비한 것이다.(제24조)

그 취지는 산업재해 예방에 대하여 사업주가 조치를 강구할 때에 근로자의 의견을 반영시킴과 동시에 근로자의 관심을 높여 산업재해 예방 대책을 한층 향상시키기 위해 일정의 사업장에는 근로자 중에서 지명된 위원 등으로 구성되는 위원회를 설치하고 당해 사업장의 안전 또는 보건에 관한 중요 사항에 대하여 조사·심의 하도록 하고, 사업주에게 의견을 개진토록 하는 것이다.

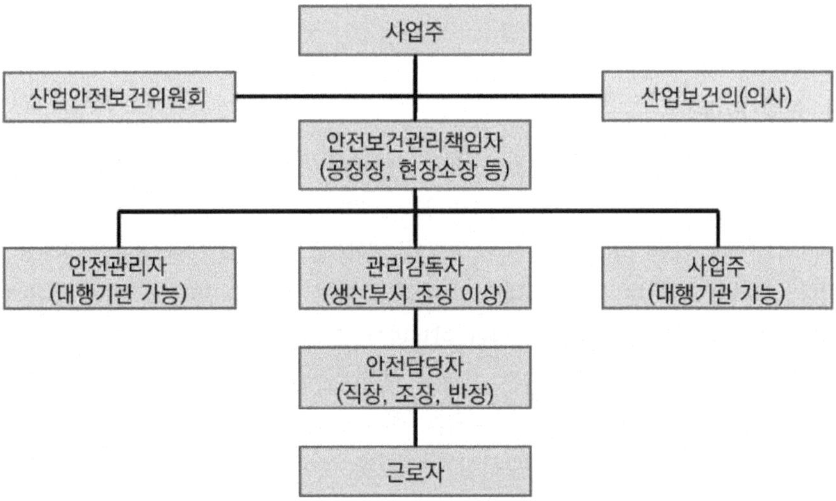

[그림 3-10] 산업안전보건법상 안전보건조직 체계

3.4 집단의 개념

집단은 둘 이상의 사람의 모임으로 공통 목적을 가지고 있다. 집단의 목적은 조직의 목적보다 더욱 구체적이고 실질적이며 명확해야 한다. 또, 구성원의 동기와 요구 만족을 강조하며, 구성원 간의 상호 의존 관계에서 구두, 서신 혹은 직접적인 접촉을 통한 상호 작용이 일어난다.

3.4.1 집단의 구조

집단이 형성되어 발전함에 따라 모든 집단 내에는 어떠한 형태의 구조가 생기게 된다. 구성원들은 그들이 가지고 있는 전문 지식, 권력, 지위 등의 요인에 따라 서로 구별되며, 그 집단 내에서 어떤 직위를 차지하게 된다. 집단 구조를 형성하는 중요한 요소는 역할, 규범, 지위 등이다.

(1) 집단 역할(Role)

집단의 구성원은 각기 소속 집단 내에서 해야 할 일이 있다. 역할(Role)이란 이와 같이 구성원이 집단 내에서 자기의 지위를 보존하기 위해서 해야 할 일을 의미한다. 다시 말해서 역할이란 어떤 직위를 가진 구성원이 해야 할 것으로 기대되는 행위라고 정의할 수 있다. 이러한 기대는 직위에 대한 기대일 뿐이지 개인적 특성에 대한 것은 아니며, 기대되는 행위는 역할 담당자 자신뿐만 아니라 다른 모든 구성원들에 의해서도 일반적으로 동의된 것이다. 여기에서 말하는 기대된 역할(Expected role)은 집단 내에서 어떠한 위치에 있는 사람이 반드시 해야 되는 것으로 요구되는 역할이다. 지각된 역할(Perceived role)은 어떤 직위의 구성원이 스스로 해야 한다고 생각하는 행위이며, 행해진 역할(Enacted role)은 실제로 수행된 역할이다. 이상과 같이 3가지 역할 행위가 있으며, 이들 사이에 차이가 있을 경우 갈등과 좌절이 발생하게 된다. 일반적으로 안정되고 영구적인 집단에서는 기대된 역할과 지각된 역할이 거의 일치하고 있다.

(2) 집단 규범(Norms)

규범이란 집단의 구성원들에 의해 공유되거나 받아들여질 수 있는 행위의 기준이다. 즉, 구성원들이 어떤 상황 하에서 어떻게 행동을 취해야 한다는 행동 기준이다. 어느 집단이 자기의 규범을 인정할 때 그 규범은 최소한의 외적 통제력을 갖고 구성원의 개인 행위에 영향을 미치게 된다. 따라서 규범은 집단의 목적을 달성하고 집단 구성원간의 동일성을 유지하는데 중요한 역할을 하고 있다. 일단 규범이 정립되면 구성원들이 그 규범에 동조할 것을 요구하게 된다. 규범에 대한 구성원들의 동조는 구성원들의 퍼스낼리티, 자극, 상황 요인 그리고 집단 내의 관계 등의 영향을 받아 결정된다. 구성원이 집단의 규범에 동조할 때 그는 집단의 보호를 받고 심리적 안정을 얻을 수 있으나 자신의 개성 발전과 성숙에는 도움이 되지 못한다. 반면에 동조하지 않는 경우에는 고립되거나 국외 인물(Isolate or deviant)로 취급받게 되어 심리적 충격을 받을 수 있다.

이처럼 규범은 구성원들에게 순기능적 역할과 역기능적 역할을 하는 양면성을 지니고 있다. 따라서 경영자나 관리자는 공식 조직의 보완적 역할을 해주는 규범의 순기능적 측면을 강화하고, 역기능적 측면을 제거하여 개인의 성장 및 집단의 성과를 높일 수 있도록 노력해야 한다.

(3) 집단 지위(Status)

지위란 집단이나 조직 또는 사회에서 어느 개인의 상대적 가치와 서열을 나타내는 것이다. 보통 어떤 사람의 지위는 그가 소속된 집단이나 다른 구성원들이 부여한다. 다시 말해서 지위는 단위와 권한 그리고 근속 연수와 조직체 내에서 받는 대우 등 공식적인 요소와 개인의 인격·성격·실력·연령과 가족 배경 등 개인적 특색을 중심으로 집단 구성원에 의하여 개인에게 부여되는 상호 간의 자생적 서열 관계이다. 그러므로 지위는 공식 단위와 밀접한 관계가 있지만 반드시 그렇지는 않고 공식적인 지위 서열과 자생적인 지위 서열이 일치되지 않는 경우도 적지 않다. 집단에서의 지위는 조직의 계층 구조 내에서 상이한 수준의 구성원들 간의 행위를 설명해주며 계층 간의 수직적 분화를 나타낸다. 따라서 지위는 집단에서의 대인 관계 및 상호 관계를 설정하는데 도움을 준다.

집단에서의 지위는 연령·재산·가문·지식·업적 등에 의해서 결정되는 사회적 지위(Social status), 직업의 귀천에 따른 직업적 지위(Occupational status), 조직 내에 차지하는 위치에 의한 조직적 지위(Organizational status) 등으로 나눌 수 있고, 또 가문·혈통·성·연령·가족의 위치와 같이 태어날 때부터 부여되는 귀속적 지위(Ascribed status), 개인의 업적·기술적 자질·능력 등으로 인하여 생기는 획득적 지위(Achieved status)로 나눌 수 있다.

집단은 자생적 내부 조직을 갖고 있으며, 이 내부 구조를 통하여 구성원들의 상호 관계가 형성된다. 즉, 개인의 행위는 집단에서 주어진 역할과 규범에 의해서 이루어지면서 구성원들 상호 간의 영향 관계가 조성되고, 상호 간의 영향 관계는 지위 관계에 밀접한 관계를 갖게 된다. 따라서 지위 신분의 결정 요인을 중심으로 공식적인 권한

계층(Authority hierarchy)과 자생적인 영향력 서열(Influence ranking)이 일치될 수 있는 방안을 모색함으로써 보다 자연적이고 효율적인 집단을 운영해 나갈 수 있다.

3.4.2 집단의 종류

집단은 그 구조에 따라 분류하면 공식적 집단과 비공식 집단으로 나눌 수 있다.

(1) 공식 집단(Formal group)

공식 집단은 전체 조직의 목표와 관련된 사업을 수행하거나 특별한 필요가 있는 경우에 공식적으로 만들어진 집단으로서, 각 구성원들의 직무가 명확하고 집단의 목표나 계층도 잘 규정되어 있다. 그리고 권력 · 권한 · 책임 · 업무 등이 명확하게 주어지고 있으며 커뮤니케이션 경로도 뚜렷하게 되어 있다. 공식 집단은 통상 비공식 집단을 수반하게 된다.

공식적 집단에는 상사와 그 직접적인 부하로 구성된 명령 집단과 조직 내에서 특수한 프로젝트나 직무에 입각해서 일을 할 수 있도록 공식적으로 구성된 과업 집단이 있다.

공식 집단의 특징은 다음과 같다.

① 조직의 의식적 합리적 특성으로 조직의 목적 방침 등의 결정이 용이하다

② 미리 정해진 규칙에 따라 갈등과 문제의 조정이 이루어진다.

③ 비개성적이고 기능화된 조직이므로 구성원의 활동은 명확히 제약된다.

④ 조직은 비용 효율성의 논리에 다라 목적 달성을 위해 노력한다.

(2) 비공식 집단(Informal group)

비공식 집단은 각 구성원들이 그들의 작업 환경에서 사회적 욕구를 충족시키기 위해 자연발생적으로 형성된 모임을 말한다. 비공식 집단은 여러 가지 형태로 존재할 수 있지만 크게 이익 집단과 우정 집단으로 나눌 수 있다. 이익 집단은 공통적인 이해와 태도에 따라 형성되는 집단으로 이들의 목적은 조직의 목적과는 관련성이 없고, 각 집단마다 다르다. 우정 집단은 구성원 상호간에 우호 관계를 위하여 모인 집단이다.

비공식 집단의 특징은 다음과 같다.

① 감정, 관습 등을 기초로 자생적으로 형성되어 인간관계와 욕구를 충족시켜 준다.

② 일정한 자극과 유인으로 행동을 요구하므로 사회 규제 기능과 사회적 의사소통 창구 역할을 수행한다.

③ 공식적 리더와는 다른 비공식 집단의 리더가 있다.

통상적으로 공식 조직 내에 비공식 집단이나 비공식적인 인간관계가 발생한다. 비공식 집단의 활성화는 조직 유효성에 커다란 영향을 주기 때문에 비공식 집단이 조직의 특성에 부합하여 조직 목표 달성에 효과적으로 활용될 수 있도록 경영자는 비공식 집단에 관심을 기울여야 한다.

3.5 집단 역학과 집단 응집성

3.5.1 집단 역학의 개념

집단 역학(Group dynamics)은 사회심리학의 한 영역으로서 1930년대 후반에 레빈(Lewin)에 의하여 창안되었다. 개인의 행동은 소속하는 집단으로부터의 영향을 어떻게 받는가, 그 영향력에 대한 저항을 집단은 어떠한 과정을 통하여 극복하려 하는가라는 문제를 가설 검증적인 방법에 의해 연구하게 된다. 집단 역학에서 대상으로 하는 집단은 성원들의 상호 의존 관계에 있다. 따라서 많은 대면적 소집단에 있어서 그러한 집단의 심리 과정에서 나타나는 역학적 특성을 규명하려는 것을 목적으로 한다. 집단 역학에서는 집단 규범이 어떻게 형성되고, 집단 응집성은 어떻게 높이며, 과업 수행을 어떻게 촉진하는가, 집단의 신규 참여자가 어떤 과정을 거쳐 과업 규범을 내면화하는가, 성원 개개인은 어떠한 동기에 의하여 그것을 거절하는가, 그러한 난제에 대하여 능률이나 만족에 어떠한 차이가 발생하는가에 대한 문제를 취급하게 된다.

집단 역학은 집단의 성질, 집단 발달의 법칙, 집단과 개인 간의 관계, 집단과 집단 간의 관계, 집단과 조직과의 관계 등에 관한 지식을 얻는 것을 목적으로 하는 연구 분야이다.

3.5.2 집단 응집성

어떤 집단은 분위기가 좋고 서로 협력하며 단결력이 있어서 목표를 효율적으로 달성하는가 하면, 어떤 집단은 구성원끼리 서로 동조하지 못하고 불화가 잦아 효율적이지 못한 경우가 있다. 이러한 분위기를 집단 응집성(Group cohesiveness)이라고 한다. 즉 집단 응집성이란 구성원들이 서로에게 매력적으로 끌리어 그 집단 목표를 공유하는 정도라고 할 수 있다.

응집성은 집단이 개인에게 주는 매력의 소산, 개인이 이런 이유로 집단에 이끌리는 결과이기도 하다. 이렇게 보면 집단 응집성의 정도는 집단의 사기, 팀 정신, 구성원에게 주는 집단 매력의 강도, 집단 과업에 대한 구성원의 관심도를 나타내 주는 것이다. 따라서 응집성이 강한 집단이란 소속된 구성원이 많은 매력을 갖고 있는 집단이며, 나아가서 구성원들이 서로 오랫동안 같이 있고 싶어 하는 집단인 것이다.

이러한 집단 응집성의 정도는 구성원 간의 상호 작용의 수와 관계가 있기 때문에 상호 작용의 횟수에 따라 집단의 사기를 나타내는 응집성 지수(Cohesiveness index)라는 것을 계산할 수 있다. 이는 집단 내에서 가능한 두 사람의 상호 작용의 수와 실제의 수를 비교하여 구한다. 즉,

$$\text{응집성 지수} = \frac{\text{실제 상호작용의 수}}{\text{가능한 상호작용의 수}}$$

집단 응집성은 상대적인 것이지 절대적인 것은 아니며, 위의 공식에서 응집성 지수는 -1.00에서 +1.00까지 가능하다. 응집성이 높은 집단일수록 결근율과 이직률이 낮고, 구성원들이 함께 일하기를 원하며, 구성원 상호 간에 친밀감과 일체감을 갖고, 집단 목적을 달성하기 위해 적극적이고 협조적인 태도를 보인다. 그러면 이러한 집단 응집성을 결정하는 요인은 다음과 같다.

① **함께 보내는 시간**

사람들은 함께 보내는 시간을 많이 가질수록 더욱 친하게 되고, 상호간의 이해와 매력이 증진된다. 어떤 집단에서 구성원들이 같이 지낼 수 있는 시간은 보통 그들의 근무위치에 따라 달라진다. 따라서 가까운 위치에서 근무하는 사람들끼리 보다 더 친해지고자 노력하며 상호작용의 수도 가장 많다.

② **집단 가입의 난이도**

집단에 가입하기 어려운 집단일수록 그 집단의 응집성은 커진다. 예컨대 들어가기가 어려운 명문 의과 대학의 1학년 학생들은 매우 응집성이 크다.

③ **집단의 크기**

집단은 그 크기, 즉 구성원 수가 많을수록 응집력이 적어진다. 왜냐하면 구성원 수가 많을수록 한 구성원이 모든 구성원과 상호 작용을 하기가 더욱 어렵기 때문이다.

그러나 만약 집단의 구성원이 남녀로 구성되어 있을 때에는 그 양상이 달라질 수 있다는 것이 연구 조사에 의하여 밝혀진 바가 있다.

④ **외부의 위협**

집단의 구성원들은 외부 세력으로부터 위협을 받는 경우에 자신들을 보호하고 집단의 안전을 위하여 협동 목적을 찾고 서로 단결함으로써 집단의 응집성을 강화하는 경향이 있다. 그러나 외부의 위협이 너무 강하 때에는 집단의 기존 응집성 여하에 따라서 구성원들 간의 단합이 분열될 수도 있고 또 더욱 강화될 수도 있다.

⑤ **과거의 경험**

집단은 과거의 성공 또는 실패의 경험이 응집성에 영향을 미친다. 경쟁에서 이긴 경험을 가진 집단은 자기 집단을 새롭게 인식하고 집단 구성원들도 그 집단에 소속된 것을 자랑스럽게 생각하나, 반대로 경쟁에서 실패한 경험을 가진 집단은 상당한 긴장과 불안을 느끼며 응집성이 약해지게 된다.

이러한 집단의 응집성은 구성원들의 욕구 충족과 직접적인 관계가 있지만, 조직체의 목적을 달성하는 집단의 성과와는 일관적인 관계를 갖지 않는다. 다시 말해서 응집력이 강한 집단에서는 일반적으로 규범적인 동조 행위가 강하고 구성원들의 욕구 충족도 높지만, 이것이 반드시 조직의 목표 달성에 기여한다고 볼 수 없다. 응집성이 높다 하더라도 집단과 조직의 목적이 일치하지 않으면 오히려 생산성이 저하된다. 그러나 응집성이 낮다 하더라도 목표가 일치하면 생산성은 증가하고, 목표가 일치하지 않으면 의미 있는 영향을 미치지 못한다. 그러므로 집단의 목표가 조직의 목적과 일치될 때 집단 응집성과 집단 성과와의 사이에 긍정적인 관계가 성립한다.

3.6 집단 갈등

3.6.1 집단 간 갈등의 원인

갈등(conflict)이란 개인이나 집단이 함께 일을 수행하는데 애로를 겪는 형태로서 정상적인 활동이 방해되거나 파괴되는 상태라고 정의할 수 있다. 조직에서 갈등은 필연적인 현상이다. 조직은 수많은 부서와 집단으로 구성되어 있고, 이들 부서와 집단은 각자가 맡은 업무를 수행하는 과정에서 상호 작용을 하면서 조직의 목표 달성에 기여하고 있기 때문이다. 또한 집단이나 조직은 모두가 다양한 배경, 관심, 소질을 지닌 사람들로 구성되어 상호 작용을 하고 있기 때문에 갈등은 불가피하다.

갈등에는 순기능과 역기능이 있다. 순기능은 기능적 갈등 또는 건설적 갈등이라고 하는데 조직이나 집단의 효율성을 추진하는 잠재적 힘이 있기 때문에 갈등을 촉진시키고 자극하는 기법을 연구하는 것이 필요하다. 역기능은 역기능적 갈등 또는 파괴적 갈등이라고 하는데 조직이나 집단의 업적(성과)에 방해가 되기 때문에 제거하거나 예방하는데 노력해야 한다.

기업 조직은 순기능과 역기능을 동시에 가지고 있기 때문에, 갈등과 관련된 경영자의 과제는 갈등을 완전히 없애는 것보다는 갈등의 역기능을 최소화하는 방향에서 갈등을 해결하는 것이라고 할 수 있다. 또 한걸음 더 나아가서 갈등이 지나치게 없을 경우에는 이를 조성하여야 할 필요성도 있다.

집단과 집단 사이에는 다음과 같은 여러 가지 요인이 복합적으로 작용하여 갈등을 야기한다.

(1) 작업 유동의 상호 의존성(Work flow interdependence)

두 집단이 각각 다른 목표를 달성하는 데 있어서 상호 간에 협조, 정보 교환, 동조, 협력 행위 등을 요하는 정도가 작업 유동의 상호 의존성이다. 즉, 한 개인이나 집단의 과업이 다른 개인이나 집단의 성과에 의해 좌우되게 될 때 갈등의 가능성은 커진다. 예컨대 영업 부서에서 요청하는 제품을 생산 부서에서 정해진 시간 내에 공급해주지 못하는 경우에 이 두 부서 간, 즉 집단 간의 갈등이 생기게 된다.

(2) 불균형상태(Unbalance)

한 개인이나 집단이 정기적으로 접촉하는 개인이나 집단이 권력, 가치, 지위 등에 있어서 상당한 차이가 있을 때 두 집단 간의 관계는 불균형을 가져오고 이것이 갈등의 원인이 된다. 예컨대 권력이 낮은 사람이 성의 없는 상급자에게 도움이 필요할 때, 가치관이 다른 사람이나 집단이 함께 일해야 할 때에 불균형 상태에서 갈등이 생기게 된다.

(3) 영역 모호성(Sphere ambiguity)

한 개인이나 집단(부서)이 역할을 수행함에 있어서 방향이 분명치 못하고 목표나 과업이 명료하지 못할 때 갈등이 생기게 된다. 개인 간에는 서로 일을 미루는 사태가, 집단 간에는 영역이나 관할권의 분쟁 사태가 발생한다. 즉, 누가 무엇에 대해 책임이 있는가를 분명히 이해하지 못할 때 갈등이 발생하기 쉽다.

(4) 자원 부족(Lack of resources)

부족한 자원에 대한 경쟁이 개인이나 집단 간의 작업 관계에서 갈등을 유발시키는 원인이 된다. 즉, 한정된 예산, 한정된 예금, 컴퓨터 사용 시간, 행정 지원 등에 대한 경쟁이 갈등을 야기 시킬 수 있다. 한 개인이나 집단은 자기 몫을 최대한으로 확보하려 하고 다른 쪽은 자기 몫을 지키려고 저항하는 과정, 즉 제로섬게임 (Zero-sum game)에서 다툼이 벌어지게 된다.

3.6.2 집단 간 갈등의 관리

집단 간 갈등의 관리는 크게 두 가지로 나누어 볼 수 있다. 그 하나는 갈등이 너무 심해서 이미 역기능적 역할을 하고 있는 집단 간 갈등의 문제를 해결해야 하는 관리 문제이고, 또 다른 하나는 집단 간 갈등이 너무 낮아서 집단 간 갈등을 순기능적 수준까지 촉진해야 하는 관리 문제이다. 이러한 갈등 문제를 해결하려면 다음과 같은 기법들이 필요하다.

(1) 갈등 해결의 방법

집단 간 갈등이 지나쳐 해결해야 할 필요가 있을 때 사용하는 기법이다.

① 문제의 공동 해결법(Problem solving)

문제 공동 해결법은 갈등 관계에 있는 두 집단이 직접 만나서 갈등을 감소시키기 위한 대면 방법(Confrontation)이다. 두 집단이 모일 때에는 그 모임의 목적이 명확하게 결정되어야 하고 문제가 해결될 때까지 모든 관련된 정보를 갖고서 공개적으로 토의해야 한다. 집단 간 갈등이 서로 간의 오해나 언어 장애 때문에 발생한 것이라면 이 방법이 매우 효과적이지만, 집단이 서로 다른 가치 체계 때문에 생긴 갈등일 때에는 해결되기 어렵다.

② 상위 목표의 도입(Superordinate goal setting)

집단 간 갈등을 초월해서 서로 협조할 수 있는 상위의 공동 목표를 설정하여 집단 간의 단합을 조성하는 방법이다. 이 방법은 집단들의 공통된 목표의 강도에 따라서 그 효과가 발생한다. 그러나 이 방법은 단기간의 효과에만 국한되고 공동 목표가 달성되면 집단 간의 갈등이 재현될 가능성이 많다.

③ **자원 확충**(Expanding resources)

집단 간의 갈등이 제한된 자원으로 말미암아 집단 간 제로섬게임의 결과로서 나타나는 경우가 많다. 그러므로 조직에서는 자원의 공급을 보강해 줌으로써 집단 간의 과격한 경쟁이나 과격한 행동들을 감소시킬 수 있다. 그리고 계열 회사나 자회사에 승진시키거나 전직 기회를 확대시킴으로써 구성원들 간의 과격한 긴장과 경쟁을 조정해 나가는 것이 자원 확충의 좋은 예가 될 수 있다.

④ **타협**(Compromise)

갈등관계에 있는 두 집단이 타협하는 방법으로서 갈등 해결을 위해 사용되어 온 전통적인 방법이다. 타협된 결정은 두 집단 모두에게 이상적인 것이 아니기 때문에 명확한 승리자도 패배자도 존재하지 않는다. 이 방법은 추구하는 목표가 분리될 수 있을 때 매우 효과적으로 사용될 수 있다. 만약 그렇지 못하면 한 집단은 양보하기 위하여 어떤 것을 포기해야 한다.

⑤ **전제적 명령**(Authorative command)

이 방법은 공식적인 상위 계층이 하위 집단에게 명령하여 갈등을 제거하는 방법으로서 가장 오래되고 가장 자주 사용되어 온 방법이다. 하위 관리자들은 상부의 명령을 지켜야 하기 때문에 이 방법은 단기적 해결책으로만 적용될 수 있다.

⑥ **조직 구조의 변경**(Altering the structural variables)

조직 구조의 변경이란 조직의 공식적 구조를 집단 간 갈등이 발생하지 않도록 변경하는 것을 말한다. 예컨대 집단 구성원의 이동이나 집단 간 갈등을 중재하는 지위를 새로 만드는 것 등을 말한다.

⑦ 공동의 적 설정(Identifying a common enemy)

외부의 위협이 집단 내부의 응집성을 강화시키는 것처럼 갈등관 계에 있어서는 두 집단에 공통되는 적을 설정하게 되면, 이 두 집단은 공동 적에 대한 효과적인 대처를 위하여 집단끼리의 차이점이나 갈등을 잊어버리게 된다. 이 방법이 성공하기 위해서는 집단들이 위협을 피해야 할 것으로 인식하고 공동 노력이 개별적인 노력보다 효과적인 점을 인식해야 한다.

(2) 갈등 촉진 기법

집단 간 갈등이 너무 낮아서 갈등을 기능적인 수준까지 촉진하는 방법이다.

① **커뮤니케이션의 증대**(Communication increasing)

관리자들은 의사소통의 경로를 통하여 갈등을 촉진하는 방향으로 조종할 수 있다. 모호하고 위협적인 전언 내용은 갈등을 촉진시킬 수 있는데, 이러한 전언 내용은 공식적인 권한 계통을 통해서 전달될 수도 있고, 비공식 경로를 통해서 '소문'으로 전달될 수도 있다. 그렇게 함으로써 성원들의 무관심을 감소시키고, 성원들로 하여금 의견 차이에 직면하도록 하고, 현재의 절차를 재평가하도록 고무하여 새로운 아이디어를 창출하도록 자극한다.

② **구성원의 이질화**(Heterogeneity of members)

이 방법은 기존집단 구성원들과 상당히 다른 태도·가치관·배경을 가진 성원을 추가시켜 침체된 집단을 자극하는 방법이다. 새로 가입한 성원에게 이질적인 역할을 수행토록 하고 공격적인 업무를 할당함으로써 현상 유지 상태에 혼란이 오도록 한다. 예컨대 대학 교수를 선발할 때 자기 대학 출신은 선발하지 않고 타 대학 출신을 선발함으로써 교수들의 학문 분위기를 자극시키는 방법이다.

③ **조직 구조의 변경**(Altering structural variables)

이 방법은 갈등 해결의 방법으로서 뿐만 아니라 갈등을 촉진하는 방법으로 매우 효과적인 방법이다. 예컨대 조직 구조상 침체된 분위기일 때 경쟁 부서를 신설하여 갈등을 자극함으로써 집단 성과를 증대시킬 수 있다.

④ **경쟁에 의한 자극**(Stimulus competition)

이 방법은 보다 높은 성과를 올린 집단에 대해서 보상이나 보너스를 지급함으로써 집단 간에 경쟁을 유발시키는 것과 같이 경쟁을 통해서 집단 간의 갈등이 발생하도록 하는 것이다. 적절하게 사용된 인센티브가 집단 간에 선의의 경쟁을 자극할 수 있다면, 그러한 경쟁은 갈등을 야기시켜 성과를 향상시키는 데 중요한 역할을 하게 된다.

3.7 커뮤니케이션

3.7.1 커뮤니케이션의 개요

커뮤니케이션(Communication)이란 어떤 개인 또는 집단이 다른 개인 또는 집단에 대하여 정보, 감정, 사상, 의견 등을 전달하고 그것들을 받아들이는 전 과정이다. 그런데 인간관계에 있어서 이 커뮤니케이션이 중요시 되는 것은 이것이 인간 상호 간의 일반적인 이해와 동의를 얻기 위한 유일한 수단이 되기 때문이다.

인간관계의 기초는 인간과 인간의 상호 작용에 의해 성립된다. 그런데 이 상호 작용에 가장 중요한 역할을 하는 것이 바로 커뮤니케이션이다. 따라서 효율적인 커뮤니케이션은 조직의 불균형을 시정하며, 사기를 앙양시키고, 생산 능률을 향상시킨다. 그러므로 커뮤니케이션은 조직의 유효성과 목적 달성에 결정적인 요인으로 작용하게 된다.

직장에서 상사나 동료 또는 부하 사이에 직무상 커뮤니케이션이 이루어져 상호 간에 공감하게 된다면 직장의 팀워크는 높아지고, 그로 인해 사기가 높아져 작업 능률이 향상된다. 그러므로 양호한 커뮤니케이션은 반드시 필요하지만 이러한 양호한 커뮤니케이션을 형성한다는 것은 결코 용이한 일이 아니다. 인간관계론의 차원에서 양호한 커뮤니케이션의 형성은 매우 중요한 과제가 된다.

커뮤니케이션은 정보 교환, 감정 이입, 사상 전달이라는 세 가지 요소를 효과적으로 전달하는 과정으로 [그림 3-11]에서 보는 바와 같이 송신자, 기호화, 메시지, 매체, 수신자, 해석, 궤환, 소음의 여덟 가지로 구성되어 있으며, 이들 요소는 커뮤니케이션의 양과 질을 결정한다.

커뮤니케이션의 요소는 다음과 같다.

① 송신자

전달할 메시지를 가지고 있는 사람으로 커뮤니케이션 과정에 크게 영향을 미친다. 즉 송신자의 욕구, 태도, 가치 및 지각은 전달된 사상(Event)을 인식하고 해석하는 데 영향을 미치기 때문이다.

② 기호화(Encoding)

송신자가 의도하는 바를 전달하기 위하여 언어, 부호, 글, 몸짓 등 구체적인 매체로 전환하는 과정을 말한다.

③ **메시지**(Message)

기호화 과정의 결과가 바로 메시지이다. 이는 언어적인 것과 비언어적인 것이 있는데 후자는 표정, 음성의 높낮이, 몸놀림 등과 같은 것이다.

④ **매체**(Medium)

메시지를 수신자에게 전달하는 수단이다. 대화, 전화, 회의, 서면 보고, 차트, 메모 등과 같은 다양한 방법이 사용된다.

⑤ **수신자**(Receiver)

메시지를 접수하는 사람을 말한다. 수신자는 메시지에 관한 지식이나, 송신자와의 관계, 그리고 성격 등 메시지를 이해하고 해석하는데 영향을 준다.

⑥ **해석**(Decoding)

접수된 메시지가 아이디어, 사고, 감정으로 해석되는 과정이다. 접수된 메시지가 해석되면 수신자는 송신자에게 궤환시킬 수 있다.

⑦ **궤환**(Feedback)

메시지에 대한 수신자에 반응이다. 이는 송신자로 하여금 메시지가 정확하게 수신되고 해석되었는가를 알게 해 준다.

⑧ **소음**(Noise)

전달과 수신 사이에 일어나는 일종의 장애로 메시지의 정확성을 해치는 커뮤니케이션 과정에서의 요인이다.

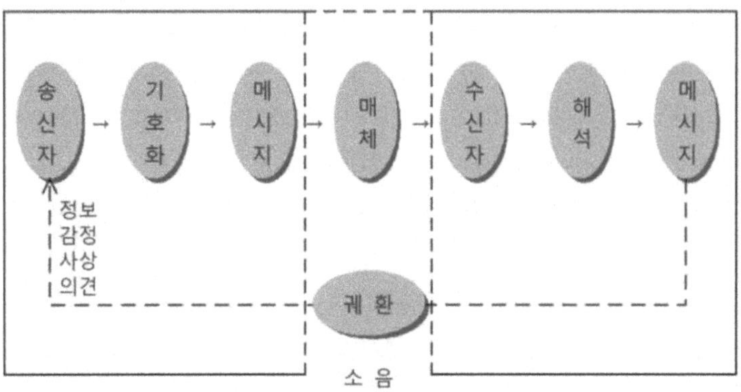

[그림 3-11] 커뮤니케이션의 과정

3.7.2 커뮤니케이션의 왜곡

일반적으로 커뮤니케이션에는 반드시 왜곡이 발생한다. 커뮤니케이션에 왜곡이 발생하는 첫째 원인은 같은 내용이라도 인간의 마음이 달리 해석하기 때문이다. 커뮤니케이션은 사실이나 감정을 언어나 기호를 사용하여 전달하는 것이지만 메시지의 내용이 전달되는 언어나 기호에 있는 것이 아니라 송신자나 수신자라는 인간의 마음 안에 있다. 예컨대 경영자가 '기업의 존속과 발전을 위하여 이익을 높여야 한다'라고 말할 때 본래에는 '이익'이라는 말을 조직의 목적 달성을 위한 수단이라는 의미로 사용했음에도 불구하고 노동조합의 간부들은 이익을 부당 이익 또는 착취라는 의미로 받아들일 수 있다. 또 '임금'이라는 말을 사용할 때에도 경영자는 임금을 인건비라고 생각하고 쓰는데 반하여 노동조합의 간부들은 소득이라고 생각하여 사용하게 되는 것과 같이 그 용어법이 반드시 일치하지는 않는다.

커뮤니케이션에 왜곡이 발생되는 두 번째 원인은 정보 내용이 그 정보의 근원에 의해서 평가되기 때문이다. 그 정보가 어디에서 나왔으며, 어떠한 내용이며, 누구로부터 전달되었는가에 의해서 받아들이는 방식이 달라진다. 호브랜드(Hovland)등은 커뮤니케이션의 수신자에게 영향을 미치는 요인의 하나로서 신빙성을 들고 있다. 예컨대, 동일한 내용의 커뮤니케이션을 한 집단에게는 신뢰할 수 있는 사람으로부터, 다른 집단에게는 신뢰할 수 없는 사람으로부터의 정보라고 전달한 결과, 신뢰할 수 있는 전달자로부터 전달되었다고 밝혀진 경우에는 신뢰하는 방향으로 의견을 바꾸었다는 것을 알 수 있다.

커뮤니케이션에 왜곡이 발생하는 셋째 원인은 정보의 선택과 거부 때문이다. 일반적으로 자기에게 유리한 정보는 선택적으로 받아들이고, 자기에게 좋지 않은 정보는 거부하는 경향이 있다. 경영자가 경비를 아무리 줄이고 있을지라도 경영자가 쓸데없는 접대비를 사용하고 있다고 믿는 근로자의 입장에서 본다면 전혀 효과가 없다.

커뮤니케이션에서 왜곡을 피할 수는 없다 하더라도 직장에서 원활한 커뮤니케이션을 하기 위해서는 다음과 같은 방법을 강구하여야 한다.

첫째, '궤환(Feedback)'을 고려해야 한다. 정보는 단순히 전달되었다는 것만으로는 실제적인 커뮤니케이션으로 성립되었다고 할 수 없다. 수신자가 확실하게 송신자로부터 정보를 접수했다는 보증이 필요하다. 궤환이란 수신자가 정보에 대하여 어떠한 반응을 나타낸 것이다. 이는 송신자로 하여금 메시지가 정확하게 수신되고 해석되었는지를 알게 해 준다.

리비트는 이 문제에 대하여 흥미 있는 실험을 하였다 [그림 3-11]와 같은 6개의 직사각형으로 도형을 만들어 커뮤니케이션을 두 가지 방법으로 실험하였다.

하나는 일방적 커뮤니케이션(Oneway communication)으로서, 정보의 수신자는 6개의 직사각형이 어떻게 정돈되고 있는가를 설명한다. 수신자는 이 설명을 듣고 주어진 종이에 그림을 그린다. 다만 이 경우에 일체의 질문도 아무런 말도 허용되지 않는다.

다른 하나는 상호적 커뮤니케이션(Two-way communication)으로서, 정보 송신자의 설명에 대하여 수신자가 어떠한 질문이라도 할 수 있도록 허용된다.

이 실험의 결과 상호적 커뮤니케이션은 일방적 커뮤니케이션과 비교할 때 전달하는데 시간은 걸리지만 보다 정확한 전달이 이루어지고 수신자는 자신을 가지고 판단을 하기 때문에 욕구 불만을 느끼는 일이 적어지게 된다고 밝혀졌다. 따라서 정보 전달의 정확성은 송신자가 수신자로부터 궤환을 받는 정도에 의해서 결정된다는 것을 알 수 있다.

둘째, 다양한 커뮤니케이션 방법을 이용해야 한다. 커뮤니케이션에는 언어적 커뮤니케이션 이외에도 비언어적 커뮤니케이션이 있다. 즉, 언어적 방법 이외에 표정이나 제스쳐 등이 있기 때문에 송신자는 수신자의 비언어적 방법을 관찰할 수 있다. 또 당사자 이외에 제 3자의 귀를 이용하여 전달된 내용이 올바로 이해되었는지를 확인할 수도 있다. 이처럼 궤환의 양을 최대화하면 커뮤니케이션의 왜곡을 예방할 수 있다.

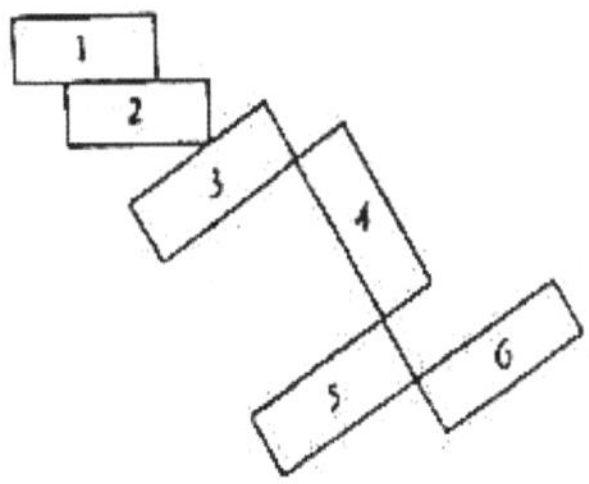

일방적 커뮤니케이션

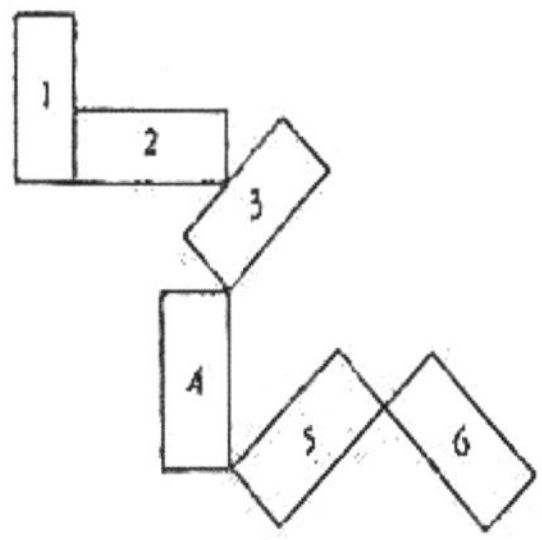

상호적 커뮤니케이션

[그림 3-12] 리비트의 실험에 이용된 도형

제4장

휴먼에러

4.1 휴먼에러의 개념

기업의 입장에서 보면 휴먼에러는 인명 피해와 재산 피해뿐만 아니라 품질, 생산성 나아가서는 수익성에 가장 많은 영향을 주는 요소라고 할 수 있다.

최근까지 석유 화학 공장에서 발생한 세계 100대 사고의 원인을 살펴보면 휴먼에러가 가장 중요한 요인으로 지적되었다. 석유 화학뿐만 아니라 다른 분야의 큰 사고들(1947년 Texas시 폭발, 1984년 Mexico LPG 기지 폭발, 1988년 Piper Alpha 폭발, 1989년 Phillips 66 주유소 폭발)도 휴먼에러에 의한 사고라고 원인 분석이 되었다.

우리나라의 대구 지하철 사고도 대표적인 휴먼에러에 의한 사고라고 할 수 있다. 더구나 대형 참사로 이르게 한 의자 재질의 선택에 있어 인화성을 고려하지 못했다는 것은 설계 시의 휴먼에러로 볼 수 있다.

휴먼에러는 여러 학자들에 의해 다양하게 정의되고 있다.

마이스터(Meister, 1965)은 휴먼에러를 안전한 운전과 시스템의 성능을 저하시키거나 안전한 운전 또는 효율을 감소시킬 잠재력을 갖고 있는 인간의 원치 않는 결정, 부적절한 행동으로 허용 범위를 벗어난 일련의 인간 행동이라고 정의하였다.

리즌(Reason, 1990)은 인간이 원하는 일을 계획하고 실행할 때 일련의 정신적 혹은 물리적 행동들이 우연적인 요소가 개입하지 않은 상태에서 처음 의도한 결과를 달성하지 못하는 모든 상황을 휴먼에러라고 정의하였다. 그는 동작 실패만이 아니라 판단과 결정의 실수 역시 휴먼에러의 일부라고 주장하였다.

하겐(Hagen, 1992)은 예정된 행동을 수행하는데 있어 정확도, 순서 또는 시간이 제한 범위 밖으로 행해져서 발생된 오류가 장비, 시스템, 기타 작동에 손실을 끼치게 된 것이라고 정의하였다.

하가(Haga, 1993)는 휴먼에러를 인간의 행동 또는 결정 중 본인의 의지와는 정반대로 사람, 사물, 동물 시스템, 환경의 기능, 안전 쾌적성, 효율, 의도, 이익, 강정을 상하게 하거나 파괴하는 것이라고 주장하였다.

이관석(2011)은 인간이 잘못하거나 원하는 결과가 나타나지 않는 경우, 혹은 인간의 활동이나 행동으로 인한 인적 오류가 발생했을 때 휴먼에러, 인간 과오, 인간 과실 등 여러 가지 여러 가지 용어로 사용이 되고 있다고 하였다. 그는 휴먼에러의 용어가 아직 통일되지 않고 다양하게 사용되고 있는 주요 원인으로 개념 자체가 외국에서 시작되었고 여러 나라에서 다양한 표현으로 사용되었기 때문이라고 하였다

이러한 정의들을 정리해 보면 휴먼에러란 사람, 기계, 조직 등 모두를 포함한 시스템 속에서 사람에게 부과된 임무를 시스템으로부터 요구받고 있는 대로 행하지 않아 시스템의 기능, 안전성을 저해하는 것을 말한다.

4.2 휴먼에러의 분류

휴먼에러는 오래 기간을 거치면서 다양한 분류 방법들이 개발되었다. 이러한 분류는 휴먼에러의 원인과 방지 방법에 대한 적절한 대책을 수립하기 위해 필요하다.

4.2.1 행동 결과 차원의 분류

안전 관리 측면에서는 사고를 예방하기 위하여, 안전 관리 분야에서 구체적으로 무엇을 관리할 것인가에 초점을 맞추어 휴먼에러를 분류하는 것이 보통이다.

가장 일반적으로 널리 사용되는 방법으로는 스웨인(Swain)의 분류를 들 수 있다. 미국의 심리학자인 스웨인(Swain)은 원자력 발전소의 휴먼에러 유형을 조사하는 과정에서 휴먼에러를 인간 행동(Behaviour)의 관점에서 분류하는 방법을 주장하였다.

① 누락오류(omission error)
- 작업 수행 과정에 필요한 조작이나 행동을 빠뜨리는 에러

② 작위오류(commission error)
- 작업 수행 과정에 필요한 조작을 하였으나 정확하게 수행하지 못한 경우의 에러

③ 시간오류(time error)

- 작업 수행을 정해진 시간 이내에 완수하지 못한 경우의 에러, 지연오류(delay error)라고도 한다.

④ 순서오류(sequence error)

- 작업 수행 과정에 그 순서가 헷갈려서 순서를 바꾸어 작업을 수행하는 경우의 에러

⑤ 불필요한 수행오류(extraneous error)

- 작업 수행 과정에 필요하지 않은 행동을 수행하는 에러

4.2.2 행동 원인 차원의 분류

인간의 행동은 사물의 형태나 모습을 다른 것으로 바꾸는 대뇌의 정보처리 과정에서 발생한다. 이에 따라 외계 정보가 대뇌의 감각 중추에서 인지되기까지의 과정에서 에러가 발생하게 된다. 외계 정보가 대뇌의 감각 중추에서 인지를 알게 된 상황을 행동으로 의사 결정하여, 운동 중추로부터 동작 과정에서 휴먼에러가 발생하고, 인간의 대뇌가 명쾌하지 않으면 기억의 반감으로 잘못 조작하는 판단 에러가 생긴다. 뿐만 아니라 정보량을 처리하는데 신뢰성이 없게 된다.

정보처리 과정에서 어떤 단계 원인으로 작용하였는지에 따라 [그림 4-1]과 같이 분류하는 방식이 사용된다.

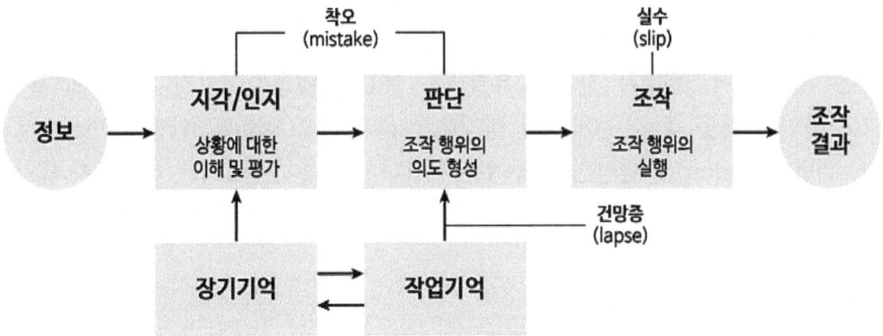

[그림 4-1] 정보처리 과정과 휴먼에러 모형

첫째, 인지 확인 에러는 눈으로 확인할 수 있는 정보나 시그널을 인지하여 운전이나 작업 절차에 따라 실시하는 단계로서 사전에 외계 정보를 인식하여 대뇌 감각 중추에서 인식하기까지의 진행 과정에서 발생하는 에러 요인이다. 이 단계는 주요기기 상태의 정보를 수집하거나 작업 결과를 확인하는 절차에서 에러가 발생한다.

둘째, 판단 기억에서 인식하고 상황을 결정하여 적응 상태로 진행하면서 운동 중추로부터 수행되는 행동으로부터의 휴먼에러이다.

셋째, 동작 에러는 중추 신경에서부터 의사 결정 상태의 행동이 지시되었으나, 작업 중에 조작, 절차 등의 오류가 일어나거나 생략하는 동작 에러이다. 따라서 관리자 측면에서 작업자들의 행동 과오율을 측정하고 평가하여 사전 안전교육이 주기적으로 필요하다.

4.2.3 시스템 개발 단계 차원의 분류

(1) 마이스트(Meister)의 분류

마이스트(1964)는 휴먼에러의 원인을 시스템 개발의 단계별 4가지(설계, 제조, 검사, 조작)로 구분하였다. 설계 단계에서는 설계 에러, 제조 단계에는 점검 에러와 제작 에러, 검사 단계와 조작 단계에서는 설치에러, 조작 에러, 보전 에러로 나눠진다.

각 단계의 에러 원인은 [표 4-1]와 같다.

(2) 리즌(Reason)의 분류

리즌은 복잡한 시스템에서 사고를 유발하는 불안전 행동을 4가지 유형으로 분류하였다. 그는 불안전 행동 중 실수(Slip)와 망각(Lapse)과 착오(Mistake)만을 휴먼에러로 규정하였다. 위반(Violation)은 불안전 행동에는 해당하지만 휴먼에러에는 해당하지 않는다.

[표 4-1] 마이스트의 시스템 개발 4단계 속 휴먼에러

시스템 개발	에러의 형태	에러의 원인
설계	· 설계 에러	· 필요조건의 불만족 · 인간공학적 설계 미비 · 부적절한 기능 분배
제조	· 점검 에러 · 제작 에러	· 부정확한 지시 · 부적당한 환경 · 부정확한 메모 · 부적당한 훈련과 기술 · 부적당한 도구 · 인간공학적 설계 미비 · 작업장의 배치 불량
검사	· 설치 에러 · 조작 에러 · 보전의 에러	· 인간공학적 설계 미비 · 부적당한 정비, 보관상태 미흡 · 작업장의 배치 불량 · 부적당, 불완전한 기술자료
조작	· 설치 에러 · 조작 에러 · 보전의 에러	· 인간공학적 설계 미비 · 부적당한 정비, 보관상태 미흡 · 작업장의 배치 불량 · 부적당, 불완전한 기술자료 · 일의 복잡성 · 과부하 조건 · 부적당한 환경 · 부적당한 사람의 선택

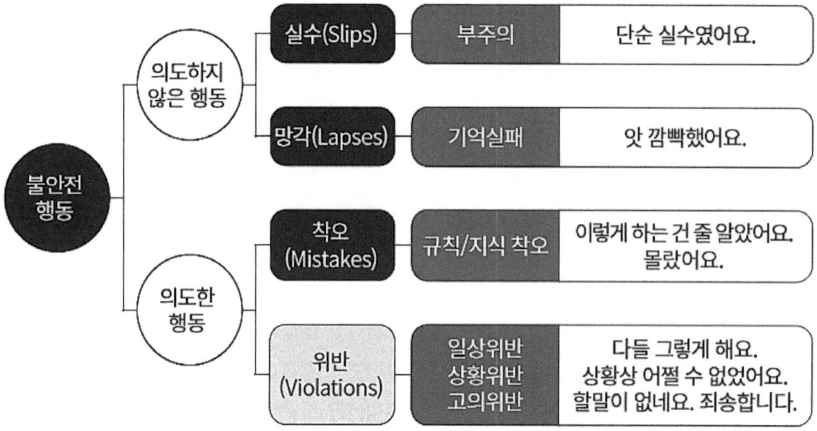

[그림 4-2] 휴먼에러의 분류(Reason)

실수(Slip)란 의도하지 않은 잘못된 행위 중 '아차 하는 사이에(부주의로)' 수행된 행위(의도와는 다른 행위)이다. 계획되지 않은 행위가 표면화된 것(말의 실수, 행동의 실수)이고, 대체로 눈에 잘 띄어 실제로 문제가 되는 경우는 드물다. 숙련 기반 행동(Skill-based behavior) 즉, 숙련된 행동을 하는 단계에서 깜박했기 때문에 발생한다. 그 예로 애완견을 부르려고 했는데 말이 헛나가 남편의 이름을 부른 경우, 저장키를 누르려다가 삭제키를 누른 경우, 외출하려고 우산을 찾다가 서류 봉투를 들고 나오는 것을 잊은 경우, 뚜껑을 따지 않고 캔 맥주를 따르려고 한 경우 등이다. 실수에 대한 대책으로는 행위자가 의도한 대로 행동할 수 있도록 하는 것, 예컨대 스위치를 착각하지 않을 위치에 설치하는 것 등을 생각할 수 있다.

망각(Lapse)은 주로 단기 기억의 실패 즉, 기억을 못해서 발생하는 에러이다. 실제 행동에서 눈에 보이는 형태로 나타나는 것이 아니라, 체험한 본인만이 알아차릴 수 있는 경우이다. 이것 역시 실수와 마찬가지로 숙련 기반 행동(Skill-based behavior)의 일종이다. 정비사들이 자신의 의도와는 달리 조여야 할 나사를 조이지 않은 채 놔두는 것처럼 해야 할 일을 깜박 잊고 하지 않은 경우가 전형적인 예이다. 보내야 할 서류를 보내지 않은 것, 전달해야 할 사항을 잊어버린 경우 등도 망각에 해당한다. 망각에 대한 대책은 체크리스트 등을 준비하거나, 하나씩 절차를 밟아나가지 않으면 다음으로 진행되지 않게끔 장치·설비를 만들어 놓는 것 등을 들 수 있다.

착오(Mistake)는 상황 판단을 잘못하거나 취하여야 할 행동의 선택을 잘못하는 등의 판단·의사 결정 단계의 에러인데 일반적으로 실수보다 위험도가 훨씬 높다. 착오는 규칙 기반 행동(Rule-based behavior)에서 올바른 규칙을 잘못 적용하거나 잘못된 규칙을 적용하는 에러와 지식 기반 행동(Knowledge-based behavior)에서 잘못된 믿음, 과신, 과소 평가 등에 의해 범하는 에러로 구분된다. 전자의 에러는 속도 제한이 시속 60 km인 도로에서 80 km로 잘못 판단하고 속도를 70 km까지 올려 운전하는 것과 같은 에러이다. 후자의 에러는 이전에 단순한 숙취로 진단했던 환자가 다시 심야에 구토를 호소하여 응급 진단 시 이전의 기억에 사로 잡혀 장폐색증과 같은 중증환자일 가능성을 염두에 두지 않은 것과 같은 에러이다. 착오에 대처하는 방법으로는 가급적 상황을 정확히 이해할 수 있도록 표시를 해놓거나, 상황에 따라 취해야 할 행동을 미리 절차서에 제시해 놓는 것과 같은 대응을 생각할 수 있다. 물론 상황판단, 행동결정 등을 적절하게 할 수 있도록 사전에 충분한 교육훈련을 실시하는 것도 중요한 대책이다.

위반(Violation)은 사용자가 의도적으로 부적절한 행위를 하는 것이다. 귀찮다고 안전 항목을 지키지 않고 어떤 행위를 지속해나가는 것으로 일상적 위반, 예외적 위반, 사보타주(sabotage: 게으름을 피움)등이 이에 속한다. 이 고속도로는 속도제한이 시속 80 km이지만 100 km까지는 단속된 적이 없으니까… 라는 것이 일상적 위반이고, 작년 내시경 검사 때 이 환자는 간염이 없었고, 간염 검사는 시간이 걸리니까 이번에는 (아마 괜찮겠지)생략하자 라고 하는 것이 예외적 위반이다. 그리고 사보타주는 문자 그대로 의도적으로 게으름을 피우는 것이다. 위반에 대한 대책으로는 규칙을 설명하고 준수의 필요성을 납득시키거나 위반 행위자에 대해 제재(처벌)를 가하는 것이다.

4.3 휴먼에러 발생의 메커니즘

휴먼에러는 작업이나 상황이 요구하는 기능을 인간이 수행하지 못하기 때문에 발생하는 것이다. 다시 말해 휴먼에러는 외부로부터 입력 정보와 그것들을 처리하는 인간의 기능과의 부조화에 의하여 발생한다. 또한, 마찬가지로 재해는 순간적인 작업의 요구능력이 해당 작업자의 순간적인 능력을 초과할 때 발생한다고 보는 것이 인간공학의 일반적인 견해이다. 순간적인 능력이란 [그림 4-3]에서 보는 바와 같이 위험의 인식에서부터 위험의 회피에 이르는 일련의 과정 동안 적절히 대처할 수 있는 능력을 말한다.

인간의 행동은 다양한 요인에 의하여 영향을 받으며, 때로는 이로 인하여 작업 수행 그 자체의 성패를 좌우하기도 한다. 재해 사고와 관련된 인간 행동의 근본적인 원인들을 찾아 그 차이를 파악하지 못한다면 인간의 잘못된 행동을 효과적으로 예방할 수 없으며, 나아가 휴먼에러로 인한 사고도 예방하기 어려울 것이다.

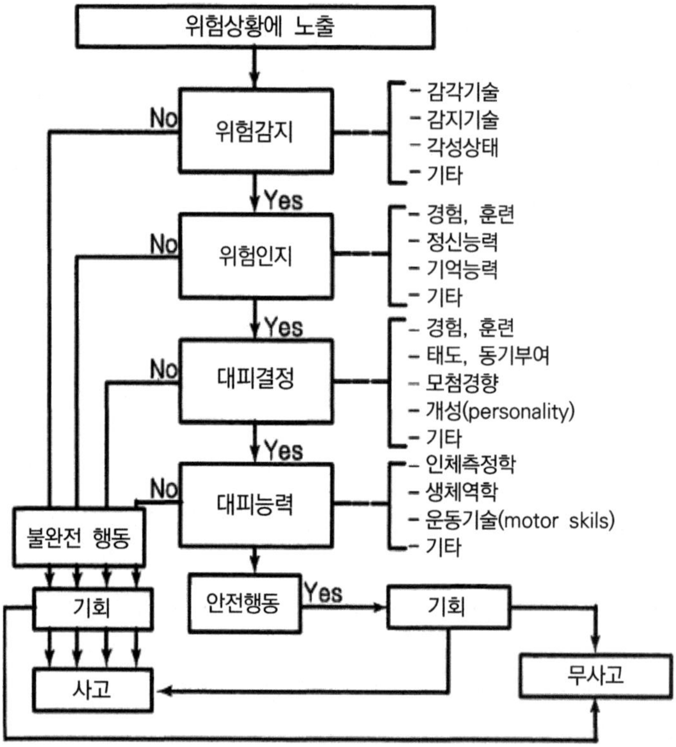

[그림 4-3] 휴먼에러로 인한 사고발생 과정

컴퓨터를 이용한 감시 작업을 생각해 보자. 평소에는 정해진 규격대로 제품이 생산되고 있는가를 감시하고 있다가, 만약 정해진 범위로부터 제품 특성이 벗어난 경우 그것을 신속히 교정 조치하는 것이 주업무가 되어 버린 요즈음, 시스템으로부터 요구되는 대로 올바로 조치하기 위해서는 신호 자극의 돌발성, 시각적 인지, 단기 기억, 장기 기억, 지식, 훈련 및 경험, 기술 및 기능, 운동 능력 등의 다양한 요인이 고려되어야 한다.

이처럼 인간의 행동에 영향을 미치는 요인을 통칭하여 행동 형성요인 혹은 수행도 형성요인(Performance Shaping Factors)이라고 하는데, 그 대표적인 것은 [그림 4-4]와 같다.

[그림 4-4] 행동형성요인

외적 행동 형성 요인으로는 환경적인 특성, 작업 시간 및 휴식 주기, 인원 배치 및 관리, 보수 및 복지 지원, 관련 설비 및 규정, 인간-기계 시스템에 관련된 요인들을 들 수 있으며, 내적 행동 형성 요인으로는 경험 및 훈련, 능력 및 기술, 개성 및 지성, 의욕 및 태도, 감정적인 상태, 스트레스, 지식, 성차, 건강 상태 등을 들 수 있다.

행동 형성 요인은 여러 가지 측면에서 작업자의 작업 수행도 및 행동에 중대한 영향을 미치고, 사소한 잘못으로부터 전혀 예상하지 못했던 과오까지 다양한 형태의 휴먼에러를 촉발하기도 한다.

여기에서는 휴먼에러와 밀접한 관계를 갖는 사항들을 간단히 살펴보기로 한다.

4.3.1 인간의 정보처리 과정과 휴먼에러

인간의 행동은 [그림 4-5]과 같이 일련의 과정을 거쳐 이루어진다. 자극이 주어지면 그 자극을 감지하여 그것이 어떤 자극인가를 판단한다. 즉, 상황판단이다. 이 과정에는 다시 자극의 감지, 검출, 확인, 인식, 변별 등의 세부 과정이 포함된다. 이런 과정을 통하여 관련 자극으로부터 적절한 정보가 입수되면 인간은 그 정보에 근거하여 정보를 처리하고 의사 결정을 하는데, 이때 자신이 가지고 있는 경험과 기억 등이 활용된다. 이 과정을 사고의 통합이라고 한다. 의사 결정이 종료되면 인간은 그에 따라 자신의 행동을 결정한다. 여기에서 행동이라고 하는 것은 신체적인 행동은 물론 얼굴이나 몸짓의 반응까지를 포함하는 폭넓은 범위의 행동을 의미한다.

이 과정을 간략히 정리하면 ① 정보나 자극의 감지 ② 정보 보관 및 기억 ③ 정보 처리 및 의사 결정 ④ 행동의 4 단계로 나눌 수 있는데, 각 단계에는 처리 한계가 존재한다. 지금까지 보고된 연구에 의하면 인간의 감지 능력은 109 bits/초, 인지 능력은 3×106 bits/초, 정보 저장 능력 다시 말해 기억 능력은 1020 bits/초, 반응 능력은 107 bits/초에 이른다. 그러나 가장 중요한 대뇌피질에 의한 지적인 정보 처리 혹은 의사 결정 능력은 50 bits/초에 불과하다. 이 때문에 객관적인 정보가 한 순간에 대량으로 주어지는 경우에는, 인간의 단위 시간 내 정보 처리 능력의 한계에 의하여 혼란이 일어나게 된다. 결과적으로, 짧은 시간 안에 다량의 정보를 처리하는 것은 불가능하므로 아무리 많은 정보가 주어진다 하더라도 감지되는 다양한 정보로부터 무엇이 중요하고 필요한 정보인가를 선택하지 않으면 안 된다. 이러한 선택 과정에서 어떠한 정보를 선택하는가가 의사 결정의 성패를 결정한다.

이러한 선택이 가능하다고 하더라도 선택된 중요 정보에 대하여 올바른 대응 방법을 결정할 수 있는가 여부에 또 다시 작업의 성패가 좌우된다. 또, 반대로 정보가 불충분한 경우에는 잘못된 짐작이나 추정을 통하여 추가된 임의 정보를 객관적 정보와 함께 해석함으로써 잘못된 결정을 내리기도 한다.

이상의 결과를 종합하면 인간의 정보 처리 및 의사 결정 과정에는 실패하기 쉬운 요소가 부지기수로 존재한다고 할 수 있다. 인간이 사고 원인이 되는 경우, 부주의나 잘못 보았다는 것 같은 감각 기관의 저수준이 아니라, 훨씬 더 고수준의 중추판단의 잘못에 기인하는 것이 많다. 특히 인간의 의사 결정 과정 중, 사고의 통합 단계에서 가장 많은 사고가 발생한다는 것을 알 수 있다.

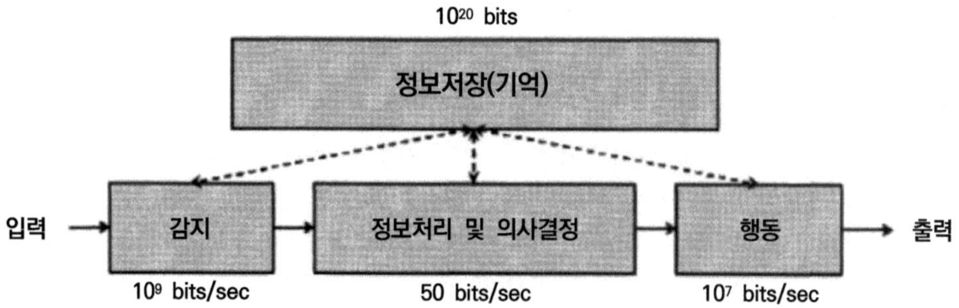

[그림 4-5] 정보처리 능력

4.3.2 의식 수준의 전환

작업 중 인간에게는 다양한 정보가 주어지며, 작업자는 그에 상응하는 대응을 해야 하는데 인간은 그 행동의 난이도에 따라 스스로 각성 수준을 조절해가며 대응한다. 이것을 의식 수준의 전환이라고 한다. 대표적인 예로는 그림에 제시된 라스뮈센(Rasmussen)의 SRK 모형을 들 수 있다. 그의 주장에 따르면, 인간의 의식 수준은 기술기반 행동 수준(Skill-Based Behavior Level), 규칙 행동 수준(Rule-Based Behavior Level), 지식 행동 수준(Knowledge-Based Behavior Level)으로 구성되며, 인간은 필요에 따라 그 의식 수준을 달리하여 반응한다는 것이다.

기술기반 행동 수준의 행동이란 자극의 종류가 한 가지로 단순하고 그에 대한 반응에도 숙달되어 있어서, 자극이 주어지면 언제든 같은 반응을 보이는 수준의 행동을 말하며, 특별히 주의를 기울인다거나 주시를 하지 않고도 반응할 수 있는 행동을 말한다.

규칙 행동 수준의 행동은 자극의 종류가 다양하기는 하지만 이미 그에 대한 대응책을 숙지하고 있어서, 어떤 자극이 주어지면 그에 대응하는 반응은 이렇게 한다 하는 식의 규칙이 이미 몸에 밴 행동을 말한다.

지식 행동 수준의 행동은 이전에 경험한 바 없는 낯선 정보와 자극에 대하여 어떻게 반응하여야 하는가가 사전에 정해져 있지 않아서 자신의 경험과 지식을 바탕으로 새로운 당면 문제의 해결을 위하여 다각도로 검토하고 분석한 후에 행동해야 하는 수준을 말한다.

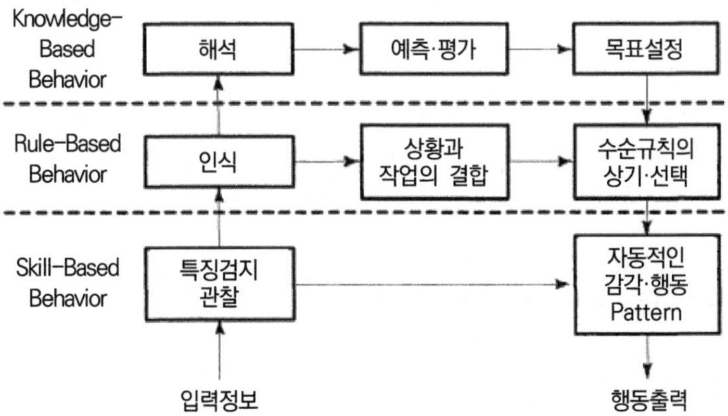

[그림 4-6] Rasmussen의 의식수준 모형

이러한 대응 수준을 놓고, 인간은 그때 그때 당면한 상황이 요구하는 수준에 맞추어 의식 수준을 바꾸어 가면서 대응해 간다. 만약, 요구되는 대응 수준과 인간이 선택한 대응 수준이 상응하지 않는다면 인간 과오는 물론, 사고로 이어질 가능성이 높다.

4.3.3 리스크 심리

인간에게는 본인밖에 이해할 수 없는 심리적 특성이 존재하며, 이것은 인간의 행동에 큰 영향을 미친다. 특히, 자신에게 득이 되는가 해가 되는가를 기준으로 판단하는 심리적 특성을 리스크(Risk) 심리라고 하는데, 인간의 리스크 심리는 전혀 객관적이라고 볼 수 없는 편향되고 비합리적인 특성이 다수 존재한다. 그 중 대표적인 특성으로 알려진 것들을 나열해 보면 다음과 같다.

- 인간은 초기 정보나 증거에 대하여 부당하리만큼 큰 비중을 두는 반면, 이후에 제시되는 정보는 상대적으로 덜 중요하다고 판단하는 경향이 있다.
- 인간은 일반적으로 보수적이어서 정보원으로부터 충분한 만큼의 정보를 추출하지 않는다.
- 어떤 대안에 대한 주관적인 선호는 극단적으로 표명되지 않으며, 충분한 확신도 주어지지 않는다.
- 정보가 많이 수집될수록 인간은 자신의 결정을 더욱 옹호할 뿐, 반드시 정확하다고는 할 수 없다.
- 인간은 적절히 받아들일 수 있는 정보보다 더 많은 양의 정보를 추구하는 경향이 있다.
- 인간은 실제로는 그렇지 않음에도 불구하고 종종 모든 정보들이 똑같이 신뢰할만한 것처럼 취급한다.
- 인간은 한 번에 최대 3개 혹은 4개의 가설을 세울 수밖에 없는 한정된 능력을 가지고 있다.
- 인간은 한 번에 몇 개의 중요한 속성에만 집중하며, 그 속성에 근거하여 상위의 2개 내지 4개의 대안만을 고려하는 경향이 있다.
- 인간은 선택된 행동 과정을 확신시켜 주는 정보를 찾는 반면, 선택을 불확실하게 하는 정보나 시험은 회피하는 경향이 있다.
- 잠재적인 손실은 더 중요하게 간주되어, 같은 만큼의 잠재적인 이익보다 의사 결정에 더 큰 영향을 미친다.
- 인간은 약간 긍정적인 결과는 약간 부정적인 결과 또는 매우 긍정적인 결과보다 발생 가능성이 높다고 믿는다.
- 인간은 매우 부정적인 결과는 약간 부정적인 결과보다 발생 가능성이 낮다고 믿는다.

4.3.4 스트레스와 패닉(Panic)

현대의 많은 작업에서 인간은 시스템이 ① 정상 작동할 때에는 컴퓨터 모니터를 이용하여 작업 수행 상황이나 상태를 감시하고 있다가, ② 시스템에 이상이 발생하면 시스템의 상태를 진단, 파악하고 정황에 맞는 결정을 내려 적절한 반응, 대책을 세우고 키보드나 마우스, 혹은 스위치 등의 조작 장치를 이용하여 회복시킨다든가 제어 장치나 관리 내용을 입력하는 것이 주 업무가 되었다고 이미 앞에서 설명한 바 있다.

이제까지 전혀 경험하지도 예상하지도 못했던 이상 상태나 긴급 상황에서, 자신이 갖고 있는 지식이나 경험에 근거하여 당면한 곤란을 시간에 쫓기면서 신속하게 처리하지 않으면 안 되는 문제 해결 과정은 아무래도 인간에게는 부담이 큰 작업이며, 커다란 스트레스로 작용한다.

원래 컴퓨터 시스템은 방대한 양의 자료를 짧은 시간에 신속하게 처리할 목적으로 개발된 것이므로 작업 성격도 그것을 요구하는 경우가 많다. 예를 들어, 생산 시스템의 동력이 대규모화 될수록 재해의 규모도 예상할 수 없을 만큼 대규모화되기 쉽기 때문에 감시 작업의 경우에는 이상 발생 시 신속하게 처리하지 않으면 안 되는 작업이 많고 특히 원자력 발전소나 화학 플랜트, 가스기지 혹은 항공기의 이상 탐지 시스템 같은 경우에는 그 요구가 극에 달한다.

컴퓨터 시스템을 사용하는 경우 대표적인 스트레스 요인은 다음과 같다.

첫째, 시간적 스트레스이다. 처리하지 않으면 안 되는 작업 요구에 비하여 허용된 시간이 짧을 경우 인간은 극심한 시간적 스트레스를 느끼게 된다. 시간적 스트레스가 심한 경우 인간의 의사 결정 과정은 커다란 변화를 겪게 된다. 여기서 변화는 크게 나누면 ① 정보 처리의 가속화(Acceleration), ② 정보의 여과(Filtration), ③ 전략의 변경(Alteration of Strategies) 등이다.

일반적으로 정보 처리(작업 요구)가 가속화되면 변화에 의한 인간의 반응은 성격에 따라 다르게 나타난다. A형 인간은 어느 한계까지는 작업 수행도가 증가하는 반응을 보이지만 B형 인간은 시간 압박이 증가하는 경우 작업 수행도가 저하하는 특성을 보인다. 또, A형 인간이라고 하더라도 작업 속도가 지나치게 빠르면 작업 수행도가 점차 저하한다. 이를 통해 시간적 스트레스가 과도해짐에 따라 작업 수행도는 저하한다는 것을 알 수 있다.

둘째, 정보 선택의 여과 과정은 필요한 정보와 필요하지 않은 정보의 구분 및 선택에 과오를 범하기 쉽게 만든다. 자동차를 처음 운전해 본 사람이라면 누구나 경험한 일이겠지만 운전에 꼭 필요한 정보는 무엇이고, 필요하지 않은 정보가 무엇인가를 판단하는 것은 초보자에게 있어 결코 쉽지 않은 일이다.

셋째, 전략의 변경은 작업 성격을 변화시킨다. 시간 압박이 극심해질수록 부정적인 결과에 주의를 기울이는 의사 결정 전략을 채택하게 되어 평상시에는 결코 선택하지 않는 대안을 선택하는 경향이 있다는 사실이 보고되고 있다.

이상의 결과를 종합하면 시간적 스트레스에 관련된 대부분의 영향 요인은 작업 수행도에 부정적이며, 이러한 상황에서 인간의 판단이 용이하게 이루어질 것이라고 기대하는 것은 매우 어려운 것이다. 더욱이, 컴퓨터를 상대로 일하는 작업자 자신의 생명이 관련되어 있다거나, 자신의 행동에 의한 결과가 많은 사람들의 생명이나 시스템의 존폐까지 영향을 미칠 가능성이 있는 상황에서 급히 의사 결정을 하지 않으면 안 되는 경우, 직무 수행으로 인한 심리적인 압박은 극도로 심해진다. 이처럼 갑작스러운 공포나 극도의 불안에 휩싸이는 경우, 사느냐 죽느냐를 위한 순간적인 적응 행동이라고 하는 측면에서 평상시에는 절대로 하지 않을 것 같은 행동을 하게 된다. 거의 무의식인 상태에서 행하기 쉬워지는 심리적 상태를 패닉(Panic)이라고 한다. 이 상태의 인간은 흥분이 한계를 넘어 당황하고 있다거나, 주의가 한 점에 고착되거나 하는 등 주의의 범위가 좁아지고, 올바른 판단에 필요한 광범위한 정보의 획득이나 처리에 실패하기 쉬워진다. 또, 대뇌의 활동 수준은 최고 수준인 Ⅳ단계까지 이르러, 행위가 신속하고 강력하지만, 행위의 방향은 일방적이므로 만약 방향이 잘못되었다면 돌이킬 수 없는 사고로 이어질 가능성이 높다.

결과적으로, 뭐가 뭔지 모르는 상태에서 인간은 자신이 갖고 있는 능력이나 기능조차 충분히 발휘할 수 없게 되거나 객관적인 행동보다도, 심리적으로 주관적이고 독단적인 행동을 하기 쉽게 된다. 이러한 이유로 패닉 상태의 인간은 심리적으로 주관적인 행동을 하기 쉽고, 기계의 지시를 따르기 어려우므로 주의해야 한다.

4.3.5 생리 기능의 리듬

인체는 여러 가지의 리듬을 가지고 있다. 환경의 변화에 따르는 리듬이 있고, 환경과 관계가 없는 고유의 리듬도 있다. 원래 인간은 밤에 자고 낮에 활동하는 동물인데 이 리듬에 역행하는 생활 패턴을 가지는 것은 생리적으로 바람직하지 못하다. 일반적으로 오전 8시부터 오후 10시경까지는 대뇌의 작용이 활발하나, 그 이후로는 낮은 수준이 된다. 따라서 야근 시에 비정상 작업을 하거나 대단히 정밀하고 복잡한 작업을 할 때에는 인간 행동의 신뢰성이 낮은 것을 고려해 두지 않으면 안 된다.

4.3.6 주의 집중 수준의 변동

휴먼에러나 산업재해가 발생하면, 사람의 부주의에 기인된다고 지적되는 경우가 많으나, 인간은 오랫동안 주의 집중을 할 수 없기 때문에, 오히려 부주의는 인간에게 자연스러운 것이다. 즉, 주의를 강하게 하면 주의의 범위가 좁아지고, 주의를 넓게 하면 주의가 약해진다고 하는 서로 대립하는 특징이 있다.

4.3.7 조직 사고의 관점

조직 사고에 대해서는 당사자의 위험 행위보다도 오히려 잠재적 원인에 착안하여 접근해야 한다. 그리고 방호가 파괴되는 메커니즘(Mechanism)을 해석하기 위하여 인적 요인, 기술 수준, 조직 수준의 3가지 계층에 착안하여, 계층 간의 인과 관계에 주목한다[그림 4-7]. 인간이 위험 행위를 하는 것은 작업 환경과 제품의 사용성 등의 기술 · 물리적 측면에 문제가 있기 때문이다. 이 접근 방법은 이들 문제가 작업 환경과 조직 요인에 기인한다고 보는 사고로 인간의 위험 행위는 결과라고 여긴다.

다양한 조직 사고를 비교해보면, 3가지 계층 간의 공통 관계가 있는 것을 알 수 있다. 여기에서는 2003년 대구 지하철 화재 사고와 1991년 ××시립대학 병원에서 발생한 수술 환자 오인 사고를 예를 들어 설명한다. 전혀 다른 분야에서의 2가지 사고이지만, [그림 4-7]의 구조는 양쪽 사고 모두에 적합하다는 것을 나타내고 있다.

대구 지하철 전동차 방화 참사는 비상사태에 대처하는 시스템 부재가 사고의 가장 큰 원인으로 생각할 수 있다. 사고 당시에 대구 지하철 공단 운전 사령실에 즉시 보고되어 다른 전동차의 진입을 막았다면, 희생자를 상당수 줄일 수 있었을 것이다. 역무원이 사고 발생 약4분이 지나서야 운전 사령실에 보고했고, 운전 사령실에서도 사고가 크지 않았던 것으로 판단하여, 다음에 들어오는 전동차에 아무런 지시를 하지 않았다. 또한 화재가 진행되는 동안 전동차나 역구내에서 '대피하라'는 안내 방송이나 사이렌이 울리지 않아 피해가 더욱 커졌다.

전동차의 축전지로 작동돼야 하는 객실 내 형광등도 곧바로 꺼져버렸으며 지하철역 구내의 누전 차단기가 작동해 전기 공급이 중단되었고, 비상구를 알리는 램프마저 꺼져 역사 안은 완전히 암흑 속이 되어 승객들이 대피하는데 큰 장애가 되었다. 그러나 지하철 공사는 전동차와 역구내의 전원 차단에 대비한 비상 전원이나 승객들의 대피 방법을 미리 마련해 놓지 않았다.

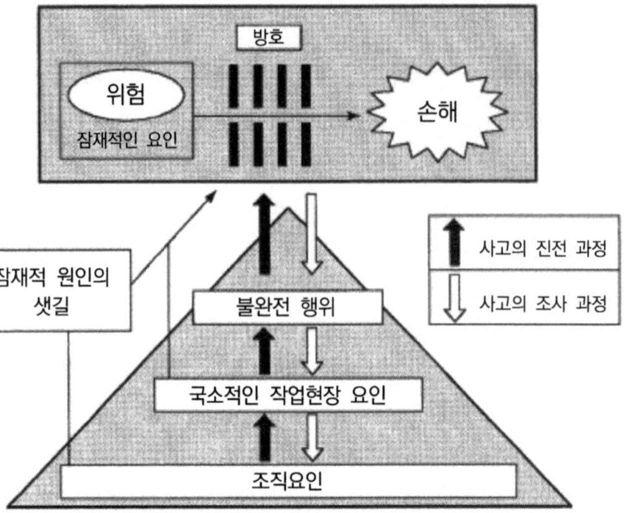

[그림 4-7] 심층방호와 3가지 계층

대구 지하철 공사는 이와 같은 비상사태에 대비해 직원들에게 체계적인 훈련이나 비상시 행동 요령을 제대로 숙지시키지 못한 것으로 드러났다. 당시 지하철에는 대대적인 구조 조정과 수익 확대와 적자 해소를 위해 인원을 줄여 현장의 안전 요원은 정원에도 턱없이 부족한 실정이었다. 역무원의 안전 지식 부족, 안전 확인의 경시는 비상훈련 부재의 탓도 있지만, 운전 사령실에서 그 위험성을 간과한 데도 이유가 있다. 이러한 것은 담당자만이 아니고, 조직 전체에서 안전의 중요성을 인식하지 못하고 있었던 것으로 볼 수 있다.

이처럼 이 사고에는 개인 수준의「표준이탈·위반행위와 지식부족」,「안전 확인의 경시」를 유발시키는 작업 환경 요인과 조직 요인이 분명히 존재하고 있다. 이것들은 [그림 4-8]의 구도와 같이 나타낼 수 있는데 의료의 환자 오인 사고에도 동일하게 적용된다.

수술 환자 오인으로 환자가 바뀌는 사고로 폐질환 환자의 심장을 수술하고, 한편으로 심장 질환 환자의 폐를 수술한 경우이다(厚生省健康政策局總務課, 1999). 이날 2명의 환자를 병실에서 수술실까지 1명의 간호사가 동시에 동반해서 이동시키고, 수술실 홀에서 수부(Counter)의 수술실 간호사에게 인계할 때 환자가 바뀌게 되었다. 매뉴얼에서는 2명의 간호사가 1명의 환자를 이동시키는 것으로 되어 있지만, 1명의 간호사가 이동시키는 것이 일상화 되어 있고, 단시간에 2명을 이동시키기 위하여 동시에 이동시키는 것도 이른 아침에는 흔히 있는 일이었다.

이는 대구지하철 참사와 같이 인원 삭감에 의한 작업 부담 증가로 인해 효율을 목적으로 한 생각이지만, 표준 이탈・위반 행위이다. 이 의료 사고는 환자 확인을 철저하게 하지 못한 것이 문제였다. 수술실 간호사의 환자 부름에 의한 확인 이외에도, 마취 담당 의사에 의한 확인이 있었다. 마취과 의사가 간호사에게 확인 전화를 시켰을 때 확실히 수술실로 내려갔다는 응답에 안심하였기 때문에 수술실에서 잘못되고 있는 것을 알지 못했다. 환자 확인 방법이 명확히 매뉴얼화 되어 있지 않아서 확실한 확인의 중요성도 조직 내에서 인식되어 있지 않았다.

[그림 4-8]의 기본적 구조는 조직 사고를 이해하는데 유효하다. 본래는 개인의 표준 이탈을 예방하고, 에러를 방지하기 위한 구조가 조직에 갖추어져 있어야 함에도 불구하고, 반대로 조직 요인이 표준 이탈을 발생시키고 있다는 현실을 이해해야 한다.

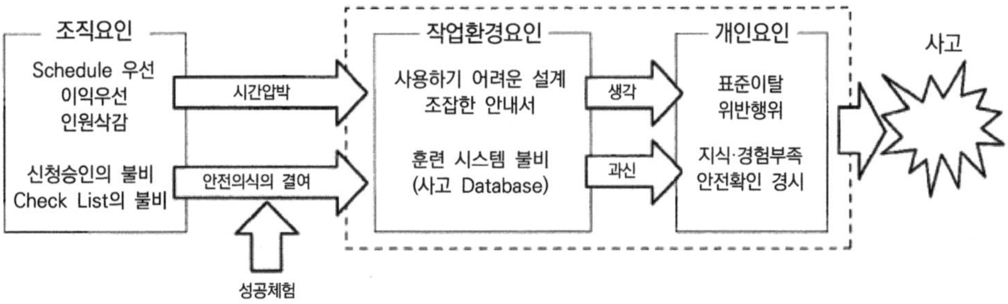

[그림 4-8] 조직사고의 배경 메커니즘

4.4 휴먼에러 분석을 위한 모델

4.4.1 모델 개발의 전제

휴먼에러가 어떻게 발생하는가 하는 모델을 개발함에 있어서 전제되어야 하는 특성들을 몇 가지 정리하면 다음과 같다. 이들은 휴먼에러 예방을 위한 개선점을 찾는 데 있어서 필수적으로 검토되어야 하는 사항들이기 때문에, 모델 개발에 적극적으로 반영되었다.

(1) 인간-기계 시스템

인간 공학이 발달된 선진국에서는 이미 오래 전부터 작업자와 작업 도구, 작업 환경을 하나의 시스템으로 파악하여 분석해 왔다. 다시 말하면, 작업이란 인간이 혼자서 수행하거나 기계 혼자서 수행하는 것이 아니라, 인간과 기계 그리고 그들을 둘러싼 작업 환경 요소들의 다양한 상호 관계에 의하여 이루어진다는 의미이다.

따라서 휴먼에러의 분석도 인간과 기계로 구성되는 다이나믹한 시스템의 틀 안에서 이해되어야 한다. 예를 들어, [그림 4-9]은 가정에서의 안전사고를 분석하기 위한 그림인데, 보는 바와 같이 사고란 긴밀한 상호 작용에 의하여 발생한다는 것을 강조하기 위하여 그림의 제목이 말해주는 바와 같이 사고 관련 요인들의 역학(Dynamics)관계를 부각시키고 있다. 결과적으로, 사고 연쇄 과정에 관련된 많은 요인들을 다양한 각도에서 검토할 수 있으며, 그 결과 혹시라도 발생할 수 있는 안전사고를 예방하는데 귀중한 자료로 활용할 수 있기 때문에 지금까지 안전교육에 널리 활용되고 있다.

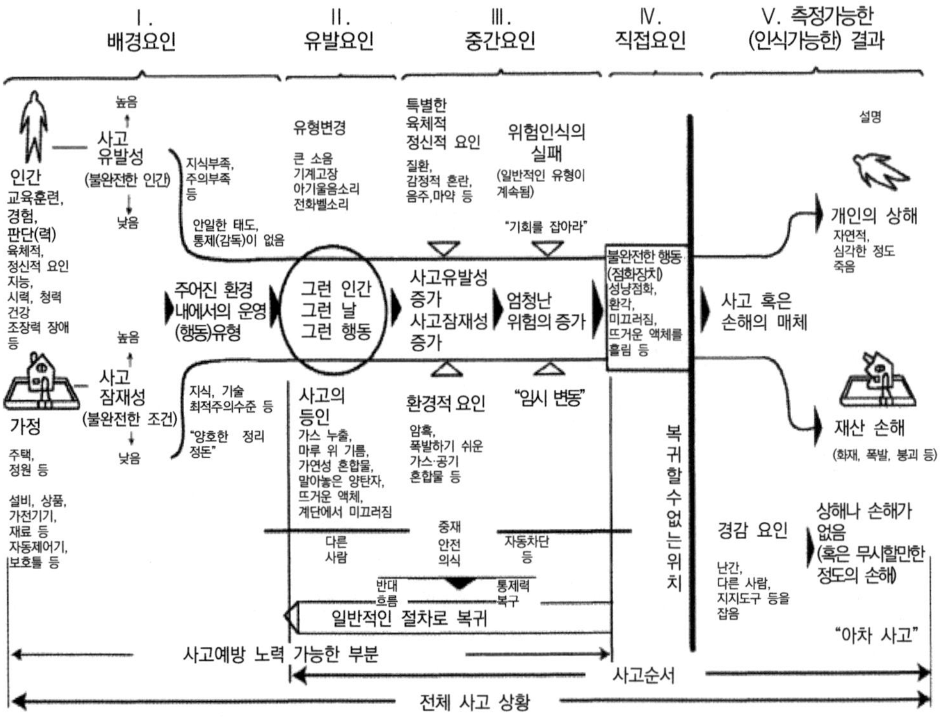

[그림 4-9] 사고 다이나믹스 분석의 예

(2) 시스템 안전 우선순위

시스템의 재해 사고를 예방하는 방법으로 시스템 안전 공학에서는 시스템 안전 우선순위 혹은 위험성 경감 우선 순위라는 원칙을 제시하고 있다. 이는 [그림 4-10]에서 보는 바와 같이 '최소 위험성을 위한 설계'를 기본 개념으로, '안전 장치 - 경고 장치 - 특수한 절차'로 이어지는 우선 순위에 따라 안전 조치를 강구하여야 한다는 의미로서, 선행 단계에서 충분히 검토되지 않은 채 후행 단계 조치를 강구하는 것은 효과적인 안전 보장이 불가능하다는 의미이다.

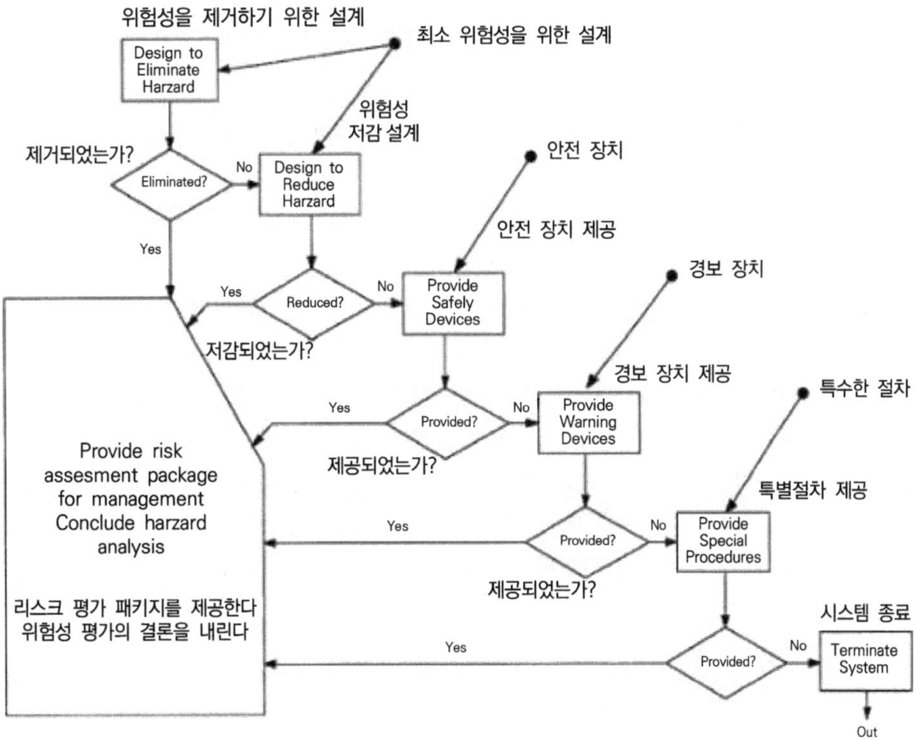

[그림 4-10] 시스템 안전 우선순위

즉, 설계 단계에서 최선을 다하였지만, 그런 후에도 시스템의 기능상 위험 요소가 불가피하게 존재한다면 다음 단계로 안전장치를 부착한다. 안전장치란 부족한 안전 기능을 보완하기 위한 후속 조치이지, 부실하게 설계된 시스템의 기능을 보완하기 위한 조치는 결코 아니라는 데 주의하여야 한다. 안전장치를 추가한 이후에도 안전성 확보가 미흡하다고 판단되면 경보 장치를 포함하는 경고 표시를 활용하는 것이 원칙이다. 여기에는 사용자 설명서나 라벨(Label), 픽토그램(Pictogram) 등 사용자에게 시스템의 위험성을 주지시키기 위한 모든 방법들이 포함된다.

이러한 일련의 조치를 취하고서도 부족한 경우에 한하여 사용자로 하여금 특수한 절차를 따르도록 요구하는 것이 마땅하며, 여기에 사용자 교육이나 훈련이 포함된다.

이때, 중요한 점은 안전 확보를 위한 이상의 조치가 반드시 순서에 따라 이루어져야 한다는 것이다. 만약, 이 순서가 뒤바뀐다면 올바른 안전 성취를 위한 방법이 아니며, 잘못된 조치를 통하여 사고가 예방되기를 기대한다는 것은 근본적으로 무리라는 것이다. 따라서 인간과 기계를 하나의 시스템으로 파악할 때, 시스템에 사고가 발생한다는 것은 이상의 조치 과정에 문제점이 있을 수 있다는 것을 의미하며, 바꿔 말하자면 사고 예방을 위하여 이상의 조치 과정을 면밀히 조사 검토할 필요성이 있다는 것을 의미한다.

(3) 설계자 에러와 운전자 에러 - 시스템 수명 주기

시스템의 안전은 시스템의 수명 주기(Life Cycle)에 대한 이해로부터 출발한다. 수명 주기는 통상 시스템의 종류와 관계없이 하나의 시스템이 겪는 출생에서부터 사멸까지의 과정을 구상 - 정의 - 개발 - 생산 - 운용 - 보전 - 폐기 등 일련의 상징적인 단계로 나타낸 것이다. 이 수명 주기는 시스템 안전 공학이나 신뢰성 공학 분야에서는 시스템의 고장이나 사고를 예방하기 위한 논리를 이해하는 데 있어서 가장 초보적이고도 중요한 단계별 설명이다. 따라서 사고 요인을 조사할 때에는 이 과정을 거꾸로 추적하는 방법이 종종 이용된다. 또한, 시스템 수명 주기를 반영하게 되면 운전자의 에러 요인과 설계자의 에러 요인을 동시에 확인할 수 있다는 장점도 있다.

(4) 인간의 정보 처리 과정

휴먼에러의 발생 메커니즘을 설명하는 데에는 여러 가지 모델이 있지만, 가장 대표적인 것으로 자주 언급되는 것이 인간의 정보 처리 과정 모형이다. 다시 말해, 휴먼에러는 인간의 정보 처리 단계인 지각, 기억 및 회상, 의사 결정, 실행 등의 과정 속에서 발생한다고 설명하는 것이다.

이러한 접근 방법은 휴먼에러의 발생 시점과 아울러, 휴먼에러를 범한 사람 측면에서의 원인을 파악함으로써 대책 수립에 크게 도움이 된다는 이점이 있다.

(5) 행동 형성 요인

인간의 상황 판단과 의사 결정, 행동 등에 영향을 미치는 요인들을 총망라하여 행동 형성 요인이라고 하며, 인간의 내적인 요인과 외적인 요인으로 크게 나눌 수 있다. 학자에 따라서는 외적 요인에 의한 휴먼에러를 상황 유발 에러(Situation-Caused Error)라고 하고, 내적 요인에 의한 휴먼에러만을 진정한 의미의 휴먼에러라고 구분하기도 한다.

휴먼에러를 유발하는 상황적 요인이든 개인적 요인이든, 휴먼에러가 발생하는데 영향을 주는 요인임에는 틀림이 없으므로, 개발되는 신모델을 통하여 다각도로 검토될 수 있어야 한다.

4.4.2 휴먼에러 분석 모델의 기본 개념

이상의 전제적인 사항들을 설명할 수 있는 통합 모델의 개발은 다음과 같다.

(1) 단계 1 (시스템 운용 및 폐기 단계 : 사용자 에러 요인)

[그림 4-11]는 휴먼에러의 발생 원인 중 사용자 에러 요인을 설명하는 모델이다. 이 그림을 생산 현장의 사고와 연관시켜 설명해 보면, 그림에서 가로축은 일반적으로 산업 현장에서 진행되는 제품 생산 공정 혹은 제조 공정을 나타낸다. 여기에서 '업무 계획 - 시운전 - 운전 - 계획 점검 - 사후 보전 - 폐기'에 이르는 '시스템 운용 및 폐기' 과정의 표현은 산업현장의 경력이 많은 전문가들의 의견을 반영하여 결정된 것이다.

만약, 이 분류 체계가 시스템의 특성을 충분히 반영할 만큼 적합하지 못하다고 판단되면, 수명 주기 과정을 한 단계 더 세분하면 된다. 예를 들어, 그림 중 운전을 나타내는 LC-6 열 아래는 4열로 다시 나뉘어 있는데, 이것은 같은 운전 단계라 할지라도 운전 특성에 따라 저속 운전, 고속 운전, 과속 운전, 정지 시 운전 등 해당 시스템의 특성에 따라 나누어질 수 있음을 나타내는 것으로, 시스템 안전 분야에서는 이것을 가리켜 운용 모드(Operation Mode)라고 부르는 것이 일반적이다. 이 차하위 열의 상세 구분은 이와 같이 운용 모드에 따른 구분일 수도 있고, 시간 경과에 따른 구분일 수도 있다.

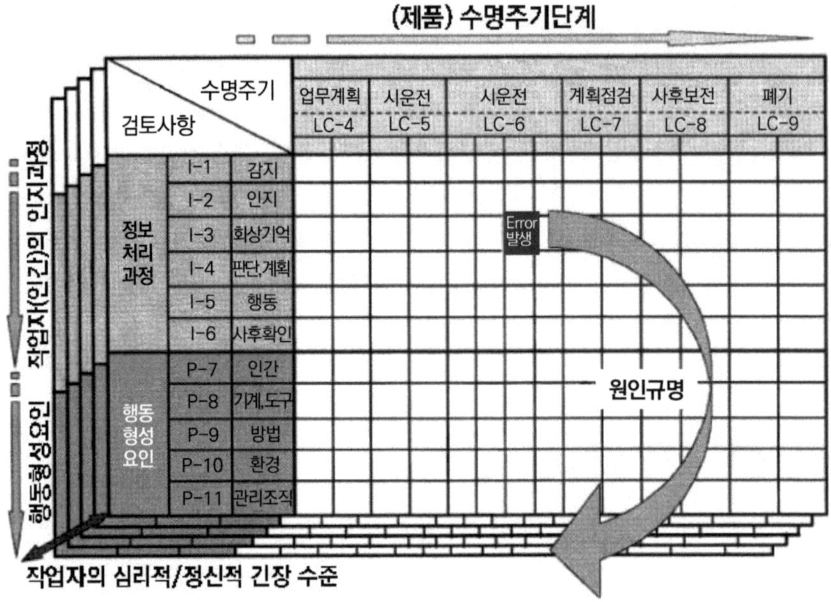

[그림 4-11] 휴먼에러의 분석 - 단계 1 사용자 에러요인의 규명

세로축은 휴먼에러가 발생하게 된 요인을 가리킨다. 휴먼에러가 발생하게 되는 요인으로는 순수하게 개인적인 요인과 기업 내 조직이나 문화적인 요인이 있다. 그림에서 세로축 위쪽에 표시된 작업자의 정보 처리 과정은 개인적인 요인을 설명하기 위한 것이며, 세로축 아래쪽에 표시된 관리 조직은 기업의 조직 및 문화를 나타내기 위한 것이다.

이 중 정보 처리 과정은 위킨스(Wickens)의 모델을 간략화하여 채택한 것이며, 행동 형성 요인의 분류는 산업재해의 분석에 종종 이용되는 4M(Man, Machine, Method, Management) 분류에 의한 사고 원인 분석 방식을 채용하여 현장 작업자들의 거부감을 최소화하고자 했다.

여기에서 **정보 처리상의 각 항목**들을 간단히 소개하면 다음과 같다.

- **감지**: 자극 자체의 에너지가 너무 작거나, 인간의 감지 범위 밖이거나, 잘못된 곳에 자극원이 위치하는 등, 인간이 인지하고 싶어도 인지할 수 없는 경우의 상황적 에러 요인
- **인지**: 자극은 감지할 수 있었으나, 인적 요인으로 인하여 올바로 인식할 수 없는 휴먼에러 요인
- **회상 및 기억**: 인간이 기억이나 경험을 끄집어내어 판단하거나 의사 결정을 하려고 하는 도중에 발생하는 휴먼에러 요인. 리즌(Reason)이 주장하는 '망각'(Lapse)은 여기에 해당한다.

- **판단 및 계획**: 인간이 의사 결정이나 판단, 혹은 반응 계획 등을 수립함에 있어서 발생하는 휴먼에러 요인. 통상 리즌(Reason)이 주장하는 '과오'(Mistake)라고 하는 것은 이 부분의 에러이다.
- **행동**: 판단 및 계획까지는 무난히 이루어졌으나, 행동을 실행하는 도중에 발생하는 휴먼에러 요인. 리즌(Reason)이 주장하는 '실수'(Slip)는 이 과정에서의 에러이다.
- **사후 확인**: 행동을 한 후 자신의 행동으로 인한 결과를 정확히 확인하지 않아 에러를 교정할 수 있는 기회를 상실함으로써 발생하는 휴먼에러 요인이다.

한편 **행동 형성 요인의 의미**는 다음과 같다.

- **인간**(Man): 휴먼에러에 관계된 본인 관계자 혹은 제 3자 등의 인적 요인,
- **기계**(Machine) **및 도구**: 휴먼에러에 관계된 기기, 설비, 도구 등의 하드웨어 요인
- **방법**(Method): 휴먼에러를 유발한 작업 방법
- **환경**(Environment): 휴먼에러를 유발시킨 환경적 요인
- **관리조직**(Management): 휴먼에러를 유발시킨 직간접적 관리상, 혹은 조직의 요인

만약 산업 기계를 도입하여 업무 계획, 시운전, 운전, 계획 점검, 사후 보전, 폐기 등으로 이루어지는 생산 공정 중 어딘가에서 휴먼에러로 인한 산업안전상의 사고가 발생하였을 경우, 해당 작업자의 정보 처리 과정 중 어디에서 발생하였는가는 세로축의 인간 정보 처리 과정을 통하여 파악할 수 있으며, 경우에 따라서 그 근본적인 원인은 행동 형성 요인에 표시된다.

한편, [그림 4-11]에서 z축에 해당하는 부분을 여러 장의 시트(Sheets)로 표현한 것은 작업의 난이도나 작업의 요구에 따라 인간의 경계 수준(Alert Level) 혹은 감정 수준을 변화시켜 대응하는 인간의 심리적 특성을 표현하기 위한 것으로, 각 시트는 하나의 수준을 설명한다. 예를 들어, 라스뮈센(Rasmussen)의 SRK 모형(Model)은 인간의 의식 수준이 기술(Skill), 규칙(Rule), 지식(Knowledge) 기반의 3수준으로 구성되어 있다고 주장하였는데, 이것은 [그림 4-11]나 [그림 4-12]의 z축에 대응하는 층(Layer)이 각각 3층으로 구성되어 있다고 이해하면 설명될 수 있다. 또한, 5수준 모델을 주장한 하시모토의 경우에는 시트가 5수준으로 구성되어 있다고 이해하면 된다. 극단적으로, 인간의 감정이나 경계 수준이 지극히 다양하다는 점을 설명하자면, 이 시트들의 매수가 무한히 많은 경우를 상상하면 설명이 가능하다. 그러나 하시모토(橋本)의 주장과 같이 일반적인 제조 활동 중에 작업자에게 요구되는 의식 수준은 비교적 단순하기 때문에, 수많은 수준 설정은 실제적으로 그다지 필요가 없을 것으로 예상된다.

(2) 단계 2 (시스템 설계 및 설치: 설계자 에러 요인)

인간 공학적 접근 방법에 따르면, 휴먼에러는 시스템의 개발자 혹은 설계자의 에러에서부터 기인하는 경우가 많은데 그것을 개선함으로써 휴먼에러를 예방할 수 있다. 이 과정을 체계적으로 고려할수 있도록 도입된 것이 [그림 4-12]의 단계 2이다. [그림 4-11]의 단계 1에서 휴먼에러의 발생 시점이 확인되면, 보다 근본적인 원인을 규명하기 위한 노력이 시작된다. [그림 4-12]의 단계 2는 이 과정을 입체적으로 설명하기 위한 것이다. [그림 4-12]에서 가로축은 [그림 4-11]에서 휴먼에러가 발생하는 데 관계된 산업 기계를 가리킨다. 단, 단계 1에서 가로축의 공정이 산업 기계의 사용 과정이었다면, 단계 2에서는 가로축이 기계의 개발 과정이라는 점, 그리고 세로축의 정보 처리 과정의 주체는 기계 혹은 시스템의 개발자라는 점이 다를 뿐이다.

이렇게 구성되면 생산 현장에서 발생하는 직접적인 휴먼에러의 분석을 파악하는 데에도 도움이 되며, 보다 근본적인 요인으로서 소홀히 취급된 시스템의 설계 과정이나 인간 공학적 요인들을 파악하는 데에도 도움이 된다.

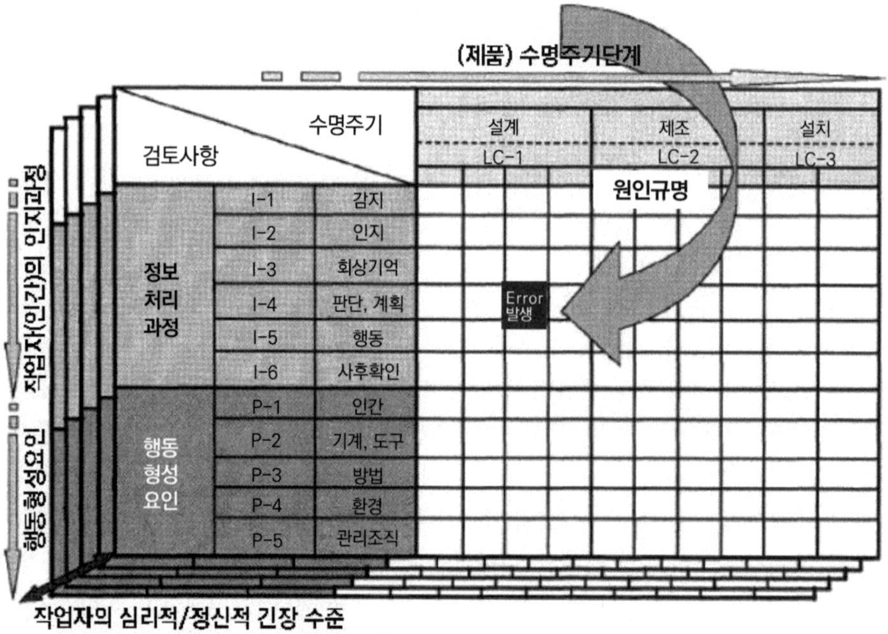

[그림 4-12] 휴먼에러의 분석 – 단계 2 설계자 에러요인의 규명

(3) 통합모델

단계 1과 단계 2로 나뉜 모델은 인간-기계 시스템 내에서 휴먼에러의 원인을 이론적으로 규명하는 데에는 도움이 되지만, 학력 수준이 낮은 일선 현장에서 일반 관리자들이 활용하는 데에는 많은 어려움이 있을 수 있다. 이에 대한 하나의 방법으로, 두 모델은 통합되어 [그림 4-13]와 같은 하나의 도표로 정리되었다. 내용으로 보자면 [그림 4-11]와 [그림 4-12]을 단순히 합친 형태가 되는데, 이렇게 되면 가로축은 시스템의 구상으로부터 폐기에 이르는 완성된 하나의 수명 주기를 형성한다.

통합모델은 산업현장에서 활용될 것을 지향하였기 때문에 단순하게 표현하는 것이 바람직하다. 한편, 분석이 가능하다 하더라도 현장에서 마땅한 관리 방안이 없다는 점에서 단계 1과 2에서 표현되었던 인간의 감정 수준이나 경계 수준은 단일 시트로 정리한다면 현장 근로자들의 활용도를 높일 수 있다.

수명주기 / 검토사항			시스템 설계 및 설치			시스템 운용 및 폐기					
			설계	제조	설치	업무계획	시운전	운전	계획점검	사후보전	폐기
			LC-1	LC-2	LC-3	LC-4	LC-5	LC-6	LC-7	LC-8	LC-9
정보 처리 과정	I-1	감지									
	I-2	인지									
	I-3	회상기억									
	I-4	판간,계획									
	I-5	행동									
	I-6	사후확인									
행동 형성 요인	P-1	인간									
	P-2	기계,도구									
	P-3	방법									
	P-4	환경									
	P-5	관리조직									

[그림 4-13] 통합적 휴먼에러 분석모델

제5장

휴먼에러 예방대책

휴먼에러를 예방하거나 줄이기 위한 방법론은 휴먼에러의 분류에서 보듯이 접근하는 견해에 따라 다양할 것이다. 본 장에서는 인간의 행동형성요인에 근거한 휴먼에러 예방에 관하여 설명한다.

5.1 신체적 능력 육성

대부분 인간의 실수는 인간의 능력의 부족이기보다는 인간의 지식과 능력을 사용하지 않기 때문에 발생한다. 그러나 인간의 육체적, 정신적 능력의 부족으로 일어나는 사고가 많지는 않지만 때때로 발생하며, 대부분 인간의 능력 부족보다는 그 사람이 가지고 있는 능력보다 많은 일을 하도록 요구받고 있기 때문이다. 따라서 인간의 육체적, 정신적 능력 한계 내에 시스템을 설계하는 것이 중요하다.

5.1.1 사례연구

인간이 육체적, 정신적으로 작업을 하기에 곤란하거나 불가능한 작업을 하도록 하는 경우에는 인간은 실수를 하거나 사고를 일으키기 쉽다.

- 조선회사에서 크레인 조종사는 운반 물체를 보기 위해서는 때때로 옆으로 몸을 기울여야 하며, 이때 운전자는 크레인 조종장치 중 하나가 너무 멀어 손으로 조작할 수 없어 사고를 일으킬 수 있다. 또한 지게차 운전자는 뒤로 운전을 할 때 좋은 시야를 확보를 할 수가 없어 실수를 저지를 수 있다. 이에 대한 예방대책으로는

거울을 사용하거나 CCTV(Closed-circuit television) 카메라를 사용하여 시야를 확보할 수 있다.

- 어떤 작업자는 밸브에 쉽게 접근할 수 없다고 이야기한다. 물론 자주 사용하는 비상밸브에는 쉽게 접근할 수 있으나, 1년에 한번 사용하는 밸브 등은 쉽게 접근할 수 없는 경우가 있다.
- 비상사태에 사용하는 밸브는 자주 사용하지 않기 때문에 녹이 슬어 사용할 수 없어 사고가 날 수 있다. 이에 대한 대응방안으로는 정기적인 정비와 작동이 필요하다.
- 지하의 유류 탱크에서 유류가 누출되기 시작한 후 2주일 동안 20,000ℓ가 누출되어 주변의 땅과 강을 오염시켰다. 이때 작업자들에게 왜 매일 검사를 하지 않았느냐고 물었을 때, "작업자들은 맨홀뚜껑이 무거워 사람이 쉽게 움직일 수 없었다"라고 한다. 이런 때에는 사람이 쉽게 움직일 수 있는 작은 뚜껑을 가진 맨홀로 대체가 불가피하다.
- 완전 자동화된 새 공장에서 경고 신호가 울리고, 컴퓨터에서는 무려 30여장의 경고 메시지가 프린트되었으나, 정작 작업자는 무엇이 잘못 되었는지 즉시 알아차리지 못해 조치를 취하지 않아 폭발이 발생하였다. 이 경우 너무 많은 정보가 작업자에게 노출되어 작업자가 빠른 시간 내에 처리를 할 수 없는 경우이다. 이에 대한 대책으로는 여러 가상 시나리오를 통해 가능한 최소의 정보로 작업자가 조치를 취할 수 있도록 훈련이 되어 있어야 한다.
- 야간 경계 작업에서 작업자는 계속하여 집중도를 유지하기가 어렵다. 그 이유는 자극이 지나치게 적기 때문이다. 이러한 작업을 경계 업무(vigilance task)라고 하는데, 다가오는 잠수함을 탐지하는 작업의 경우 약 30분이 지나면 작업의 효율성은 급격히 떨어진다고 알려져 있다.
- 왼쪽에 운전대가 있는 차를 운전하는 한국 운전자가, 일본이나 영국과 같이 오른쪽에 운대가 있는 차를 운전하면 실수할 가능성이 커지게 된다. 마찬가지로, 리프트를 운전하는 조정장치의 버튼이 전후좌우에서 좌우전후의 버튼으로 바뀐 조정장치를 가지고 작업을 하게 되면 사고가 날 가능성이 높다.
- 어떤 화학 공장에서는 화학기계를 운전하기 전에 밸브를 닫고 작업을 시작하다가, 정상 상태가 되면 밸브를 열고 작업을 하도록 되어 있었다. 어느 날, 밸브를 여는 것을 잊고 작업하다가 압력이 높은 것을 발견하였다. 운전자는 추운 겨울날 오일의 점도가 높아 펌프의 작동이 안 되어 압력이 높은 것으로 판단되어 설비의 온도

를 계속 높여 결국 폭발사고가 발생하였다. 물론 이 설비는 밸브를 닫고 작업을 계속하여도 안전하도록 설계되어 있었다.

- 프레스 작업의 경우 작업자는 계속적으로 반복하여 같은 작업에 임하게 되므로 시간이 지날수록 집중도가 저하되어 손을 금형 사이로 넣을 수 있다. 이때 슬라이드의 하강이 자동적으로 정지되는 방호장치를 설치하여야 한다.
- 모 조선회사에서 작업자가 대형 자동문이 닫히고 있는 중에 충분한 시간적 여유가 있다고 판단하고 밖으로 빠져 나가려다 문과 벽체 사이에 협착되어 사망한 사고가 있었다. 이에 대한 예방대책으로는 협착의 위험이 있을 때 작업자가 즉시 조작할 수 있는 위치에 비상정지 버튼을 부착하여야 한다.
- 모 중공업회사에서 용접 슬래그 제거작업 중 로봇에 협착되어 사망한 사고가 있었다. 작업자는 로봇 작업반경 밖이라고 판단하고 작업을 실시한 것이다. 이러한 사고를 예방하기 위해서는 로봇 작업반경 내에 작업자가 접근하면 로봇이 급정지할 수 있는 충돌방지용 안전장치를 설치해야 한다.

5.1.2 인체측정자료의 활용

설계자가 인체측정치의 평균치를 기준으로 설계한다면 작업자의 50%는 닿을 수 없을 것이다. 따라서 필요에 따라 설계자는 작업자의 90%, 95% 이상이 닿을 수 있도록 설계하여야 한다. 또한 육체적으로 쉽게 작업할 수 있도록 인체 측정치 외에도 근육의 힘과 같은 능력의 한계를 설정하여 시스템을 설계하는 것이 중요하다. 가장 힘이 약한 사람(작업자 집단의 1%, 5%)도 쉽게 작업할 수 있어야 한다.

5.1.3 작업의 과부하와 저부하

작업자에게 정보가 과부하가 걸리거나, 전혀 부하가 없을 때, 그리고 사건이 매우 드물게 일어나거나 습관적으로 작업할 때 사고를 일으키기 쉽다. 만일 과부하가 걸리면 인간은 중요하다고 생각되는 한 가지 일에 집중하고 나머지 일은 포기하는 경향이 높다. 설계자가 논리적으로 제시한 작업절차도 긴박한 상황에서는 작업자는 작업절차대로 행동을 하지 않는 경우가 많다. 만일 2개 이상의 작업을 동시에 하도록 하면 작업자들은 정확한 판단을 할 수 없다. 그리고 컴퓨터의 도입으로 현대의 작업자들은 항상 많은 정보에 노출되어있으며, 매일 프린트되어 나오는 수십 페이지의 중요한 정보들은 책상 위에 쌓여 있을 뿐 대부분의 작업자들은 정보를 읽지 않는다.

사람은 일이 너무 많았을 때와 마찬가지로 너무 일이 없을 때 신뢰성이 떨어진다고 알려져 있다. 완전 자동화된 공장에서 감시 작업을 하는 작업자들은 작업부하가 낮아 신뢰성 있게 일을 할 수 없을 때가 있다. 따라서 자동화를 할 때에는 작업자가 어느 정도 긴장 속에 일을 할 수 있도록 설계하여야 한다. 연구자들이 연구한 바에 따르면 완전수동, 반자동, 완전 자동화된 보일러 시스템을 비교하였을 때 운전자가 있는 반자동 시스템이 가장 신뢰성이 있었다고 한다.

매우 드물게 발생하는 일을 탐지하여야 하는 사람(운전자)은 그 일을 발견하지 못하거나, 발견하더라도 그 사실을 믿지 못하여 사고가 발생하는 경우가 있다. 25년 동안 한 번도 켜지지 않은 경고등이 켜졌을 때 운전자가 적절하게 대응하기는 어렵다.

5.1.4 착시

정상적인 시력을 가지고도 물체를 정확하게 볼 수 없는 현상을 말한다. 물건의 크기를 다르게 보거나 선분이 직선인데도 구부러져 보이기도 한다. 또한 물체의 운동에서도 착시현상이 나타날 수 있다.

- 가현운동(운동) : 객관적으로 정지하고 있는 대상물이 급속히 나타나든가 소멸하는 것으로 인하여 일어나는 운동으로, 마치 대상물이 운동하는 것처럼 인식되는 현상을 말한다. 예로 영화의 영상은 가현운동(운동)을 활용한 것이다.
- 유도운동 : 실제로는 움직이지 않는 것이 어느 기준의 이동에 유도되어 움직이는 것처럼 느껴지는 현상을 말한다.
- 자동운동 : 암실 내에서 정지된 소광점을 응시하면 그 광점이 움직이는 것같이 보이는 현상을 자동운동이라 한다. 자동운동이 생기기 쉬운 조건은 다음과 같다.
  ① 광점이 작을 때
  ② 시야의 다른 부분이 어두울 때
  ③ 광의 강도가 작을 때
  ④ 대상이 단순할 때

5.1.5 사고 빈발자

대부분 사람들에게는 능력 범위 내의 업무임에도 불구하고 어떤 사람에게는 능력 범위의 밖의 업무로 인해 사고가 발생할 수 있다. 예를 들면, 작업반장으로부터 급히 필요한 물건을 가져오도록 지시를 받은 작업자가, 자전거를 타고 가다가 다른 자전거와 부딪쳐 넘어져 크게 다치는 사고가 있었다. 자전거와 도로 사정은 매우 좋았기 때문에 그 작업자의 실수로 생각했다. 그러나 자세히 조사한 결과 그 작업자는 시력이 매우 좋지 않은 고령 작업자였으며, 자전거를 타는 실력은 오래전 어린 시절에 타본 것이 전부인 초보자였다는 사실을 확인하였다. 이러한 예는 '사람들 중에는 사고를 잘 내는 사람이 있기 때문에 그 사람을 찾아내어 그 사람에게는 일을 시키지 않으면 사고가 일어나지 않을 것'이라는 생각을 하게 한다. 따라서 그러한 사람을 찾아내는 심리적 테스트를 고안하여 사고를 예방할 수 있다고도 생각할 수 있으나 그러한 심리적 테스트는 찾기도 어렵고, 사고 빈발자에 의하여 발생한 사고도 거의 없다고 알려져 있다.

다른 작업자들과 비교하여 사고와 실수를 많이 하는 작업자는 우연성, 육체적 또는 정신적 능력의 부족, 성격, 그리고 심리적 문제를 가지고 있기 때문일 수 있다. 또한, 작업자와 작업상황이 잘 맞지 않기 때문일 수 있다. 산업현장에서 우연이 아닌 사고 빈발자에 의한 사고는 많지 않기 때문에, 사고를 예방하는 방법을 생각할 때, 성격과 기질의 특이성을 비난하지 않아야 한다.

5.1.6 고착된 사고방식(Mind-Set)

인간은 어떤 문제를 해결하는 대안을 처음 생각했을 때, 그 해결 방안에만 고집하며 다른 해결 방안을 찾으려는 노력을 하지 않는 경향이 있다. 특히 긴박한 상황일 때는 더욱 그런 경향이 높다. 일단 판단이 내려지면 잘못되었다는 증거가 나오더라도 그 판단을 유지하려는 경향이 매우 높으며 판단의 수정과 기각은 대부분 어렵다.

어느 유명화가의 그림을 전문가들이 진품이라고 판정하였다. 그러나 그 화가는 자기가 그린 그림이 아니라고 했지만, 그래도 전문가들은 진품이라고 계속 주장하였던 일도 있었다고 한다.

많은 사람들은 고착화된 사고방식을 피하는 유일한 방법은 교육과 훈련이라고 하지만, 고착화된 사고방식은 인간의 정신능력의 한 측면이기 때문에 극복하기가 어렵다.

5.2 태도 교정에 의하여 예방할 수 있는 휴먼에러

이 절에서는 실수나 무지, 또는 능력의 부족에 의한 사고가 아닌 의도된 결정에 의해 실천하거나, 실천 하지 않은 행동에 의한 사고에 대하여 서술한다. 이러한 결정은 종종 규정 위반으로 분류되나, 이러한 부류의 사고들은 대부분 판단 착오에 의한 것이다. 예를 들어 작업자는 때때로 좀 더 쉽게 작업을 하기 위하여 규정을 위반하기도 하지만, 결과적으로 조직의 이익을 위해 의도적으로 위와 같은 행동을 하기도 한다. 그러므로 규정의 위반보다는 불복종(Non-Compliance)이 더 적당한 용어이다.

5.2.1 관리자의 불복종에 의한 사고 사례

관리자의 불복종에 의한 사고 중 대표적인 사례가 체르노빌 원전 사고이다. 우크라이나의 한 마을인 체르노빌은 1986년에 수냉식 원자로의 과열과 방사능 물질의 유출에 의해 일어난 세계 최악의 핵 사고가 생긴 곳이다. 약 30명의 사람들이 즉사하였고, 수천 명의 사람들이 지난 30년 동안 죽어갔고 암으로 인한 사망 또한 매우 증가하였다.

체르노빌 원자로에는 구 소련에서만 사용하던 원자로 모형으로, 설계 상에 두 가지 중요한 문제점이 있었다.

첫째, 원자로는 출력이 20% 미만에서는 불안정하였다. 온도의 상승은 에너지 출력을 증가시켰으며 온도는 더욱 급격히 상승하였다. 둘째, 운전자는 출력이 20% 미만으로 떨어지지 않도록 하라고 주의를 받았었지만, 출력의 저하를 막을 수 있는 어떤 장치도 없었다.

사고는 원자로가 멈추었을 때에도 보조적으로 작동하는 비상 디젤 발전기에 의해서 필요한 에너지를 생산해 내는지 실험하는 동안에 일어났다. 그 실험에는 잘못된 것이 없었다. 그러나 작업을 수행하는 데 두 가지 주요한 실수가 있었다.

- 플랜트가 20% 미만의 출력으로 조작되었다.
- 반복적인 실험을 위하여 자동운전정지 장치가 분리되어 있었다.

온도가 상승되기 시작하였을 때 온도는 1초에 100배씩 증가하기 시작하였다. 왜 위와 같은 두 가지 주요한 안전상의 주의사항을 무시하였는지는 명확히 밝혀지지 않았다. 아마도 작업자는 그들이 실행하고 있는 작업의 위험성을 제대로 인식하지 못한 것 같다. 다른 날은 실험의 기회가 없었기 때문에 실험 수행의 중요성을 강조하다 보니 작업자에게 안전에 대한 생각을 느슨하게 할 수 있다는 인상을 주었을 것이다. 이유가 어떻든 간에, 위와 유사한 사고를 막는 가장 효과적인 방법은 설계 변경이다. 낮은 출력에서 원자로는 불안정하므로 원자로는 반드시 다시 설계되어야 하며, 보호 장치의 스위치는 꺼질 수 없도록 설계되어야 한다.

또한 규칙을 따라야 하는 이유에 대해 설명하고 운전자들이 잘 지키는지 확인하고 규칙을 따르도록 설득하여야 하며 규칙을 따르지 않았을 때의 결과가 매우 심각한 것일 때에는 규칙에만 의존할 것이 아니라 안전한 플랜트를 설계하도록 노력하여야 한다. 더욱이 체르노빌의 기본적인 실수는 실험이 성공적이지 않았을 때 어떤 일이 일어나는지에 대해 알아보지 않았던 것이다. 모든 실험 또는 변화가 있기 전에는 반드시 가능한 결과와 영향 그리고 어떻게 그 상황에 대처할 것인가에 대해 체크리스트를 만들어 대비하여야 한다.

하지만 이와 같은 운용상의 관리를 비난하기에 앞서 그들이 아무 생각없이 일하고 있지는 않았다는 것을 인정하여야 한다. 그들의 총책임자가 안전보다 생산에 더 높은 가치를 둠으로써 그들은 위와 같이 행동한 것이 아닌가 생각된다. 이와 같은 문제에 있어서 정책의 공식적인 언급은 별로 중요하지 않다. 반대로 상급 관리자의 아주 사소한 관심 표명이 더 중요하다. 상급 관리자가 플랜트를 방문하였을 때, 안전에 관하여 물어 보았는지, 생산성에 관하여 물어 보았는지가 불복종을 유발시키는 중요한 요인이다.

누군가가 본사로 사고를 보고하기 위해 전화를 하였을 때 첫 번째 질문이 '다친 사람은 없는가?'였는지 혹은 '언제 라인이 복구될 수 있는가?'에 따라 불복종의 여부가 달라진다.

5.2.2 운용자 불복종에 의한 사고 사례

운용자 역시 신중하게 결정을 내리지만 관리자보다는 좀 더 쉽게 결정을 내리는 경향이 있다. 운용자는 반복적인 지루한 업무를 수행할 때 특정 업무를 생략하거나 줄여서 행하더라도 사고가 일어나지 않을 것이라고 생각하여 업무를 줄이려는 유혹에 빠지기 쉽다. 운용자는 매우 바쁘고 지쳐있기 때문에, 한 번 이러한 행동을 하게 되면 다음에는 습관화되어 더욱 쉽게 같은 행동을 하게 된다.

다음과 같은 예들이 있다.

(1) 규칙이 필요한 이유를 몰랐던 사고 사례

흡연은 트리클로로에틸렌(Trichloroethylene, TCE) 플랜트에서 금지되어 있다. 작업자들은 TCE를 점화하려 했으나 점화되지 않는다는 것을 알게 되었고, 이것을 근거로 작업자들은 TCE 근처에서 흡연을 해도 문제가 생기지 않는다고 결론내렸다. 하지만 누구도 TCE의 증기가 담배의 포스겐(Phosgene, 독가스의 일종)에 의해 발화하거나 폭발할 수 있는 증기가 만들어 진다는 것을 알려주지 않았다. 즉, 규칙이 만들어지게 된 이유에 대한 설명이 부족하거나 없었던 것이다.

(2) 보수유지 작업을 위한 준비

많은 감독자들은 작업허가서의 절차를 불필요하다고 느끼는 경우가 있다. 그들 자신의 직무는 공장을 가동시키는 일이지, 서류 양식을 채우는 것이 아니라고 생각한다. 또한, 작업장에는 작업자를 귀찮게 하지 않고 빠르게 업무를 진행할 수 있는 유혹이 존재한다. 작업자가 그냥 작업을 시작해서 아무런 이상이 없었다면, 작업자는 다음에도 같은 방법으로 작업을 하게 된다. 또는 작업자는 작업허가서에서 요구하는 적절한 보호 장구류를 갖추지 않고 작업을 하게 된다. 결국에는 사고가 뒤따르게 된다. 누구도 그 결과를 장담할 수 없으며, 결과적으로 작업자는 상해를 입을 수도 있다.

이러한 사고를 예방하기 위하여 다음과 같은 세 방향의 접근법이 필요하다.

먼저 사람들에게 작업절차서의 필요성을 인식시키기 위해 노력하여야 한다. 되도록이면 적절한 절차가 없이 작업하거나 절차를 따르지 않은 경우의 사고사례를 예로 들면서 실시하는 것이 좋다. 강의나 보고서보다는 토론의 형식이 더욱 좋다. 토론의 리더는 사고의 개요를 설명해 주어야 하며 작업자들로부터 질문을 받고 작업자가 직접 다른 사건의 위험점을 찾을 수 있도록 해야 한다.

그 후, 유사한 사고의 재발을 막기 위해 반드시 작업자에게 자신의 생각을 말하도록 하는 것이 좋다. 반드시 시스템을 가능한 한 사용하기 쉽게 설계하여야 하고 비상정지장치, 체인, 미끄럼 방지판과 같은 필요한 장비들을 즉시 사용 가능하도록 준비하여야 한다. 마찬가지로 보호구는 편안하여야 하며 즉각적으로 사용 가능하도록 준비하여야 한다. 만약 올바른 작업의 방법이 어렵거나 많은 시간을 필요로 한다면 불안전한 방법으로 작업하려고 할 것이다.

마지막으로 관리자는 수시로 올바른 절차를 따라서 작업을 하고 있는지 확인하여야 한다. 사고가 일어난 후에도 누군가를 처벌하기 보다 '처음에는 누구나 손쉬운 방법을 택하려 한다'라는 친근한 말이 보다 효과적이다.

만약 사고가 '위험하지만 보다 쉬운 방법'을 택한 것의 결과라면, 작업자의 이와 같은 선택은 처음 있는 일이 아닐 것이다. 다시 말해, 위험하지만 보다 쉬운 방법을 택하는 작업자의 선택은 계속되어 왔을 것이다. 훌륭한 관리자란 이러한 작업자의 행동을 지적하고 멈추게 하는 사람이다. 만약 관리자가 그렇게 하지 못했다면 사고가 일어났을 때 현장에 있지 않았더라도 사고에 대해 법적으로나, 도의적으로나 책임을 져야 할 것이다. 관리자가 항상 작업자를 관찰할 수 있는 것은 아니다. 그러나 관리자는 반드시 주기적으로 올바른 절차에 따라 작업하고 있는지 감독하여야 하며 불안전한 상태로 작업을 할 때는 묵과하지 않아야 한다. 심각한 사고를 부르는 첫 번째 단계는 관리자가 위험을 보고도 못 본 체하는 것이다.

(3) 시험분석 결과를 활용하지 못한 사고 사례

물을 이용하여 전기분해법으로 수소와 산소를 제조하는 플랜트에서 폭발사고가 일어났다. 부식 때문에 소량의 수소가 산소 속으로 흘러 들어갔던 것이다. 규정상 두 물질은 매 시간 분석되고 있었다. 폭발이 있은 후, 공장 감독관들은 지난 자료의 기록들을 살펴보았고, 플랜트에 일어나는 변화에 대해 감지하여 기록하는 데 한 시간이 걸리지만 이상이 있었을 때 자료의 기록에 단지 한 번의 변화가 있었다는 것을 관찰하였다. 분석이 이루어지지 않았다는 것은 명확했다. 관리자들은 이러한 사실들을 운전자에게 알려야만 했고, 운전자가 규칙적인 분석의 중요성과 산소 속의 수소 유무를 검사한 결과의 중요성을 인식하도록 교육했어야 했다. 이와 더불어 공학적인 해결책이 가능할 때는 수작업에 의한 시험이나 운전자의 점검보다 더욱 신뢰성이 높은 자동 모니터링시스템을 이용하여, 운전정지상태가 되도록 하는 것이 좋은 방법이다.

(4) 확인을 생략한 사고 사례

불복종의 한 형태로 작업을 완전히 마치지 않은 것도 꼽을 수 있다. 매달 테스트하는 화재경보기를 검사하면서, 여러 개의 열 감지기로부터 나오는 신호를 소방서에서 감지할 수 없다는 것이 발견되었다. 새로운 데이터 수신기를 설치한 설치자는, 신호가 소방서로 보내지는 것을 확인하였다. 그러나 설치자는 소방서에서 신호를 받아들이는지는 확인하지 않았다. 그러나 불행히도 소방서에서는 신호를 받아들이지 못했다.

5.2.3 불복종을 개선하는 방안

의사결정에 의한 휴먼에러는 관리자에 의한 것과 운전자에 의한 것으로 나누어 설명하였다. 만약 운전자가 작업에 있어 지름길을 택하여 작업을 한다면, 그것은 작업 절차서가 필수적이라고 확신하지 않았기 때문일 것이다. 이러한 경우, 사고는 전적으로 교육훈련의 부족에 의한 것이다.

작업자가 지름길을 택하여 작업하는 것은, 일상적인 지루한 작업을 하는 작업자가 시간이 흐름에 따라 부주의하게 되었기 때문이다. 관리자는 적절한 작업절차에 의해 작업이 이루어지고 있는지를 항상 관찰하여야 한다.

물론, 두 분류로 나누는 것이 절대적인 것은 아니다. 하급 관리자가 안전 절차서의 필요성을 확신하지 못한다면, 하급 관리자도 교육훈련을 필요로 하며, 하급 관리자 역시 보다 높은 관리자가 수시로 관찰하지 않는다면 보다 쉬운 지름길을 택하는 경우도 있다.

실수와 부주의에 대해서는 이미 앞 절에서 언급한 바와 같이 항상 공학적인 해결책을 찾을 필요성이 있다. 일상적인 반복 작업을 행하는 작업자가 작업을 정확히 행하는 것에서 해결책을 찾아서는 안 된다. 그러나 종종 우리는 소프트웨어적인 해결책을 채택하기도 하며, 또한 반드시 규정을 지키고 올바른 작업을 하도록 교육할 필요가 있다. 또한, 규정위반이라고 사람들에게 책임을 전가하기 이전에 우리는 다음을 물어볼 필요가 있다.

- 규칙은 잘 알려지고 이해되었는가?
- 규칙을 따르는 것이 가능한가?
- 그 규칙은 내재된 문제들을 해결하고 있는가?
- 규칙을 실행하는 이유는 알려졌는가?
- 그 규칙을 따른 과거의 사고가 간과되지는 않았나?
- 작업자들이 도우려고 하는가?
- 만약 사고가 없었다면 작업자들은 자기 방식대로 작업한 것에 대하여 우쭐거리는가?

다음은 불복종을 막거나 줄일 수 있는 방법들이다.

- 반드시 규칙과 작업절차서의 필요성에 대한 이유를 설명하여야 한다. 전달된 내용을 항상 자발적으로 실행하지는 않을 것이다. 작업자는 규칙과 작업 절차서가 필수적이라는 것을 확신하길 원한다. 작업자를 확신시키는 가장 확실한 방법은 규칙을 지킴으로써 예방 가능한 사고에 대해, 작업자 스스로 토론하고 생각해 보는 것이다. 본인의 확신보다 권위에 의해 명령된 규칙은 상관이 자리를 떠나거나 작업에 흥미를 잃으면 쉽게 무너질 수 있다.
- 반드시 모든 작업자가 규칙을 이해하였는지 확인하여야 한다. 작업자에게 문서를 통해 규칙을 전달하는 것보다, 해당 작업을 실행할 작업자에게 직접 설명하고 그 작업에 대해 토론해 보는 것이 필요하다.
- 만약 가능하다면 작업을 보다 쉽게 설계하여야 한다. 작업을 수행하는 올바른 방법이 어려운 반면, 올바르지는 않지만 보다 쉬운 방법이 있다면, 작업자는 감독자가 뒤돌아서는 순간 올바르지 않은 방법으로 작업하려 할 것이다. 예를 들어, 여러 가지 밸브를 조작하기 위하여 작업자가 여러 번 계단을 오르내려야 하는 작업이 있다면, 그 작업에는 작업자가 보다 쉬운 방법으로 작업하도록 유혹하는 큰 자극이 있을 것이다. 그러므로, 작업자에게 계단을 오르내리는 방법이 플랜트의 효율성을 저하시킬 수 있다는 것을 설명할 필요가 있으며, 밸브의 원격조종을 통하여 보다 효율적으로 작업할 수 있다는 것을 알려줄 수 있다.

- 규칙이 잘 지켜지고 있는지 확인하기 위하여 정기적인 체크와 감사(audit)를 수행한다. 관리자들이 항상 작업자들을 감시할 수는 없다. 그러나, 정기적인 확인은 할 수 있으며, 불안전한 방법으로 작업하는 작업자를 볼 때에는 반드시 지적하여야 한다.
- 작업자들은 그들의 상사보다 동료에 의해 더욱 영향을 많이 받는다. 특정 그룹이 안전한 방법으로 작업하는 것에 대해 잘 따르고 있다면 그들은 불안전한 방법으로 작업하는 동료 작업자들에게 좋은 영향을 미칠 수 있을 것이다. 작업자는 불안전한 행위를 지적하고 적절히 말할 수 있도록 훈련될 필요가 있다. 이러한 행동과학의 기술은 올바른 보호구를 착용하지 않는 것, 작업에 적합하지 않은 공구의 사용, 부정확한 인력운반(중량물취급) 작업, 정리정돈 등에 의한 사고를 효과적으로 예방할 수 있다.

5.3 관리방식에 의하여 예방할 수 있는 휴먼에러

관리책임자가 안전에 관한 책임을 인지하지 못하는 것은 크게 교육훈련의 부족, 능력의 부족, 안전에 낮은 우선순위를 두는 의도된 의사결정 등에 의한 것으로 볼 수 있다. 이러한 사고들은 때론 조직의 문제에 의해서 일어날 수도 있다. 그러나 조직은 행위자가 아니기 때문에 그 자체에 '의도(Mind)'라는 것이 없다. 누군가는 조직의 문화를 바꿀 것이고, 이것은 참여를 필요로 하거나 적어도 상급자의 지지를 필요로 한다. 저자는 안전진단이나 자문을 통하여 여러 회사의 안전에 관한 태도나 문화를 바꾼 경험이 있다. 하지만 우리가 그렇게 할 수 있었던 이유는 최고 경영자가 안전을 최우선시하는 경영 마인드가 있었다는 사실을 모든 종사자들이 알고 있었기 때문이다.

5.3.1 관리책임자의 역할

우선 다음의 사고 사례를 살펴보자. 어떤 정비공이 밸브를 철거하도록 요청받았다. 그 밸브는 정비공에게 생소해서 결국 작업 도중 실수를 저질렀고, 그 결과 남아있던 압력으로 잔류가 급격하게 방출되었다. 안전에 신중한 정비공이었다면 예비 밸브를 찾은 후 그 밸브가 어떤 구조인지를 확인하기 위하여 그것을 분해해 보았을 것이다. 하지만 이것은 작업의 지연을 초래하고, 그가 밸브 설치 방법을 모르고 있음을 인정하는 의미도 된다. 결국 그 작업장의 분위기가 작업자를 압박한 것이다. 그 회사는 안전작업 행동훈련(Behavioural Safety Training) 투자로 안전한 작업환경, 사고율(시간손실과 그 외 소소한 것들)을 모두 급격하게 감소시켰음에도 불구하고 생산 위주의 기업문화까지 잡지는 못한 것이다.

만약 생산량, 비용, 보수 유지의 편이성 또는 생산품의 품질에 주의를 기울여야 하는 상황이 발생하면, 관리책임자는 그 문제를 인식할 것이고, 적절한 대응을 하며, 주기적으로 진행상황에 대해 보고를 요구할 것이다. 이러한 접근법이 안전 부문에서 만큼은 찾아보기 힘든 회사들이 있다. 비록 관리책임자가 반복적으로 안전이 중요하다고 말하지만, 생산이나 품질과 관련한 문제에서 보여주었던 구체적인 관심을 보여주지는 못하는 경우가 대부분이다. 많은 사람들이 단지 사고로 인한 근로손실일수나재해율, 또는 상해를 입었던 피고용인이 다시 회사로 복직하려 하는가에 관한 것에만 관심을 기울이는 경우가 허다하다. 만약 관리책임자가 사고로 인한 근로손실일수나 재해율에 대해서만 언급한다면 사원들에게 안전에 관한 실제적인 문제에는 관심이 없다는 인상을 주게 된다. 결과는 의도했던 것과 반대의 것이다. 모든 사람들은 '만약 관리책임자가 관심이 없다면 그 문제는 중요할 수 없다'라고 생각한다. 생산량, 비용, 편리성 또는 제품의 품질이 떨어진다면, 그 결과는 곧 분명히 들어나며 즉각적인 대응을 요구한다. 그러나, 안전의 기준이 흐트러져도 불행히 즉각 사고로 연결되는 경우는 많지 않고 대부분의 경우 사고가 일어나기 까지는 긴 시간이 걸린다. 안전의 기준이 흐트러지는 것은 언제나 가능하다. 다만 평소에는 숨어 있거나 잠재해 있는 것이다. 이러한 안전의 특징은, 관리책임자가 안전 문제에 대해 충분한 주의를 기울이지 않으며 실제적인 문제에 대한 고려가 이루어지는 대신, 안전하게 일하라는 권고 내지는 충고만을 하게 되는 이유가 될 것이다.

또 다른 이유는, 관리책임자가 안전하게 작업한다는 것에 대한 단일 기준을 가지기를 원하는 것이다. 사고로 인한 근로손실일수나 재해율이 관리책임자의 희망을 채워주는 것으로 보이지만, 실제로 이 기준은 올바른 것은 아니다. 이는 사고가 난 후의 결과에 불과한 것이다. 사고 후 책임을 묻거나 해당자를 비난을 하는 것이 적절하지 않다. 대신 우리는 실수의 기회를 줄이는 방법과 교육훈련 등을 개선하는 방법 등을 찾아야 한다. 즉, 보통 사람들의 실수를 용서할 준비가 되어있어야 하며, 심지어는 심각한 잘못을 저지른 사람의 실수도 용서할 수 있으며, 잘못을 저지른 사람을 찾기보다는 잠재된 원인을 찾는 것이 중요하다는 것이다. 관리책임자는 슈퍼맨이 아니다. 그들은 종종 우리처럼 실수를 하며 비슷한 이유 때문에 실수를 하게 된다. 즉, 그들이 실수하는 것은 부도덕하거나, 위험을 무시하는 의도된 결정을 하거나, 작업을 체크할 때의 실수나 부주의가 아니라, 단지 그들이 인식하지 못한 무지와 무능력에 의해 실수하는 것이다.

그리고 우리 모두에게 있는, 인간 본연의 다른 약점으로 인한 것이다. 즉, 그것은 반복적으로 일을 연기하는 것인데, 오늘 반드시 해야 할 일을 하기 위해 불가피하게 해야 하는 일 이외에는 내일로 연기하려고 하는 것이다.

5.3.2 관리 부족으로 인한 사고 사례

(1) 기술 정보의 교류 부족에 의한 사고

고압에서 에틸렌을 생산하는 플랜트에서 4명이 사망한 폭발사고가 발생하였다. 잘못 제작된 이음새로부터 에틸렌이 유출되어 밝혀지지 않은 이유에 의해 점화되었다. 폭발이 있은 후, 이음새 제작의 표준을 개선하기 위해 많은 변화들이 있었다. 교육훈련과 공구, 검사과정이 개선되었다.

사고가 난 플랜트는 큰 그룹의 한 부분이었으나, 각 부분은 기술적으로 독립되어 있었다. 그룹의 다른 플랜트들은 가연성 가스가 누출되면 점화될 수 있다는 사실을 절대 믿지 않았다. 안전을 위한 노력을 통해 알려진 점화원을 모두 제거할 수도 있으며, 작업자 자신의 경험을 통해 점화원을 발견할 수도 있지만, 누출을 막기 위해 반드시 최선의 노력을 해야 한다. 불운하게도 에틸렌 플랜트의 관리책임자는 그리 멀지 않은 주변의 다른 플랜트와도 기술적인 교류가 거의 없었다. 또한 그들은 고압에서 가연성가스를 다루는 것은 아주 특별한 기술이며, 가연성가스를 저압에서 다루었던 사람들에게서는 배워야 할 것이 없다고 믿고 있다. 에틸렌 공장은 마치 수도원 같이 외부와의 교류가 없이 고립된 채로 생활하여 왔다. 폭발은 그 수도원의 벽을 무너뜨렸다.

만약 폭발이 일어난 플랜트의 관리책임자가 다른 플랜트들과 연락을 취하고 경험들을 비교하고 함께 공유하였거나, 그룹의 관리책임자가 조금만 더 민주적으로 하위 부서들을 관리하였다면, 그러한 폭발사고는 결코 일어나지 않았을 것이다. 플랜트나 그룹의 관리책임자가 이러한 것을 인식하거나 받아들였는지 혹은 이러한 문제에 대해 정책을 바꿀 필요성을 토론하였는지 의문이다. 누출은 잘못 만들어진 이음새에 의한 것이었고, 그래서 이음새는 앞으로 반드시 정확히 만들어져야 한다. 이 문제에서 경영시스템 상에 잠재하는 약점은 거의 인식되지 않았었다.

(2) 기술 부족에 의한 사고

배치공정(Batch Process)으로 제품을 생산하는 화학플랜트의 사고 사례이다. 이 플랜트의 관리자들은 안전과 효율성에 관해 정평이 난 전문가들이며 높은 명성을 가지고 있다. 제품의 판매가 급속히 늘어나 대량 연속생산 플랜트로의 확장이 필요하게 되었다.

회사에는 대량 연속생산 플랜트에 대해서 많은 경험을 가지고 있는 전문가가 없어서 회사는 협력업체와 계약을 했고 플랜트의 설계를 그들에게 맡겼다. 만약 그들이 그룹의 다른 회사들에 조언을 구했다면 그들은 협력업체를 좀 더 면밀하고 철저하게 감독하고 설펴보라고 알려주었을 것이다.

용역업체는 그들에게 좋은 공정 설계를 해 주었으나 한 가지 좋지 않은 측면도 있었다. 그것은 배치가 너무 밀집되서 배치를 했다는 것인데, 배수관이 개방된 수로 형태였으며 플랜트는 직렬과 병렬 공정이 혼합된 상태였다.

플랜트의 일부 병렬 공정들이 대대적인 보수작업(Overhaul)를 위해 정지되었을 때, 누출 방지판(Slip-Plates)에 의해 격리된 다른 공정들은 가동되고 있었다. 그러나 누출 방지판 중 하나는 관리 잘못으로 제대로 닫히지 않았다. 4톤의 뜨거운 인화성 탄화수소는 조금 열린 끝부분에서 누출되고 있었는데, 보수유지 팀이 보수유지를 위해 디젤 엔진을 켜자 누출된 탄화수소가 점화되어 사고가 일어났다. 이 사고로 인해 두 명이 사망하였고 플랜트의 일부는 파괴되었다. 공정이 밀집되어 있었기 때문에 손실이 증가되었고 개방된 배수관의 수로는 화재가 급속히 퍼지는 것을 도왔다. 누출 방지판을 제대로 관리하지 못한 것이 화재의 직접적인 원인이 되었다. 누출 방지판의 위치를 관리하는 현장의 감독은 좀 더 철저하고 체계적인 절차를 따랐어야 했다. 그러므로 잠재적인 원인은 관리책임자의 '아마추어와 같은 실력(Amateurism)'과 그룹 내의 다른 회사에게서 조언을 얻는 데 실패한 것이다. 만약 그들이 다른 회사에게서 조언을 얻었다면 그들은 디자인 협력업체의 설계를 좀 더 치밀하게 살펴보라고 조언 받았을 것이다.

예를 들어, 간격을 두어 플랜트를 블록으로 나누는 것, 배수관을 땅속으로 배치하는 것 등을 요구했어야 했다. 그리고 가능하다면 플랜트가 가동 중일 때 다른 플랜트를 보수하지 않았어야 하였다. 만약 이러한 것들이 필수적이라면 플랜트를 두 개의 구역들로 잘 나누는 것을 설계 단계에서 사전에 미리 계획했어야 한다. 또한 누출 방지판을 반드시 두 구역을 나누기 위해 구역 사이에 삽입되었어야 한다. 불과 가동을 중단하기 며칠 전 '현장의 감독'에 의해 보수작업공정과 가동공정이 나누어졌기 때문에 이러한 문제가 생긴 것이다. 만약 개별 회사나 그룹의 경우, 관리책임자의 결정이 사고를 유발시켰다면 과연 그들이 행한 모든 것들에 대해 전적으로 책임이 있다는 사실을 인정할지 의문이다. 사고가 발생한 이 조직에 즉각적인 변화는 생기지 않았다. 그러나 몇 년 후 위의 연속생산 플랜트의 관리 책임은 그룹의 다른 회사로 옮겨졌다. 사람들은 어떤 분야의 전문가가 될 수 있다. 그러나 다른 분야에서는 아마추어이며 자신의 분야가 아닌 다른 분야에서는 그들의 기술이 올바르게 적용되지는 않는다는 사실을 기억하여야 한다.

(3) The Herald of Free Enterprise호의 침몰

1987년 트럭을 실을 수 있는 엔터프라이즈호(The Herald of Free Enterprise)가 벨기에의 제브류해(Zeebrugge)를 출발하여 영국의 도버(Dover)로 향하던 중 침몰하여 186명의 승객과 승무원을 잃었다. 선수의 내부와 외부 문들을 닫아야 하는 보조갑판장이 그의 방에서 잠들어 스피커를 통해 곧 출항한다는 안내방송을 듣지 못했기 때문에 선수의 내·외부 문이 열린 채로 항해하게 되었다. 그러나 간접적인 원인은 선박 디자인의 결함과 불합리한 관리에 의한 것이었다. '최고경영층부터 말단직원까지 이 법인은 부주의 병에 걸려 있었다.'라는 이 사고의 공식적인 보고서를 잘 살펴보면 관리시스템을 개선할 수 있는 방법을 알 수 있다.

경영상의 '부주의(Sloppiness)'는 모든 관리 수준에서 일어났다. 선적을 담당하는 관리자는 보조 갑판장이 일하고 있는지를 확인하지 않았다. 그는 관리자로서 보조 갑판장을 알지 못했는데 그 이유는 승무원들은 서로 다른 근무시간 시스템(Shift)으로 일했기 때문이었다. 시간을 엄수하라는 압력이 있었고 배는 조금 늦은 상태였다. 출항 전 선장은 모든 것이 괜찮은지 보고받지 못했다. 그러나 만약 결함 없음이 보고되었더라도 선장은 그것을 믿었을 것이다. 배에는 어떤 감시 시스템도 없었다. 안전에 대한 책임소재는 불분명했다. 단 한 명의 이사만이 재해 원인 조사단에 본인의 책임이 있다고 말했으며 다른 사람들은 누구도 책임이 없다고 말했다. 회사의 로로선(Ro-Ro Ship, 화물을 적재한 트럭이나 트레일러를 수송하는 화물선) 경영에 대한 책임을 맡은 사람들은 다양한 항해의 문제들을 다루는 것에 대해서 충분한 자격이 없었는데 이런 배의 경영에 자격을 갖춘 부서장들의 말을 들을 생각이 없었다. 특히 문이 닫혔는가를 나타내는 지시등(Indicator Light) 설치 요구는 무시되었으며 바보같은 소리로 치부되었다. 또한, 초과선적에 관한 불평도 무시되었다.

사고 이후, 지시등은 한 척당 약 90만원(500파운드)에 설치되었다. 이외에는 사고 후 달라진 것은 아무 것도 없고, 이 배는 전에 문을 연 채 항해한 배로 알려져 있는 것이 전부이다.

지시등의 부재와 같은 설계상의 문제에 관해 덧붙이자면, 배에는 더욱 심각하고 근본적인 문제가 있었다. 모든 배의 화물실에는 들어오는 물을 막는 칸막이가 있다. 그러나 대부분의 로로선(Ro-Ro Ship)은 차량들을 위하여 넓은 주차 공간을 만들기 위해 이와 같은 칸막이를 처음부터 만들지 않거나 나중에 없앴다. 따라서 배에 들어오는 물들은 배가 흔들리면 한쪽으로 몰릴 수 있었고 이것은 배를 불안정하게 만들었다. 이런 배의 안전은 단지 물을 밖으로 내보내는 데 의존하고 있었다. 실질적인 면밀한 안전을 위한 대책은 사라지고 없었다.

선장과 1등 항해사의 자격증은 정지되었지만 그러나 가장 중요한 결함은 회사의 상층부에 있었다. 이사회는 그들의 배에 대한 안전상의 문제에 대한 책임을 올바르게 인식하지 못했다. 그들은 자신들의 책임과 의무에 관한 어떤 적절한 이해도 가지고 있지 않았었다. 그러나 임원들은 계속 자리를 유지하고 있었다. 실제로 이 배 회사의 회장은 비극적인 사고가 있은 6개월 후 언론사와의 인터뷰에서 다음과 같은 말을 했다. '육지에 바탕을 두고 경영을 하는 회사는, 바다에서의 수행되지 못한 업무 때문에 비난 받을 필요는 없다. '그는 그의 삶의 대부분의 경력을 부동산 관리업에 종사해 왔으며, 따라서 아마도 산업계의 관리자들이 심지어는 사무실에서 수백 마일 떨어진 곳에서 일어나는 일에 대해서도 관련된 모든 부문의 책임을 떠맡는 것을 이해하지 못했을 것이다. 이런 식으로라면 조만간 사람들이 일상적인 업무를 제대로 수행하지 못하게 될 것이고, 결국에는 감시 또는 감사 시스템이 도입되어야 할 것이다. 긴 항해로 인하여 해당 선박을 수 개월 혹은 수 년 동안 볼 수 없었던 Cook 선장 시대에는 그것이 어려운 일이었지만, 오늘날 짧은 거리를 항해하는 배를 관찰하는 것은 고정된 플랜트를 감시하는 것만큼 쉬운 일이다. 제브류해의 사고 보고서는 안전은 그냥 방치할 수 있다고 생각하는 임원이나 상급 관리자들이 반드시 읽어 보아야 할 내용이다.

전술한 화학공장의 폭발사고, 엔터프라이즈호(The Herald of Free Enterprise)의 침몰 등의 사고사례에서 분석된 관리책임자의 휴먼에러 요인은 다음과 같다.

- 대화의 실패 : 지시 사항을 받지 못했거나 읽지 못했다. 작업을 수행할 해당 작업자에게 새로운 지시 사항이 간접적으로 전달되어서는 안 되며, 반드시 직접 설명되어야 한다.
- 과거의 사례를 통해 교훈을 얻는 데 실패 : 비록 심각한 결과는 아니었지만 유사한 실수가 몇 년 전 있었다.
- 적절한 스태프(Staff) 고용의 실패 : 담당자가 작업에 전혀 관심이 없었으며, 조금 관심이 있었다고 하더라도 별로 열정적이지 않았다.
- 관리자의 감독 부실 : 해당 기술자의 직속 상급 관리자가 잘못된 방법으로 작업이 수행되고 있음을 인지 못하는 경우가 많았다.
- 사후 추적(Follow-Up)의 실패 : 어떤 관리자는 문제점을 찾고 해결책까지 알고서도 관심 부족으로 해결책이 실시되고 있는지를 확인하지 않는 경우도 많았다.

이와 같은 모든 실수들은, 일어나고 있는 일들에 대하여 많은 관심을 보이지 않은 관리 책임자에 대한 비난으로 귀착된다. 공식 보고서는 모든 경영층에서 안전에 대한 많은 관심이 있다는 것을 명확히 했지만 관심을 행동으로 옮기는 데는 실패하였다. 안전에 대한 관심은 진실되게 이루어져야 하며 반복적으로 표현되어야 한다고 했지만, 그럼에도 불구하고 행동으로 실행되지 않았고, 무관심이라고 해도 좋을만큼 위험으로부터 보호받지 못했다.

5.3.3 관리책임자의 의무

관리책임자는 주요 안전 문제들을 확인해야 하며, 안전 활동을 하는 것을 독려하고, 올바르게 안전 활동이 시행되었는지를 확인하여야 한다.

다음은 관리책임자가 추진해야 할 몇 가지 제안 사항이다.

(1) 사용하기 쉬운 설계

사람은 매우 신뢰성이 있지만, 하루의 작업시간 동안에는 실수를 할 수도 있다. 위험물질을 다룰 때 장비뿐만 아니라 사람들로부터도 아주 낮은 실수율을 얻을 수도 있을 것이다. 그러나 이것은 아주 어려운 일이다. 이러한 이유 때문에 장치산업 공장에서는 본질적으로 안전하며 사용하기 쉬운 설비와 장비를 설계하려고 애쓴다. 즉, 설비들은 안전에 심각한 영향을 미치지 않으며, 인간의 실수나 장비 고장에 견디어 낼 수 있게 설계하려고 노력한다. 다음은 설비를 더욱 사용하기 쉽게 만들 수 있는 몇 가지 방법이다.

- 만약 누출되더라도, 문제가 되지 않을 만큼 위험이 없는 물질을 사용하라.
- 안전한 자재를 사용하라. 위험한 물질이라면 가장 물질이 위험성이 적은 상태(액체, 고체, 기체 등)에서 사용하라.
- 간단하게 설계하라. 복잡하다는 것은 인간이 더 많이 실수할 수 있는 기회와 장비가 고장 날 기회가 많음을 의미한다.
- 위험성의 영향을 제한시켜라. 보호장비를 추가할 것이 아니라 장비의 설계부문이나, 장치의 반응 조건을 바꾸거나, 에너지를 제한하거나, 또는 위험한 단계나 장비나, 조작을 제거함으로써 영향을 제한하라.
- 도미노 효과(연쇄반응)를 피하라.
- 부정확한 조립은 불가능하게 하라.
- 장비의 상태를 명확하게 알 수 있게 만들어라(열림이나 닫힘, 온라인이나 오프라인).
- 서투른 조작이나 불량한 보수에도 사고를 일으키지 않는 장비를 사용하라.

(2) 올바른 절차서, 지식과 경험의 활용 가능성 확인

사용자 편의설계를 올바르게 사용하기 위해서, 설계 초기단계에서 체계적으로 대안을 고려해야 할 필요성이 있다. 대부분의 경우에 설계의 마지막 단계가 될 때까지도 안전에 관한 검토는 실행되지 않으며 이때는 보호 장비나 절차를 추가하는 것이 위험을 통제하기 위해 고려할 수 있는 모든 것이 된다. 이런 것조차도 관리책임자가 적극적으로 독려하지 않으면 일어나지 않을 것이다. 이와 마찬가지로 안전관리시스템이나 임의적인 조정을 통제하기 위한 절차, 보수를 위해 장비를 준비하는 특정한 절차에도 같은 논리가 적용될 수 있다.

최근 안전관리 시스템에 대해 폭발적으로 관심이 증가되고 있으며, 어떤 주제도 이보다 학술 발표회에서 더 많은 인기를 얻고 있지 않을 정도이다. 최근에는 관리자들 중에는 우수한 안전관리 시스템이 안전수행을 위한 모든 것이라고 확신하는 사람이 많은 데 대하여 우려를 금하지 않을 수 없다. 안전관리 시스템이 할 수 있는 것은, 사람들의 지식과 경험이 체계적으로 적용되는지 확인하는 것이며 이러한 확인 절차를 통해 업무에서 필요한 절차가 생략될 수 있는 기회를 줄이는 것이다. 하지만 스태프의 지식이나 경험이 부족하다면, 안전관리 시스템은 속이 빈 껍질일 뿐이다. 이 사람들은 행동을 취하겠지만 결과는 좋지 않을 것이다. 기업들이 인력을 감축하고 50세 이상의 인력들을 30년 간의 임금이 투자된 자산으로 보지 못하고, 제거되어야 하는 비용 요인으로 간주하여 해고하는 현재 시점에서 이와 같은 생각은 매우 위험하다. 임원들은 필요한 지식과 경험의 수준을 체계적으로 평가하여야 하며, 그것이 지속적으로 유지되도록 보장하여야 한다.

(3) 사고에 대한 더욱 철저한 조사

사고가 발생하면 보통 그 사실은 기록되지만, 그것만 가지고는 표면적인 결론밖에 이끌어낼 수 없는 경우가 종종 있다. 또한 직접적인 기술적 원인은 파악하지만, 관리시스템에 대한 근본적인 결점을 찾지 않는 경우가 허다하다. 페트로프스키(Petrovski)는 다음과 같이 말했다. '휴먼에러 사례 연구의 역사를 살펴보면 종종 잘못된 설계나 고장의 메커니즘과 같은 매우 자세한 세부 사항에 초점을 맞추려고 한다. 그런 세부 사항에 집중하는 것은 종종, 잘못된 설계를 고치라는 정도의 교훈이나 결론을 만든다. 이러한 교훈이나 결론은 유사한 사고의 재발을 방지하는데 도움이 되지 않고 단지 휴먼에러 사례 연구에나 이용된다. 따라서 휴먼에러 사고전문가들은 이러한 교훈이나 결론에 실망하게 된다.'

사고 조사는 양파를 벗기거나, 인형을 하나 벗기면 안에서 다시 다른 인형이 나오는 러시아 인형과 마찬가지이다. 표면적 원인과 결과를 살펴보면 그 원인과 결과의 요인이 되는 또 다른 원인과 결과가 내부에 존재하는 것을 발견하게 된다. 표면적인 것은 직접적인 기술적 원인을 다루고, 내부에 있는 원인과 결과는 위험을 피하는 방법의 문제점과 관리시스템의 약점을 알려준다. 우리는 이 중 하나를 집어 드는 경향이 있는데, 보통은 직접적인 기술적 원인을 사고 요인으로 정하는데 이는 현재 우리의 관심사에 가깝기 때문이다. 따라서 몇몇 사고 보고서는 가장 효율적인 예방 방법에 관한 내용보다는 보고자의 관심과 선입관에 관해 더욱 많이 기술하고 있다. 세부적인 것을 잘 알고 있는 하급 관리자에게는 직접적인 기술적 원인의 범위를 뛰어넘어 사건을 파악한다는 것은 어려운 일이다. 만약 다른 공장의 관리자가 사건 조사 팀에 소속되어 있다면 그는 보다 명확하게 사건을 살펴볼지도 모른다. 그러므로 임원들은 오로지 직접적 원인만 다룬 보고서를 받아서는 안 된다.

(4) 사고 사례의 활용

사고가 철저하게 조사된 후에 얻은 교훈도 종종 잊혀진다. 다음의 내용을 이용하면 과거의 사고로부터의 교훈을 이용하는데 도움이 많이 될 것이다. 만약 사고라는 큰 대가를 치렀다면, 적어도 그것을 학습 경험으로 승화시켜서 활용하여야 반복된 사고가 일어나지 않는다.

- 모든 지시서, 코드와 표준에 대해 왜 이런 것들이 소개되는지에 대해 이유를 적고 이런 것들이 있었으면 사고가 일어나지 않을 수도 있었던 이유를 설명하라.
- 안전게시판과 회보에 최근의 사건들뿐만 아니라 예전의 사고들도 설명하고 안전회의에서 그 사고들에 대해 논의하라. 한 번 정도로 그쳐서는 안되고 반복하라.
- 설계뿐만 아니라 운용에 있어서도 사고가 일어난 후 제안된 개선사항이 잘 수행되고 있는지 정기적으로 사후 확인하라.
- 누군가가 사고의 위험을 경시하는 마음가짐을 버릴 때 다음 사고의 발생을 막을 수 있다는 것을 명심하라.
- 어떤 장비가 왜 설치되어 있는지 알기 전에는 절대로 없애서는 안 된다. 어떤 절차가 채택된 이유를 이해하기 전에는 그것을 절대로 생략하면 안 된다.
- 과거의 중대 사건을 대학생과 회사 근로자들의 훈련에 포함시켜라.
- 경험이 많은 사람이 있다면 회사를 떠나거나 퇴직하기 전에 그들에게서 노하우, 특히 젊고 경험이 부족한 사람들이 알지 못하는 것들을 물어보아라.

- 최신의 정보를 알려주는 잡지뿐만 아니라 예전의 정보를 알려주는 책을 읽어라.
- 더 나은 검색 시스템이나 지식경영시스템으로 개선하여 자신의 회사뿐만 아니라 다른 회사에서의 과거의 사건에 대한 내용과 사고 후의 제안 내용을 파악하기 쉽게 하라. 현존하는 사고 데이터베이스는 우리가 원하는 빈도만큼 사람들에 의하여 사용되지 않는다. 그 이유는 컴퓨터가 사람의 사고에 대하여 자세하게 알기 전에는 사람들이 원하는 내용을 쉽게 제공하지 않기 때문이다. 사람들이 유사한 단어를 제시했을 때 시스템이 여러 관련 사고들과 문제점들 및 제안 사항들을 제시하게 되면 사용 빈도는 늘어 날것이다.

5.3.4 안전 성과의 측정

만약 사고로 인한 근로손실일수 또는 재해율이 안전의 효율적인 측정 방법이 아니라면, 대신 어떤 것을 측정할 수 있을까? 아래에 몇 가지 제안이 있다.

- 월별로 화재나 사고의 발생으로 인한 비용을 정리한 것은 그 문제에 관해 주의를 끌게 할 수 있을 것이며 이익에 대해 손실의 효과를 알 수 있을 것이다. 비용은 정확한 자료로 제시될 수 있는 보험비용과 비보험비용, 업무지연 비용 등으로 나눌 수 있다.
- 공정상에 있거나 창고에 있는 위험 물질의 재고를 줄이는 것에 관한 '진척 상황에 대한 연간보고서'는 대량 가스나 액체 누출을 막기 위한 가장 효과적인 방법에 관심을 집중시킬 수 있다.
- 많은 회사들이 한 플랜트의 감사 결과를 다른 플랜트와 비교하거나, 다음해의 결과와 비교한다. 다양한 회사에서 여러 가지 조사 기법들을 사용하고 있으며 어떤 회사에서는 직원들의 의식이나 업무 수행도의 모니터링을 이용하기도 한다. 근로손실사고율과 손실비용을 비교해 볼 때, 이러한 방법들은 사고가 일어나기 전의 내려가는 안전 기준이 내려가는 것을 감지하는 데 이용된다.
- 일상적인 감사에 의해 발견된 잘못된 작업 허가 건수나, 실수나 허위 경보의 횟수를 정리하여 도표를 이용하여 게시한다. 건물에 들어오는 누구나 그들의 현재 최근 상황을 한눈에 파악할 수 있다.
- 많은 사고와 위험한 사건들은 점화되지 않은 인화성 액체나 가스의 누출과 같은 아차사고가 전조로 나타난다. 다가올 사건들은 사고를 예고하는 그림자를 드리울 수 있다. 아차사고에 의해 배울 수 있다면 많은 사고를 예방할 수 있을 것이다. 그러나 이 방법은 정량적이지는 않다. 그러므로 정량적으로 만들려고 아차사고가

주는 교훈 자체보다 위험한 상황이 일어나는 횟수에만 관심을 가지게 되거나, 아차사고 예방에 대한 수치적인 목표만 만들어진다면, 위험 사고 보고가 누락될 수도 있으므로 주의하여야 한다.

5.4 교육훈련

훈련(Training)은 기술과 의무에 대한 이해를 가르치는 교육(Education)과, 작업자들에게 결함을 진단하고 요구되는 작업을 수행할 수 있는 능력을 가르치는 것을 포함한다. 반면에 작업지침(Instructions)은 작업자들에게 그들이 해야 될 행동과 하지 말아야 할 행동을 알려주는 것을 말한다. 간단히 말하면, 훈련은 지식과 기술 기반의 행동(Knowledge-Based, Skill-Based)에서의 에러를 예방하며, 작업지시는 규칙기반(Rule-Based)의 행동에서 에러를 예방한다고 말할 수 있다. 이런 에러들은 Chapter 2에서 논의된 '깜빡 잊음(Slip)'이나 '착오(Lapses)'와 구별하기 위해 '잘못(Mistake)'이라고 불려진다.

만일 작업이 매우 간단하다면 작업지시로만 충분하겠지만, 장치산업에서의 대부분의 작업은 간단하지 않다. 사고를 일으킬 수 있는 우연 요인을 모두 고려할 수 있는 상세한 작업지시를 하기는 어렵다. 그 대신 사람들이 판단과 결정을 할 수 있도록 해야 하며, 그런 연습을 하는 데 필요한 기술과 지식을 제공하여야 한다. 또한, 무엇이 잘못되었는지 진단하고 무슨 행동을 취해야 하는지 결정하는 데 필요한 기술과 지식을 작업자들에게 제공하여야 한다.

5.4.1 교육훈련 부족으로 인한 사고 사례

1979년 스리마일섬(Three Mile Island) 원자력 발전소의 사고는 많은 원인이 있었고 많은 교훈들을 시사하였지만, 중요한 것은 인간 특성과 관련이 있다는 것이다. 특히, 운전자가 받은 훈련이 그들에게 발생하는 사고들을 모두 처리할 수 있도록 하지는 못하였다. Three Mile Island 원자력 발전소의 사고 사례는 널리 알려져 있으므로 상세한 설명은 생략하고 사고의 원인이 된 교육훈련 측면의 결함을 정리하면 다음과 같다.

- 1차 냉각수의 순환에서 발생하는 현상에 대한 이해를 시키지 않았다. 특히, 운전자들은 압력과 온도가 어떻게 관련이 있는지 이해하지 못했다.

- 1차 회로의 정지가 발생하면 중대한 손실을 발생하지만 약간의 물 손실을 어떻게인지 하는지, 그리고 이런 상황이 발생했을 때 취해야 하는 행동에 대한 훈련이 없었다.
- 진단 기술을 그들에게 훈련시키지 않았다. 잘못될 모든 상황을 예견하고 작업 지시서를 만드는 것은 불가능하다. 물론 잘못될 상황을 예견하였어야 했지만, 예견되지 않는 사건들이 일어나면 이 사건들을 진단할 수 있도록 운전자들을 훈련시키는 것이 필요하다.

덩컨(Duncan)이 제시한 성공적인 훈련방법은 다음과 같다. 운전자에게 다양한 계기들이 배치된 모의 계기판(Mock-Up Display)을 보이고, 그것들 중에서 이상을 발견하고 그가 취해야 할 행동을 말하도록 한다. 예상 상황에 대한 난이도를 점차 증가시킨다. 운전자들은 예측가능한 모든 문제들을 어떻게 다루는지 학습하고, 예측 못할 문제들을 다루는 데 도움을 줄 수 있는 일반적인 기술을 습득하게 된다. 우수한 훈련 방법은 스리마일섬 원자력 발전소(Three Mile Island)사고와 유사한 재해를 줄일 수는 있겠지만, 더 좋은 해결책은 사용자가 좀 더 다루기 쉽게 핵 반응기를 설계하는 것이다. 그것은 휴먼에러 또는 장치의 결함에 의한 영향을 덜 받는다. 일반적으로는 가스냉각식 반응기나 급속반응기가 수냉식 반응기보다 더 다루기 쉽다. 체르노빌 원자력 발전소 또한 휴먼에러에 의한 것이었지만, 이 경우 이해부족이 한몫을 차지하기는 했으나 1차 에러(Primary Error)는 작업지침을 지키지 않았기 때문이었다.

이와 같이 복잡한 시스템에서의 교육 부족으로 인한 사고 외에도 작업자의 의무나, 그들이 취급하는 물질의 특성들에 관한 가장 기초적인 지식이 없어서 발생했던 사고가 수시로 일어나기도 한다. 그 지식은 너무 기초적이어서 가르쳐 줄 필요가 없다고 여기는 경우도 있다. 어떤 사람에게는 당연하게 보이는 것이 다른 사람들에게는 당연한 것이 아닐 수도 있다. 사고로 연결되지는 않았으나 어이없는 우스운 일화가 있다. 대여 차량을 빌린 고객으로부터 대여한 차가 너무 느리다는 불평을 들었다. 이 고객은 수동 기어가 장착된 자동차는 운전해 본 적이 없었다. 그녀는 기어를 1단에 계속 두고 운전을 하고 있었던 것이다. 많은 사람들에게는 명확한 지식이 다른 배경 지식을 가진 사람들에게는 명확하지 않을 수도 있다는 것을 일깨워 주는 일화이다.

5.4.2 교육 훈련 방안

사람들이 취해야 하는 정확한 행동을 알지 못하기 때문에 발생하는 사고를 예방할 수 있는 방법은 다음과 같다.

- 확실한 방법은 훈련 또는 작업지침을 개선하는 것이지만, 그렇게 하기 전에 에러의 발생 기회를 줄이기 위하여 작업을 단순화시키고 작업 상황을 재설계하려고 노력하라.
- 유사한 사업장의 재해 사례로부터 기술적인 부분의 사고를 예견하는 능력을 키워라.
- 직영 인력뿐만 아니라 하도급자(협력업체)도 훈련시켜라.
- 장비와 절차의 변경된 사항을 사람들에게 알려라.
- 설계자의 의도와 그것들을 따르지 않았을 때 발생할 수 있는 결과에 대하여 설명하라.
- 지시나 설명들이 서로 모순이 되지 않도록 하라.
- 사람들이 그들의 지식의 한계를 인식하도록 하라.
- 작업지시서는 읽기 쉽고, 쉽게 입수할 수 있고, 그것을 읽는 사람을 도울 수 있도록 기록되었는지 체크하라. 새로운 작업지침을 따를 것으로 예상되는 사람들에게 설명하고 논의하라.
- 사람들이 결함을 진단하고 그에 알맞게 행동하도록 훈련시켜라. 작업지침만으로는 발생 가능성이 있는 모든 사고를 막을 수는 없다. 교육이나 훈련 시 토론하게 하는 것은 사람들에게 피드백의 기회를 주어 더 잘 기억할 수 있도록 하기 때문에 강의나 책보다 훨씬 낫다.

기업 내에서의 안전교육의 목적은 작업자의 안전작업능력의 육성과 향상에 있다. 특히 기계화와 자동화가 진행되는 작업현장에서는 작업자의 작업순서나 생략 등으로 인해 중대재해가 발생할 가능성이 있으므로, 작업자의 안전한 작업수행능력의 향상이 큰 과제가 되고 있다. 기업 내에서의 안전교육에 대한 문제점을 요약하면 다음과 같다.

- 교육목적이 사업장에서 가장 필요로 하는 안전의 취약점 해결 또는 대책을 위한 목표에 접근하지 않고 추상적이고 , 일반적인 안전의 강조에만 그치고 있다.
- 교육내용도 타사업장의 모방 등으로 결정되는 경우가 많아 자기 사업장의 실태와 맞지 않는 사례가 있다. 교육교재는 자체 개발이 필요하다.
- 교육을 실시하는 강사는 공장장, 관리감독자, 안전관리자, 및 외부의 전문가이지만 안전교육에 부적합한 사람도 있다. 강사의 선정이 중요하다.
- 교육을 받은 근로자의 경험, 학습능력이 일정하지 않는데도 집합교육을 실시하는 경우가 많다.
- 주로 강사중심이 되어 지식교육이 편중되고 실무와 동떨어진 경우가 많다.
- 교육을 함에 있어 최초의 동기부여가 불충분하기 때문에 교육효과가 지속되지 않는 경우가 많다.

이와 같은 문제점에는 여러 가지 원인이 있으나 안전교육 실시계획의 검토와 준비의 부족에 의하는 경우가 많다. 따라서 안전교육의 효과를 증대시키기 위해서는 다음의 사항에 대하여 유의하여 실시하여야 한다.

(1) 능력개발로서의 안전교육

안전이란 전술한 바와 같이 물적 불안전상태 및 인적 불안전행동이라고 하는 위험을 없애는 것이다. 안전교육은 불안전상태와 불안전행동의 기본원인인 4개의 원인(Man, Machine, Management, Media)에 대해 교육대상에 맞는 수준으로 체득시킬 필요가 있다. 교육의 첫걸음이 지식을 부여하는 것부터 시작하는 것에는 이론의 여지가 없다. 그러나 기업 내 교육의 지식교육은 아는 것만을 추구하는 것이 아니라 얻어진 지식을 작업에서 실제로 활용토록 하는 것이 필요하다. 따라서 훈련이 수반되는 교육이어야 한다.

(2) 규율을 지키는 안전행동

교육은 단순히 사람에게 지식이나 기능을 갖게 해 줄 뿐만 아니라 이 원리에 따르는 행동, 태도를 항상 지속시킬 수 있는 인간을 만드는 것이 최종의 목적이다. 안전을 위해 '실행하지 않으면 안 되는 것은 반드시 실행한다', '해서 안 되는 것이라면 절대로 하지 않는다'고 하는 안전태도만이 안전을 보장한다. 인간은 원래 자유스러운 존재이다. 안전의 중요성을 알면서도 외부로부터 통제에 대해서는 귀찮게 생각하는 경우가 많다. 이와 같은 사례를 없애기 위해서는 첫째로 필요한 이유와 그 효과를 설명하고 이해시켜 스스로 행동하는 것에 의욕이 생기도록 동기부여를 하여야 한다. 어려운 상황의 경우에도 규칙을 지키고 훌륭하게 안전작업을 수행하였다면 칭찬을 한다. 다음으로는 관리감독자와 부하인 작업자가 신뢰와 권위를 가지고 있어야 한다는 것이다. 신뢰와 권위가 없는 부모는 말로 자녀를 교육할 수가 없으며 규칙을 지키라는 것도 무리이다. 이것은 직장에서도 같은 것이다. 관리감독자는 근로자로부터 신뢰와 권위있는 존재가 되도록 하는 것이 중요하다.

(3) 기능자 교육의 효율성

기술혁신과 함께 노동의 기능화, 지식화가 진행되어 생산현장의 안전 확보에 필요한 근로자의 기능은 종래에 숙련되어 있지 않은 기계의 운전, 설비개선 등 다각적인 측면에서의 요구가 증대되어 가고 있다. 기업에서의 교육방법은 수준별로 같지 않다. 예컨대 현장 감독자에게는 사내교육 시설에서의 교육이, 일반 작업자에게는 소집단활동 및 경험자에 의한 직장 내 교육이 중요시 되고 있다. 기능자의 안전교육은 수준별로 가장 효과 있는 교육방법을 채택하는 것이 필요하며, 현장에서의 생산, 품질 등의 생산교육이 다양한 방식으로 행해진다면 안전교육도 그 교육과 일체적인 효과를 올리기 위해서는 교육대상별로 가장 적합하고 다양한 교육방법을 검토하여야 한다.

(4) 전원 참가의 소집단 활동

기업 안에서는 '무재해운동 전원참가', '자율적 안전관리활동', 그 외에도 기업의 독자적인 명칭으로 안전에 관련된 소집단 활동이 행해지고 있다. 소집단이 갖는 기능을 활용하는 것으로서 안전의 문제의식이나 행동목표를 참가자 전원이 공유하고 계속적인 안전 활동을 추진하여 안전교육의 성과를 올리고 있는 사업장도 많이 있다.

5.4.3 작업지침(instructions)

작업지침은 일종의 예방 시스템이고, 필요에 의해 일을 완료하고 유지관리를 하기 위해 주기적으로 체크하는 예방 시스템이다. 그러나 작업지시가 발생 가능한 모든 상황을 설정하기란 무척 어렵다. 또한 운전자들은 가끔 모순된 지시사항을 받는다. 예를 들어, 빡빡한 밸브라 할지라도 강제 돌림 지렛대를 사용하지 말라는 지시를 받았음에도 불구하고, 그것들을 이용해 밸브를 작동해야 하는 경우가 있다. 그런 지시를 내리는 사람은 이런 지렛대를 이용하는 것을 모른 척하는 것과 동시에 밸브가 손상되었을 때 그것을 사용한 책임을 피하고 싶어 한다고밖에 생각할 수 없다.

또 다른 경우인데 운전자들이 약품을 60-90분에 한 번씩 히터에 데워 45℃가 되면 반응기에 넣도록 지시를 받은 경우이다. 이 운전자들은 배치된 히터가 용량이 약해서 60~90분 안에 약품이 45℃까지 데워지지 않는다는 것을 알았다. 그래서 운전자들은 45℃가 안 된 약품을 시간 전에 미리 반응기에 투입해서 약품이 반응기 내에서 데워지도록 사전에 약품을 투입하게 되었다.

이와 같이 운전자들은 자신들이 해야 할 지시사항이 실행될 수 없다는 것을 아는 경우에 그들은 그것을 인정하려 하지 않고 대신 그들이 생각하기에 가장 비슷한 조치를 취할 것이다. 만약 관리자가 정기적으로 또는 가끔씩이라도 반응기 기록지를 검사했더라면, 그의 지시사항이 실행되지 않고 있었다는 것을 알 수 있었을 것이고 해결책을 찾아내거나 히터를 교체해 줄 수 있었을 것이다. 상기와 같은 운전자들이 모순된 작업지침의 문제를 자기 멋대로 해결하는 것을 막기 위하여 관리감독자는 매일 또는 적어도 일주일에 몇 번은 기록지에 기록되는 사항들을 점검해야 한다.

작업지침이 가지고 있는 일반적인 문제점을 정리하면 다음과 같다,

- 작업지침이 실제 작업 방식과 일치하지 않는다.
- 너무 많거나, 경우에 따라서는 너무 적은 내용이 상세 기술에 포함되어 있다. 만약 틀리게 수행되면 심각한 결과를 초래할 수 있는, 복잡하고 생소한 작업은 단계적인 지침이 필요하다. 반면, 간단하고 친숙한 작업은 아마도 전혀 지침이 필요 없다고 생각될 수도 있다. 어느 정도 상세하게 기술하느냐에 대한 수준은 초보자와 경험자에 따라 달라진다. 예를 들어 만약 라인을 압축 가스로 깨끗하게 불어내는 것이라면 초보자에게는 얼마나 오랫동안 수행해야 하는지, 어떤 상태라야 라인이 깨끗하다고 말할 수 있는지 언급되어야 한다.
- 작업 지시에 대한 이유가 명확하지 않다.
- 다른 작업지침이 적용되는 공간, 시간, 직무 등의 경계가 명확하지 않다.

따라서, 지침과 관련하여 검토되어야 할 사항은 다음과 같다.

- 읽기 쉬운가?
- 읽는 사람들을 돕기 위해서 씌어졌는가?, 아니면 작성하는 사람의 입장을 방어하기 위해서 씌어졌는가?
- 작업을 하는 사람들을 대상으로 설명하고 있는가?, 지속적으로 관리되고 있는가?

제6장

인사 선발과 적정 배치

오늘날 기업의 경쟁력을 판가름하는 요소로서 가장 중요한 자원은 인적 자원이다. 특히 기업이 처한 변화무쌍한 환경을 극복하기 위하여 기업들은 인적 자원의 개발을 강조하고 있다. 사이먼(Simon, 1976)은 기업의 경영 활동은 의사결정의 연속이며, 경영 활동의 효율성은 의사결정의 질에 달려있다고 주장하였다. 이러한 의사결정을 하는 주체는 인적 자원이며, 이들의 능력이 바로 의사결정의 질을 결정한다. 그러므로 기업의 중요한 인적 자원인 근로자를 선별하는 것은 매우 중요한 일이다.

선발 과정은 직무 분석, 인력 계획, 모집, 선발 및 선발 과정의 자체 검사 등으로 이루어진다. 선발 과정에서는 가장 먼저 직무 분석(Job analysis)이 이루어져야 한다. 직무의 특성을 철저히 조사 분석한 후 요구되는 기술과 능력을 추출해야 한다. 직무 분석의 결과를 기초로 인력 계획을 작성하는데 인력 계획에는 수요 및 공급 인력의 보유 기술, 배경, 특성을 정의하고, 정원 산정, 합격 수준(예: 시력, 지능, 기계 조작 능력, 근력)을 결정하여야 한다.

모집 계획에는 채용 비율 및 모집 방법을 결정한다. 즉, 노동력의 공급 가용성, 직무 수행 요건의 엄격성 등을 고려하여 채용 비율 및 모집 방법을 결정하고, 선발 준비를 행해야 한다.

6.1 선발과 적정배치

6.1.1 직무 분석

직무 분석은 직무가 갖는 성질, 내용 및 그 직무를 수행하는데 있어서 종업원에게 요구되는 지식, 능력, 숙련, 책임 등과 같은 직무 요건에 대한 정보를 얻기 위하여 행하여지는 직무 연구의 한 과정이다. 근로자가 수행하는 구체적 직무의 작업 요소의 정확한 본질을 명확한 용어로 기술하는데, 그 내용은 사용되는 장비나 도구, 수행되는 작업, 안전에 관련된 제반 사항, 요구되는 교육이나 훈련, 급료 범위 등이다.

직무 분석의 효용을 간단히 요약하면 다음과 같다.

① 종업원 채용 및 배치
② 직무에 대한 종업원 훈련 계획
③ 근무 성적 평가
④ 임금 관리
⑤ 작업의 안전성
⑥ 작업의 합리화
⑦ 기업의 합리화
⑧ 적성검사 작성의 기초 자료
⑨ 직업 지도 및 상담

직무 분석을 하는 데 있어서는 수행되고 있는 직무, 즉 수행 직무의 분석과 근로자에게 요구되는 직무 수행 요건의 분석이 필요하다. 수행 직무의 분석에는 직무의 목적·내용·방법을 명확하게 하는 것 외에 다른 직무와 구별되는 특징, 즉 직종, 작업 방법, 작업 장소, 작업 시간이 어떻게 다른가를 파악한다. 직무 수행 요건의 분석은 직무를 수행하는데 어떠한 기초 지식과 육체적·정신적 능력과 기량이 요구되는가, 그 직무를 수행하는 데 있어서 근로자는 어떠한 환경에 있게 되며, 어떤 재해 위험과 불쾌감이 있는가 등에 대하여 실시한다.

직무 분석은 먼저 정보의 수집, 분석하여야 할 대표 직무의 선정, 직무 분석 작업, 직무 기술서 및 직무 명세서의 작성 등의 절차로 이루어진다. 직무 기술서는 주로 직무 내용을 다루며 직무 명세서는 직무를 수행하는데 필요한 인적 특성을 기술한다.

직무 분석의 방법은 다음과 같다.

① 유사 직무 분석법
② 연관자(작업자, 감독자, 훈련원 강사 등)에 대한 개인, 집단과의 면접 및 질문서
③ 직접 관찰법 ; 심리적 요인(Stopwatch, 기록지 등 거부 반응)을 고려하여 임의 추출 형식을 취하여야 한다.
④ 영상 분석법(Film analysis)
⑤ 일지 작성법
⑥ 결정 사건 기법 - 직무를 성공적으로 수행하는데 결정적인 행동의 기록

6.1.2 인력 계획

'적절 · 적정한 채용 배치'란, 기업 목적 달성에 공헌할 수 있는 채용 · 배치를 의미한다. 첫째, '적절한 채용'이란 채용 · 배치 후에 직원이나 종업원의 근로 의욕이 저하되지 않도록 앞을 전망할 수 있는 채용 계획을 세우는 것을 의미한다. 채용이 단순히 회사 측의 입장과 욕구에 의해서 계획되어서는 안 되며 근로자의 의욕과 욕구에 합치될 수 있는 배려에서 이루어져야 한다. 또 채용 후의 승진, 승격 등과의 관계를 충분히 고려한 채용 · 배치 계획에 입각해서 이루어져야 한다는 것이다.

둘째, 적정한 채용 배치란 적재를 적소에 배치 · 실현할 수 있는 채용이 이루어져야 함을 의미한다. 어떤 사람이 어떤 직무에 배치되었을 때에 그 직무에 대한 진보가 빠를수록 적재라고 할 수 있다. 역설적으로 말해서 맡은 직무에 대하여 불평불만이나 의욕 상실이 없는 것을 의미한다. 그러기 위해서는 개인의 기본적인 특성, 즉 지능, 성격, 흥미, 취미 등 여러 가지 측면에서 직무와 사람의 적합성이 있다고 볼 수 있는 것이다. 이와 같이 어떤 직무에 적합한 사람은 적재라고 할 때, 그 사람에 대하여 알맞은 직무가 적소가 된다.

인력 계획은 현재 보유하고 있는 인력의 적정 여부를 판단하고 수요적 측면 및 공급의 측면에서 추가로 요구되는 인력에 대한 예측과 고용 관리를 고려한 인력의 수급을 양적, 질적으로 조정하는 계획이다.

정원을 산정하는 데는 크게 현장 작업과 사무직 작업으로 구분하여 산정하여야 한다. 현장 작업의 소요 인원 산정은 표준 작업 동작 및 시간, 여유율, 가동률을 고려하여 결정하여야 한다. 그러나 사무직 작업의 소요 인원 산정은 정형적 사무인 경우에는 표준 시간을 적용할 수 있으나, 판정적 사무와 같은 비정형적 사무의 경우에는 조직상 직무의 업무량 및 감독 범위, 타 직무와의 관계, 예산, 생산 종사자의 비율 등을 고려하여 결정하여야 한다.

6.1.3 선발

선발 과정은 크게 직무 명세서 중심으로 접근하는 방법과 경력을 중심으로 접근하는 방법이 있다. 일반적으로 선발 과정은 [그림 6-1]과 같이 모집된 사람 중에서 유능한 사람을 선발하거나 직무에 부적합한 사람을 실격시키는 기능을 수행하는 과정이다.

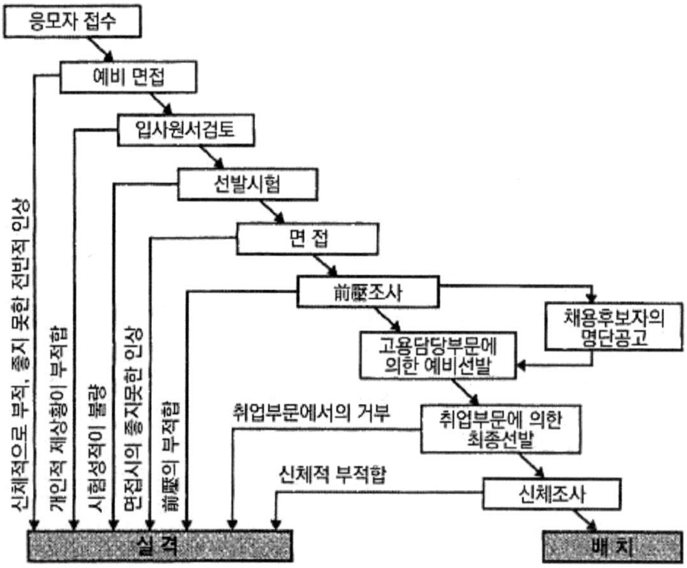

[그림 6-1] 선발 절차

(1) 지원서

지원서는 일반 신상 자료와 직무 성공을 예측하게 하는 후보자에 대한 사실 등에 대한 예측 정보를 제공하며, 면접의 근거를 제공한다. 따라서 지원서의 항목은 선발에 유용한 지침을 제공하는 질문들로 한정되어야 하고, 신중한 연구를 통해서만 얻을 수 있다. 최근의 경향은 평등 고용을 추구하기 위한 항목의 선택이 중요시 되고 있다.

특히 정보 항목과 직무 성공도와의 상관도에 따른 특정 가중치를 배정하여 지원서를 채점한다. 예언 정보를 제공하는 가중치 지원서를 이용할 경우의 유의 사항은 다음과 같다.

① 직무 절차나 노동력 공급 변화 시 예언 가치의 주기적 재검토

② 조직체의 특성 및 지위에 따른 지원서(경영직, 전문직 종업원, 하위직 종업원)의 구분

③ 직무 성공과 관련이 있다고 밝혀진 특성만 적용

(2) 신상명세서

현 직무에서의 행동(On-the job behavior)은 개인의 태도, 선호도, 가치관뿐만 아니라 과거의 여러 상황에서의 행동과 관련이 있다. 즉, 결혼 여부, 습관 및 태도, 건강, 인간관계 등 신상에 관한 사항이 직무에 대한 성공도의 타당한 예언 지표로 이용된다.

특정 직무를 위한 특정 Format의 신상명세서 항목 결정에는 지원서와 마찬가지로 심리학적 연구를 수반하여야 신중히 결정되어야 하며 다음과 같은 사항을 고려하여야 한다.

① 사생활 침해를 피해야 한다.

② 평등 고용 기회를 박탈해서는 안 된다.

③ Face validity(안면 타당성)문제를 극복하여야 한다.

④ 직무 성과와 관련된 항목만을 선정하여야 한다.

(3) 선발 시험 및 신체검사

필기 학력 시험은 주로 지식을, 심리 검사는 지능, 적성, 성격, 흥미, 기질 등을 검사하여 채용 여부 및 채용 후의 배치 자료로 활용되며, 신체 검사에서는 산업재해 및 전염성 질병을 예방하고, 신체적 부적격자를 선별하여야 한다.

면접 시험은 고용직에 대한 지원자의 적합성을 평가하기 위한 대면 기회이다. 이때, 고용주는 지원서나 신상명세서에서 알 수 없는 지원자에 대한 추가정보를 추출하며, 지원자는 조직체와 자신이 고려하고 있는 직무에 대한 현황을 파악할 수 있는 기회가 된다. 면접의 종류에는 구조적 면접과 비구조적 면접의 두 종류가 있다.

a. **구조적 면접**

- 면접 질문의 목록을 가지고 특정 직무에 지원한 모든 지원자에게 동일한 질문
- 주관적 또는 개인적 요인 배제

b. **비구조적 면접**

- 질문 내용이나 형식, 방법을 개별 면접자의 개인적인 판단에 의한 개별적 질문
- 구조적 면접을 위한 예비적 기법
- 후보자에 대한 인사평가

(4) 추천서

추천서는 지원자를 알고 있는 사람으로부터 지원자에 대한 정보를 추출하기 위하여 작성되는 것이며, 추천서의 형태에는 다음과 같은 종류가 있다.

- 편지
- 질문지 : 강제 선택 질문지(Forced-choice questionnaire)로 하되 긍정적인 질문만 수록하는 것이 좋다.
- 전화 : 추적 질문이 가능하다.
- 현장 조사법 : 가장 많은 정보를 얻을 수 있으나 비용과 시간이 많이 든다.

6.1.4 적정 배치

적정 배치는 직무요건에 인물 적성이 적응되어 배치 절차를 거쳐 이루어지게 된다.

(1) 직무요건(Job requirements)

직무요건이란 직무를 올바르게 수행하는 데 있어서 종업원에게 요구되는 신체적 · 정신적 특질을 의미한다. 이것을 구체적으로 분류하면 다음과 같다.

① 직무가 요구하는 능력 수준
② 직무가 요구하는 인격 특성
③ 직무 수행이 구체화될 직장 환경
④ 직무 조작상의 지위

이러한 직무요건을 규명하기 위하여 발전된 기술이 바로 직무분석, 직무평가, 직무설계 등 직무를 중심으로 한 제 연구이다.

(2) 인물 적성(Personal aptitude)

인물 적성이란 종업원이 맡은 바 직무를 잘 수행할 수 있는 능력, 신체적 · 정신적 · 인격적 특질을 의미한다. 다시 말하자면 종업원의 성격이 직무 요건을 충족시킬 수 있는가 하는 적합성을 의미한다. 이것을 좀 더 구체적으로 분류하면 다음과 같다.

① 신체적 특성(건강, 신체의 크기, 신체 허용 한계 등)
② 정신적 특성(감각의 정확성, 기능이나 특수 능력, 기질 또는 성격상의 특성 등)
③ 인격적 특성(교육, 경력, 직무상 훈련 등)

이러한 인물 적성을 규명하기 위하여 발전된 기술이 바로 인사 고과, 적성 검사, 각종 시험 등으로 그 결과를 위에서 말한 직무 요건과 대조하여 각 개인에 대한 사정을 한다.

(3) 배치의 결정(Decision of job allocation)

적정 배치의 마지막 단계는 각 직무 요건과 인물 적성 및 각 부서의 요구와 종업원의 희망을 종합적으로 고려하여 최종적으로 배치를 결정하는 과정이다. 직무가 자격요건을 구비한 사람들로 채워질 수 있도록 배치에 있어서 우선 순위나 관계된 이들 직무간의 인원 배치를 약간 변경시킨다.

6.1.5 부적격자의 조치

아무리 신중히 고려하여 배치하였다 하더라도 시간이 경과됨에 따라 당초에 배치하였을 때의 기대와는 달리 부적격자가 발생할 수도 있다. 이와 같은 경우에 적절한 조치를 취하지 않으면 본인에게는 물론 기업에 대해서도 비효율적이며 바람직하지 못한 결과를 가져오게 된다.

이와 같은 때에 부적격자에게 다음과 같은 조치를 취하게 된다.

(1) 재교육 훈련(Reeducation)

우선 현재 배치되어 있는 직무에 대해 어떤 점이 부적당한가를 충분히 검토하여 문제의 초점을 명백히 하고, 그 뒤에 의욕을 환기시키거나 인식을 시정토록 하며 체력의 훈련 등을 고려해야 한다.

(2) 생활 지도(Guidance)

부적격자는 직무에 대하여 불평·불만, 상사와 동료 간의 인간관계가 좋지 않은 경우에 발생하는 일이 빈번하다. 이런 경우에는 그 원인을 파악하고 상담을 통하여 생활지도를 함으로써 부적격의 문제를 해결하여야 한다.

(3) 직장 환경의 개선(Improvement of working environment)

직무의 분위기라든지 작업 환경 때문에 부적격 상황이 오는 경우도 있다. 그럴 때에는 일광·명암·온습도·환기 등의 작업 환경을 개선한다거나 기계 공구·작업대 등의 설비 환경을 개선해 그 원인을 제거시켜 주어야 한다.

(4) 배치전환(Transfer)

업무 자체가 적성에 맞지 않거나 기타 이유로 부적응 상태가 생길 때에는 배치전환을 통하여 제거하여 주어야 한다. 이런 경우에 업무 내용을 변경시키는 것과 같은 업무이지만 직장만을 바꾸는 경우가 있고, 때로는 해직을 시킬 경우도 생긴다. 이럴 경우에는 여러 가지 여건을 충분히 고려하여 납득할 수 있도록 조치하는 것이 좋다.

6.2 직무평가

직무 평가는 직무 분석에 기초를 두고 각 직무의 중요도, 곤란도, 위험도 등을 평가하여 다른 직무와 비교하여 직무의 상대적 가치를 정하는 체계적인 방법으로 급여 제도를 실시하기 위한 기초가 된다.

6.2.1 직무 평가의 방법

직무 평가는 임금을 결정하는 요인이 되며, 종업원의 평가된 임금에 대한 만족도를 결정하는 요인은 종업원이 담당하는 직무의 요구에 근거를 둔 종업원이 마땅히 받아야만 한다고 인지하고 있는 임금액을 수령하는 것이다. 따라서 직무 평가 프로그램에 평가 대상 직무에 종사하는 사람의 참가 기회가 반드시 주어져야 한다. 즉, 직무 담당자가 제공한 정보에 의해 평가 결과가 개선된다. 또한 참가자들이 동료 종업원에게 직무 평가의 과정을 설명하고 변호함으로써 결정이 쉽게 수용되어 임금 만족을 줄 수 있는 임금 구조가 된다. 직무 평가의 방법에는 서열법, 분류법, 점수법, 요소 비교법 등이 있다.

(1) 서열법

직무의 상대적 중요도, 곤란도, 책임도가 요구되는 지식과 숙련도 등을 비교하여 서열을 매기는 방법

(2) 분류법(등급법)

직무를 몇 개의 등급으로 분류하여 각 직무를 해당 등급에 편입시키는 방법

(3) 점수법

직무를 각 구성 요소로 분해하여 각 요소별로 그 중요도에 따라 점수를 매긴 후 이 점수를 합계하여 각 직무의 가치를 평가하는 방법이다. 각 직무의 평가치인 총 점수를 상호 비교하여 점수의 대소에 따라 직무의 상대적 가치를 결정하며, 점수 1점당 급여액이 결정되면 직무에 대한 직무 급여액을 산정할 수 있다.

(4) 요소 비교법

직무를 요소별로 나누고 표준 직무의 요소와 비교하여 각각의 임금률을 결정하는 방법이다. 구체적인 평가 과정은 기준 직무의 선정, 평가 요소의 결정, 기준 임무의 등급 결정, 기준 직무의 요소별 임금 배분, 평가 직무의 상대적 가치 및 임금액의 결정 등 다섯 단계로 이루어진다.

6.2.2 직무 평가의 요소

직무 평가에 있어서 직무의 상대적 가치를 어떠한 기준으로 평가할 것인가, 즉, 직무 평가의 요소 선정이 중요하다. 선정에 있어서 주관과 자의에 의하여 결정되어서는 안 되며 직무의 특성을 잘 표현할 수 있는 합리적인 요소를 선정하여야 한다. 평가 요소가 선정되면, 선정된 평가 요소의 중요도를 결정하는 것이 필요하다. 이는 대개 주관적인 판단에 의해서 결정되나, 기업의 방침이나 기타 여러 가지 상황을 충분히 고려한 후 다른 기업의 예를 충분히 참작하여 객관성을 갖도록 적절한 비중을 결정하여야 한다.

오티스(Otis)와 로칼트(Leukart)는 직무평가 요소의 선정 원칙에 대하여 다음과 같이 주장하였다.

① 평가 요소는 비교하여 얻는다.

② 평가 요소는 일반적이면서 중요한 것이어야 한다.

③ 평가 요소는 특정 직무에 관하여서만 측정되어야 하며 중복 평가해서는 안 된다.

④ 평가 요소는 노사 쌍방의 의견이 일치하여야 한다.

⑤ 평가 요소는 보편적으로 적용될 수 있어야 한다.

참고로 라이틀의 평가 요소와 스미스의 평가 요소를 예시하면 다음과 같다.

a. 라이틀(Lytle)의 평가 요소

- 숙련도(Skill)
  - · 지능적 숙련(Intellectual skill)
  - · 육체적 숙련(Physical skill)
- 노력(Effort)
  - · 정신적 노력(Mental effort)
  - · 육체적 노력(Physical effort)
- 책임감(Responsibility)
  - · 대인적 책임(Responsibility for other)
  - · 대물적 책임(Responsibility for equipment & materials)

- 작업 조건(Working condition)
  - 위험도(Hazard)
  - 불쾌도(Uncomfortableness)

b. 스미스(Smith)에 의한 평가요소

- 정신적 요건(Mental requirements)
  - 선천적인 지성
  - 기억력
  - 표현력
  - 판단력
  - 후천적인 교양과 지식
- 숙련적 요건(Skill requirements)
  - 기계 조작 시의 근육 운동, 종합화 능력
  - 근육 운동 조정 시 필요한 특수한 직무 지식
- 신체적 요건(Physical requirements)
  - 신체적 노력, 즉 동작 계속의 양과 정도
  - 신체적 상태, 즉 연령 · 체중 · 성별 · 힘 · 시력 등
- 책임감(Responsibility)
- 작업 조건(Working conditions)
  - 작업 시간, 조명, 기압, 환기, 소음, 밀집도, 위험도 등

6.3 심리 검사

심리 검사는 인간 특성의 어떤 측면을 과학적인 방법에 의해 측정하기 위해 만들어진 표준화된 도구로 정의할 수 있으며, 행동의 한 표본을 조직적으로 그리고 일관성 있게 측정하여 특정 직무에 알맞은 자격을 갖고 있는 사람을 발견하는 데 그 목적이 있다.

심리 검사는 다음과 같은 구비 요건을 갖추어야 한다.

① 표준화 : 조건과 절차가 일관성, 통일성을 구비하여야 한다.

② 객관성 : 채점자의 주관성이나 편견을 배제하여야 한다.

③ 규 준 : 개인의 성적을 타인과 비교할 수 있는 참조 또는 비교의 기준이 있어야 한다.

④ 신뢰성 : 반복 검사 시에도 재현성이 있어야 한다.

⑤ 타당성 : 선발 후 직무 수행 능력과 검사 점수의 상관관계가 있어야 한다.

⑥ 실용성 : 검사를 실시하고 채점하기가 용이하여야 한다. 즉, 결과의 해석이나 이용 방법이 간단하고 비용이 저렴하여야 한다.

인사 심리 검사의 종류에는 지능 검사, 적성 검사, 흥미 검사, 운동능력 검사, 성격 검사 등이 있다.

6.3.1 지능 검사

개인의 지적 수준을 검사하는 것으로 지능 검사에는 여러 가지가 있다. 각 직무의 종류에 따라 높은 수준의 지능을 요하지 않고 다양한 직무의 지원자 선발에 이용하는 오티스 자기 시행형 검사, 오티스 검사를 간략화한 원더릭 인사 검사, 높은 수준에 적합한 검사로 언어와 수에 대한 점수가 분리되는 웩스만 인사 분류 검사, 언어와 동작성으로 구성되어 있고 최고경영자 선발에 이용하는 웩슬러 성인 지능 검사 등이 있다.

오늘날 우리나라에서도 학교, 군대, 산업계 등에서 널리 쓰이고 있는 육군 일반 분류 검사는 지능 지수의 산출을 생활 연령에 대한 정신 연령의 비로써 나타내는데 100은 승수로 이용되기 때문에 생활 연령과 정신 연령이 일치할 경우 IQ는 100이 된다.

6.3.2 적성 검사

적성(Aptitude)이란 개인의 특성 내지 능력을 직업 활동에 필요한 여러 가지 특성 내지 능력과 대비시켜 적·부적을 판정할 때 사용하는 개념이다. 이와 같이 적성의 개념은 사람과 직무를 대비하여 적·부를 판정하는 것이라면, 어떤 경우에 적성이 있고 없는가 하는 것이 문제가 된다. 넓게 보아서 직업적 성공(Vocational success)이 예측되는 능력이나 특성이 있다고 할 때 직업 적성(Vocational aptitude)이 있다고 본다. 이러한 정의에 의하면 적성이란 지능·학력·기능은 물론 특성·흥미·신체적 특성(체질·운동능력 등)까지 포함되는 것으로 볼 수 있다. 이러한 특성이나 능력의 유무를 측정하는 작업이 적성 검사(Aptitude test)이다.

(1) 미네소타 사무직 검사

미네소타 사무직 검사는 수행하는 직무에 따라 다음과 같이 구분되어 있다.

- 검토, 알파벳 표시하기, 수의 평가, 잘못된 것 찾기, 산술적 추리
  · 회계, 수치 연산이 필요한 작업을 수행하는 직무
- 철자법, 읽기, 이해, 어휘, 문법
  · 비서직, 서류 작성직무
- 기계적인 이해 및 공간지각능력
  · 도안, 설계직

(2) 벤니트 기계 이해 검사

기계적인 이해는 단일한 심리학적 인자가 아니라 복합적 인자로 구성되어 있는 적성이다. 이것은 공간 시각화, 지각 속도, 추리, 기술적 지식 또는 경험 등이 합쳐져서 된 능력이기 때문이다. 이 적성이 뛰어난 사람은 그렇지 못한 사람에 비하여 기술적 훈련에 있어서 좋은 성적을 올린다. 일반적으로 기사, 공업계 교사, 자동차 수리공, 기계공, 검사공 등을 선발할 때 이용한다.

6.3.3 흥미 검사

홍미(Interest)란 심리학적으로 어떤 대상의 내용에 대하여 특별한 주의를 수반하는 감정을 말한다. 흥미는 직무 선택, 직업 성공, 직무 만족 등의 직무적 행동에 대한 동기를 유발한다. 사람은 자신이 흥미로운 일을 하고 싶어 하며, 흥미에 맞는 직업은 적극적으로 추진하여 보람을 찾으려고 하는 반면에 흥미가 없는 직업에서는 떠나려는 경향이 있다. 그러므로 자기의 흥미에 맞는 직업에서는 성공의 가능성이 크다. 어떤 직무에 대한 흥미는 그 직무에 전념하는 태도에 영향을 미친다. 그러므로 흥미는 직업적 성공(Vocational success)에 공헌하는 변수의 하나로서 산업계에서는 인사 검사에서 개인의 흥미를 조사하여 배치와 이동에 참고 자료로 활용한다.

흥미 검사에는 여러 가지 종류가 있으나 현재 많이 사용되고 있는 것을 들면 다음과 같다.

(1) 스트롱 직업 흥미 검사(Strong vocational interest blank ; SVIB)

스트롱(Strong)에 의해 개발된 흥미 검사법으로 많은 직종에 대한 피검사자의 흥미를 검사하는 항목을 중심으로 실시하여 어떤 개인이 어떤 직종에 가장 큰 흥미를 가지고 있는가를 조사하여 지도하는 방법이다. 즉 자신이 흥미 있어 하는 직업을 구체적으로 탐색하여 진로 결정에 도움을 주는 검사로 직업 지도 상담을 위해 개발되었다. 경

험적, 예언적, 직업적 특성을 가지고 있으며 지속적인 개정을 거치면서 가장 체계적인 홍미 검사로 알려져 있다.

직업상 홍미를 측정하는 2개의 주요한 방법으로 구성되어 있는데, 첫째는 특정 활동이나 대상에 대한 문항 또는 사람들이 일상생활에서 부딪히는 여러 종류의 사람들에 관한 문항에 대해 응답자가 좋다 또는 싫다와 같은 반응을 하는 방법이다. 둘째는 이러한 반응을 다양한 직업과 경험적으로 조율하는 방법이다. 각 직업에 매우 만족해하며 종사하는 사람들이 일반 사람들과 비교해서 특히 좋아하는 취미나 활동 등이 무엇인지를 알아내어 이를 문항으로 만들었다.

지필 검사로서 스스로 실시하는 직업 흥미 검사이며 여섯 가지, 즉 현실적 · 탐구적 · 예술적 · 사회적 · 진취적 · 관습적 유형에 기초한 일반적 직업군과 성격 유형으로 되어 있다. 결과는 기본 홍미 척도, 일반 직업 척도, 전문 직업 척도로 나타난다.

미국에서는 기술자 · 의사 · 생명보험 외판원 · 간호사 등 42종, 여자 24종의 직업에 대한 표준 척도가 만들어져 있고, 일본에서는 기자 · 기술자 · 경영자 · 의사 등의 10개 직업에 대한 표준 척도가 만들어져 있다.

(2) 쿠더 직무 홍미 검사(Kuder occupational interest survey ; KOIS)

쿠더(Kuder)의 직업적 선호 검사라고 불리며 직업지도가 필요한 사람을 대상으로 하는 자기보고형 검사다. 세 가지 활동을 한 단위로 제시하고 그 중 가장 좋아하는 활동과 가장 싫어하는 활동을 선택하도록 하여 홍미를 검사하는 것으로 직업 지도에 사용하는 방법이다. 세 가지 활동 중 좋아하거나 싫어하는 활동이 없는 경우에도 세 가지 활동 간의 상대적인 선호 경향에 따라 어쩔 수 없이 선택해야 하는 문제점이 있긴 하지만 이 검사는 신뢰롭다고 평가되고 있다.

10개의 직업군(대인 봉사, 설득하는 직업, 성직, 컴퓨터, 음악, 미술, 문학, 기계, 옥외직, 과학)에 대한 선호를 측정하며 시간의 제한은 없다.

쿠더 직업 홍미 검사의 유형은 A에서 D까지 네 가지가 존재하는데 A형은 일종의 인성 검사이며, B형은 초기 직업 홍미 검사이고, C형은 B형을 대치하여 현재 사용되고 있는 것이다. 또 D형은 스트롱 홍미 검사처럼 특정한 직업을 예언하도록 하는데 사용되고 있다. 검사에서는 구체적인 직업을 제시하지 않고 10개의 광범위한 홍미 영역, 즉 운동적 홍미, 기계적 홍미, 연산적 홍미, 과학적 홍미, 설득적 홍미, 미술적 홍미, 문예적 홍미, 음악적 홍미, 사회봉사적 홍미, 사무적 홍미에서 점수를 구한다.

6.3.4 운동능력 검사

물체를 조작하고 도구를 사용하는 운동 능력을 검사하는 방법이다.

(1) 맥퀴리 기계능력 검사

추적(Tracking), 두드리기, 점찍기, 베끼기, 위치, 추적(Pursuit)등에 대한 운동 능력을 검사한다.

(2) 퍼듀 펙보드 검사

손으로 일하는 노동자들의 고용과 재활을 위해 사용되는 손기능 검사다. 일련의 구멍에 가능한 한 빠르게 핀을 꽂는 작업으로 손가락, 손, 팔의 큰 움직임의 기술 및 손가락의 예민성을 측정하는 검사이다.

(3) 오코너 손재주 검사

핀셋을 이용하여 조그만 구멍에 핀을 집어넣는 능력을 측정하여 손가락의 기민성을 판별한다. 재봉사, 견습생, 치과학생 등을 선발하는데 적합하다.

6.3.5 성격 검사

성격은 학문적으로 정의하기 어려운 용어이나 사람의 행동에 비교적 고정되고 지속적인 경향이 있어 특징지을 수 있는 성향을 말한다. 과거의 연구에 의하면 성격적 특성과 직업적 성공과의 사이에는 중요한 관계가 있는 것으로 알려져 있고, 현재 사용되고 있는 성격 검사는 형식에 따라 다음과 같이 나눌 수 있다.

(1) 질문지법(자기보고식 방법)

특별한 상황, 증상, 느낌을 묻는 문제를 제시하고 그 문항이 자기 자신을 얼마나 잘 묘사하는가를 평가한다. 이 방식은 거짓 반응을 방지하는 허위 척도가 필요하다.

(2) 투사기법(투영검사)

질문지법의 결점을 보완하는 검사로서 약한 자극이나 애매한 자극을 주어 특별한 경계심을 일으키지 않고, 자유롭게 반응시켜서 개인의 욕구나 동기나 정서 등을 파악하는 방법이다.

(3) 작업검사법

일정한 작업을 일정한 조건 하에서 부과하여 작업 과정이나 작업의 결과로부터 성격의 경향을 예측하는 방법이다.

6.4 인사 고과

인사 고과는 산업 조직 내 종업원의 가치를 평가하는 것이지만, 이외에도 종업원의 적정 배치, 교육 훈련, 사원 개발, 작업 방법 및 기계 설비의 사용 방법 검토, 승진, 승급, 감원 등 인사 자료, 선발 기준의 타당성 검토 등을 위하여 실시된다.

6.4.1 인사 고과의 방법

19세기 후반으로부터 근년에 이르기까지 개발된 각종 고과 방법의 수는 매우 많은데 그 중 대표적인 것은 다음과 같다.

(1) 종업원 비교법

① 서열법(순위법)

평가자가 평가할 수행 차원에 대해 종업원들의 수행 수준을 기준으로 제일 높은 사람부터 제일 낮은 사람까지 순위를 매기는 방법이다. 첫 번째 순위에 있는 사람은 수행이 가장 뛰어난 사람이며, 마지막 순의에 있는 사람이 수행이 가장 나쁜 사람이다. 가장 수행이 뛰어난 사람이 얼마만큼의 수행 수준을 보여주는지는 알 수 없고, 서열에 대한 상대적 정보만을 제공해 준다.

이 방법은 모든 종업원들을 대상으로 평가를 내려야 하는 방법이기 때문에 종업원의 수가 너무 많을 때는 평가자가 모든 종업원들의 능력을 판단하기가 어렵다는 단점이 있다. 또한 종업원들의 능력 수준이 서로 유사할 경우에는 판단이 어려워진다. 순위법은 종업원의 수가 적고 종업원들의 상대적 서열 이외에 부가적인 정보가 필요 없는 경우에 주로 사용된다.

② 짝진 비교법

평가의 대상이 되는 부서나 팀 내의 모든 종업원들을 다른 사람들과 짝을 이뤄 비교, 평가하는 방법이다. 평가자는 평정하고자 하는 차원을 기준으로 둘 중 더 나은 한

명을 선택하면 되고, 각 개인의 순위는 더 우수하다고 평정된 횟수를 세어서 결정한다. 각 종업원이 다른 사람들과의 비교에 서 더 낫다고 선택된 횟수가 기록되며, 개인별로 이 횟수가 많을수록 더 높은 순위가 매겨진다.

이 방법은 일반적으로 전반적 직무 수행 능력처럼 하나의 단일 차원에서 종업원들을 평가할 때 주로 사용된다. 비교되는 피평가자들 짝의 수는 n(n-1)/2의 공식에 의해 계산된다. n은 평가 대상이 되는 종업원의 수이다. 예를 들어, 한 집단에 6명이 있다면 비교할 짝의 수는 6(5) 12=15이므로, 15번의 비교, 평가를 실시해야 한다.

③ 인물 비교법

고과 집단 중에서 각 평정 항목의 각 단계별로 우수자 · 열등자 · 중간자의 표준적 인물을 선정하여 이를 기준으로 다른 종업원을 평가하는 방법이다. 평가 요소는 피고과자가 종사하는 직종, 집단 또는 단계마다 상이하다. 일반적으로 신체적 능력, 지적 능력, 지도력, 숙련도 등이 사용되고, 이 요소의 득점을 합계하여 최종 득점으로 한다.

이 방법은 카네기 기술연구소에서 고안되어 최초로 세일즈맨의 인사 고과에 사용되어 졌다고 하는데 각 표준의 대표적인 인물 선정이 어렵다는 단점이 있다.

④ 강제 할당법

많은 수의 사람들을 평가할 때 가장 유용한 방법으로 종업원의 수행 수준이 정상 분포되어 있다는 가정에서 출발한다. 피고과자를 일정 수의 집단으로 (보통 5개) 구분하여, 수 10%, 우 20%, 미 40%, 양 20%, 가 10%로 분류하는 것이 정형적이다. 이 비율에 전체 피고과자를 각 평정 집단에 할당하여 배분하는 것이다. 관대화나 중앙 집중 경향 편파를 줄일 수 있다는 장점이 있지만 집단 자체가 열등하거나 우월할 경우 오류를 범할 수도 있다.

(2) 평정 척도법

① 단계식 척도법

이 방법은 미리 몇 개의 고과 요소를 마련하고 그것을 몇 단계로 구분하여 각 단계에 수 · 우 · 미 · 양 · 가 또는 A · B · C · D · E와 같은 평어를 적어 두고, 고과자는 이 평어에 의해 피고과자의 평가를 각각 그 단계에 의하여 체크하는 방법이다. 이를 비연속 척도법이라고 한다.

② 도식 척도법

이 방법은 각 평가 요소마다 그 특성의 폭을 선으로 나타내고, 이것에 약간의 등급을 매겨 각 등급마다 적절한 어구나 문장으로 설명을 붙여서 고과자가 객관적으로 평정하기 쉽게 한다. 이 때 고과자는 각 종업원이 지니고 있는 특성과 직무수행에서 나타난 실적의 정도에 따라 해당하는 등급에 체크할 수 있다. 이를 연속적 척도법이라고도 한다. 이 방법은 웨이트를 바꿈으로써 사무·기술직 또는 노무직·관리직에도 사용할 수 있다.

③ 종합 척도법

이 방법은 각 고과 요소마다 3내지 5등급으로 나누어지고, 다시 각 등급 안에 1 내지 3의 평정란(Box)이 설정되어 있어서 여기에 체크하는 방법이다. 평정란은 보통 단계는 3, 양극으로 나감에 따라서 2, 1로 감소해 가는 경우가 많다.

④ 대조표법(Checklist method)

이 방법은 평정에 적당한 몇 가지 표준 행동을 구체적으로 기술한 문장을 소정의 리스트에 배열·기재하여 두고, 종업원의 능력·근무 상태 등에 관하여 이 리스트와 대조하고, 해당 사항이 있으면 체크한 후 일정한 채점 기준표를 통하여 등급을 매기는 방법이다. 이를 체크리스트법 또는 인벤토리법이라고도 한다. 그 대표적인 것으로는 프로브스트법, 오드웨이법, 강제선택 대조표법 등이 있다.

6.4.2 인사 고과의 심리적 한계성

어떤 인사고과 방법을 이용하더라도 그 평가는 인간이 하는 것이다. 따라서 여기에는 평가자의 주관적 판단과 편견이 있는 것을 부정할 수 없다. 이와 같이 인사 고과의 방법상 또는 심리상 한계가 있더라도 올바르게 평가하여 인사 관리 목적에 맞도록 활용할 수 있어야 한다.

(1) 평정자의 심리적 현상에서 오는 오차

① 현혹 오차(후광 오차, Halo effect)

피고과자의 단지 하나의 자질 혹은 성격을 토대로 개인의 모든 행동 측면을 판단하려는 경향을 말한다. 현혹 오차를 감소시키기 위해서는 평가자가 한 사람의 전체적 특성을 연속적으로 평가하지 말아야 하며, 한 가지 특성에 대하여 모든 종업원을 평가한 후, 다른 특성에 대한 평가를 실시하여야 한다.

② 논리 오차

고과 요소 간에 논리적인 상관관계가 있는 경우 상대적으로 높게 평가되는 평가요소가 있으면 다른 요소도 높게 평가되는 경향을 말한다. '지식이 많은 사람은 이해력도 많다'라고 평가한다거나 '영업 실적이 높은 사람은 절충력이 강하다'라고 평가하는 경향이다. 이에 대한 대책으로는 중복되는 요소에 의하여 평가하는 평가 양식들을 설계하지 말고 객관적으로 관찰 가능한 사실을 평가하는 방법을 사용하여야 한다. 개개의 고과 요소를 주의 깊고 분석적으로 평정할 수 있는 훈련이 필요하다.

③ 대비 오차

고과자가 피고과자를 평가함에 있어서 자신의 특성을 기준으로 평가함으로써 나타나는 오차이다. 이러한 오차를 방지하기 위해서는 고과자가 자기를 중심으로 한 평가기준을 고집하지 말아야 하며, 자기 신고법이나 자기 평가법 등을 도입하여 부하가 기입한 자료를 참고로 자기 자신의 평가 편차를 발견할 수 있어야 한다. 평가자 훈련을 통해 판단 기준을 통일하도록 해야 한다.

④ 근접 오차(시간 오차)

쉽게 기억할 수 있는 최근의 실적이나 능력을 중심으로 평가하려는 데서 생기는 오차이다. 인사고과표에서 거리상 접근해 있는 고과 요소는 서로 떨어져 있는 경우보다 유사한 평가를 나타내는 경향이 있다.

⑤ 항상성 편견(체계적 편견)

평가자의 기준이나 표준의 차이에 의해서 발생하는 오차이다.

⑥ 최신 성적 오류

평가 기간의 성적을 모두 고려하지 않고 최근 업무 수행에 더욱 비중을 품으로써 나타나는 오차이다.

(2) 분포도 현상에서 오는 오차

① 관대화 경향

실제 능력이나 실제보다 후하게 평정하는 경향이 있는데 이는 집단 내 무수한 종업원이 많거나, 평가 결과가 나쁠 경우 그 이유가 평가자의 통솔력 또는 지도력 부족으로 인정될까 염려될 때, 피고과자를 정확하게 평가할 능력이 없거나 상황이 되지 못할 경우에 발생한다. 이를 방지하기 위해서는 분포를 제한하거나 고과 요소에 대한 애매성을 줄이고, 고과 훈련을 실시하여야 한다.

② 중심화 경향(집단화 경향)

'中' 또는 '보통'으로 평가하여 척도상의 중심점 또는 평균치에 지중하여 우열의 차가 적고, 성적의 폭이 적은 경향이다. 이러한 경향을 줄이기 위해서는 분포를 강제 할당법으로 하거나 중앙 부분의 눈금을 더욱 세분화하여 중앙 부분에서 분산이 있도록 한다. 또한 부하와의 일상적인 접촉을 늘리고 면접의 기회를 가져 사전에 잘 이해해 두는 것도 좋은 방법이다.

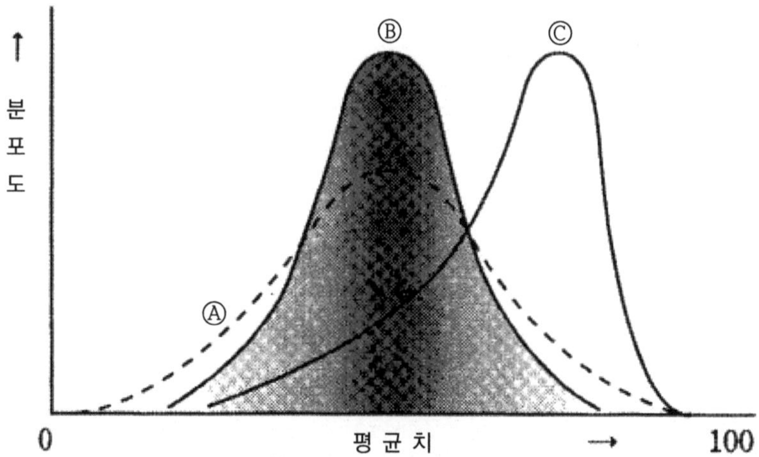

Ⓐ 정규분포(normal distribution) Ⓑ 중심화 경향(central tendency)
Ⓒ 관대화 경향(leniency tendency)

[그림 6-2] 고과 분포의 유형

제7장

동기부여

인간의 행동은 어떤 욕구를 충족시키는 동기로부터 시작되고, 그 욕구를 만족시키려는 목표를 향하여 어떤 행동을 유발시키는 것을 동기부여(Motivation)라고 한다. 따라서 동기부여란 무엇을 열심히 하려는 개인의 의지로서 그 행동이 어떤 욕구를 어느 정도 충족시킬 수 있느냐에 따라 그 크기가 결정된다. 여기에서 욕구란 행동의 결과를 매력적으로 생각하게 하는 심리적 상태를 의미한다. 그런데 욕구는 사실상 행동을 유발하는 직접적인 요인은 아니다. 예컨데 먹지 않아서 생리적 균형이 무너지고 그것이 기아 욕구를 일으킨다고 하더라도 그로 인하여 반드시 먹는 행동이 수반되는 것이 아니다. 오히려 먹지 않는 시간이 지나치게 길어지면 먹는 해동이 감소되는 일도 있는 것이다. 따라서 욕구란 잠재적인 힘을 키운 상태를 말하고, 행동이란 이러한 상태를 특정한 대상으로 끌어가는 힘이라고 생각된다. 이때의 대상을 유인, 즉 목표라고 한다.

충동과 비슷한 개념으로 동기(Motive)가 있는데, 전자는 기계론적인 의미를 내포하고 있고, 후자는 목적론적인 의미를 내포하고 있다. 즉, 충동은 내적 추진력에 지나지 않으나, 동기는 어떤 목표를 향한 추진력이다.

따라서 인간의 행동은 욕구로부터 생긴 충동과 외부로부터 온 자극이 유인으로 서로 맞물려서 생기는 반응으로 볼 수 있다. 이와 같은 욕구 → 충동 → 유인(목표)의 과정을 동기부여라고 한다.

조직 구성원의 직무 성과는 각자의 직무 수행 능력과 동기부여에 의하여 결정된다. 여기에서 업무 수행 능력이란 조직을 구성하고 있는 개인이 자기에게 부여된 직무를 수행하는데 활용할 수 있는 육체적·정신적 기능, 지식 및 경험을 포함한 것이고, 동기부여란 이러한 능력을 직무 수행에 활용하려는 의지의 크기를 말한다.

이러한 관계를 수식으로 나타내면 다음과 같다. 여기에서 P를 업무성과(Performance), A는 능력(Ability), M은 동기부여(Motivation)를 나타낸다.

$$P = f(A \times M)$$

결국 동기부여란 개인이 담당하는 직무 수행에 있어서 그의 능력 정도에 비례하여 직무 성과를 올리는 요인으로서의 역할을 담당한다. 다시 말하면 생산성 향상의 요인이 된다.

7.1 동기의 형성 배경

동기부여의 연구는 시대에 따라서 크게 변천하여 왔는데 그 배후에는 인간관의 변천이 뒷받침하고 있다. 본 절에서는 동기부여 이론의 형성 배경 이론에 대하여 살펴본다.

7.1.1 쾌락주의론(Hedonism theory)

쾌락주의에 입각한 접근 방법은 역사적으로 가장 오래된 개인 행동 연구 방법일 뿐만 아니라 최근의 동기부여 이론의 배경이다. 이 이론은 18세기와 19세기의 고전 경제학자와 공리주의자들에서 찾아볼 수 있다.

쾌락주의 원리란 사람은 쾌락과 만족을 추구하고 고통과 괴로움을 회피하려 한다는 것이다. 따라서 사람은 미래와 연관해서 어느 정도 의식적이면서 합리적으로 의사 결정을 할 수 있다고 본다. 의식적인 의사 결정이란 바로 쾌락과 만족을 극대화 시키고 고통과 괴로움을 극소화시키는 선택적 행동이다.

7.1.2 본능 이론(Instinct theory)

맥두걸(McDougall)은 인간의 본능을 목적지향적인 정신물리학적 경향성을 가지고 있다고 파악하였다. 또 프로이드(Freud)는 인간 행동은 본능과 연관된 무의식적 동기부여(Unconscious motivation)개념을 제시함으로써 주목을 끌었다.

본능 이론은 20세기 초 광범위하게 수용되었으나 본능만으로서 개인의 행동 모두를 설명하기에는 너무 복잡하고 심리학, 사회학, 문학인류학 등의 연구 결과 과학의 대상으로서 미흡하다는 공격을 받기 시작했다.

7.1.3 동인 이론(Drive theory)

동인 이론은 과거에 경험한 보상 습득의 쾌감과 학습이 다음의 행동에 영향을 미친다는 이론이다. 이 이론은 주로 과거에 만족스러운 결과를 가져온 행동을 되풀이한다는 효과의 법칙(Law of effect)에 이론적 바탕을 두고 있다.

1918년에 우드워드(Woodworth)는 “동인이란 유기체가 일정한 방식으로 행동하도록 하는 에너지의 보급처(Reservior of energy)”라고 하면서, 어떤 방향으로 행동하도록 추진하는 힘(Power)이라 하였고, 헐(Hull)은 모든 행동은 1차적 충동과 2차적 충동에 의해 동기유발된 결과하고 주장하였다. 1차적 충동은 생물적인 항상성(Homeostasis), 즉, 신체 내부의 체온이나 기타 영양분 등에서 불균형 상태(Disequilibrium)를 갖게 되면 불형평을 감소시키고 형평을 유지하여 정상 상태로 되돌아가려는 내적 충동을 일으키게 된다고 보았다. 다시 말하자면 그는 인간의 모든 행동은 항상성의 충동 또는 거기에 근거를 둔 2차적 충동에 의하여 동기부여가 된다고 가정하였다.

7.1.4 강화 이론(Reinforcement theory)

개인의 조작적 행동(Operant behavior)과 그 행동의 결과와의 관계를 중심으로 동기유발을 생각하는 이론이다. 행동원 인의 자극을 모르더라도 관찰될 수 있는 행동유형을 조작적 행동이라 하고 강화는 조작적 행동의 발생 확률, 즉 발생 빈도를 높여주는 요인이 된다. 따라서 강화 이론이나 조작적 행동의 발생 비율에 영향을 미치는 강화 요인들을 밝히는 이론이다.

강화 이론은 직무 행동과 직무 행동을 통해서 얻게 되는 결과의 관계를 설명하는데 유용하며 이것을 동기부여 전략으로도 사용할 수 있다. 즉 직무 행동에 따른 만족감이 직무 수행상의 성취감이나 책임감 등 직무 자체에 존재하는 요인을 통해서 나오는 경우에 이 요인은 내재적 강화 요인(Intrinsic reinforcer)이 되며, 만족감이 경제적 보상이나 기타 직무 외적인 물질적·환경적 요인을 통하여 나오는 경우에 이 요인은 외재적 강화 요인(Extrinsic reinforcer)이 된다. 이 가운데 어떤 유인을 활용할 것인가 하는 것은 동기부여의 전략을 세우는 데 중요하다.

이 이론을 주장한 대표적인 학자는 스키너(Skinner)를 들 수 있다.

7.1.5 인지 이론(Cognitive theory)

인지 이론은 행동을 결정하는 것이 자극이 아니라 자극에 대한 지각 내용과 결과에 대한 인간의 예견이라고 한다. 즉, 객관적으로 주어진 자극이나 자극에 대한 반응 결과가 동기 및 행동을 결정하는 것이 아니라, 자극에 대한 인지 내용과 반응 결과에 대한 예측 내용이 동기 및 행동을 결정하다는 것이다. 동인 이론이 개인행동을 '과거의 쾌락적 행동(Hedonism of the fast)'으로 본다면, 인지 이론은 개인행동을 '미래의 쾌락적 행동(Hedonism of the future)'으로 본다. 즉, 앞으로 부딪힐 상황에 대한 신념 · 기대 그리고 예견에 따라 동기가 일어난다는 것이다.

인지 이론을 주장한 학자는 톨만(Tolman), 레빈(Lewin), 하이더(Heider)등을 들 수 있다. 이 이론은 뒤에 기대 이론(Expectancy theory), 평형 이론(Equal theory), 귀인 이론(Attribution theory)등으로 발전하였다.

7.2 동기부여 이론

7.2.1 욕구 단계 이론(Need hierarchy theory)

아브라함 매슬로우(Maslow)는 인간은 끊임없이 보다 나은 환경을 갈망하여서, 욕구가 계단을 형성하고 있는 것으로 파악하였다. 즉, 인간의 욕구를 5개의 단계로 나누고, 낮은 단계의 욕구가 충족되면 보다 높은 단계의 욕구가 행동을 유발시키는 것으로 파악하였다.

[그림 7-1]의 욕구 단계를 살펴보면, 제 1단계의 욕구는 생리적 욕구(Physiological needs)로서, 인간의 기본적 욕구인 의식주에 대한 기본적인 욕구이며, 이 욕구가 충족되기 시작하면 그보다 높은 단계의 욕구가 중요해지기 시작한다는 것이다. 제 2단계의 안전의 욕구(Safety needs)는 외부의 위험으로부터 안전, 안정, 질서, 환경에서의 신체적 안전을 바라는 자기 보존의 욕구이다. 다음으로 나타나는 것이 사회적 욕구(social needs)이다. 이 욕구는 개인이 집단에 의해 받아들여지고, 애정, 소속감, 동일시 등과 같이 타인과의 상호 작용을 포함한 욕구인데, 이 욕구가 충족되면 제 4단계의 자존의 욕구(esteem needs)가 나타난다. 이 욕구는 자존심, 자기 존중, 성공 욕구 등과 같이 다른 사람들로부터 존경받고 높이 평가받고자 하는 욕구이다. 이 욕구가 충족되면 최종적으로 제 5단계의 자아실현 욕구(Self-actualization needs)가 나타난다. 이 욕구는 각 개인의 잠재력을 완전히 발휘하여 가치 있는 삶을 사고자 하는 욕구이다.

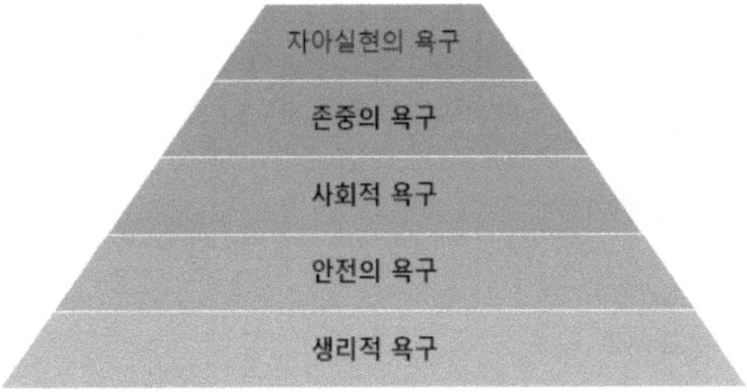

[그림 7-1] 매슬로우의 욕구 5단계

7.2.2 위생-동기 이론(2요인 이론)

허즈버그(Herzberg)는 인간에게는 전혀 이질적인 두 가지 욕구가 동시에 존재한다고 주장하였다. 즉 다음과 같이 위생 요인과 동기 요인이 있는 것으로 밝혔다.

① 위생요인 - 생리, 안전, 사회적 욕구, 임금, 지위 등

② 동기요인 - 성취, 인정, 작업 자체, 책임감 등

위생 요인의 욕구가 충족되지 않으면 직무 불만족이 생기나, 위생 요인이 충족되었다고 해서 직무 만족이 생기는 것은 아니다. 다만 불만이 없어질 뿐이다. 또 위생 요인의 욕구가 만족되어야 동기 요인 욕구가 생긴다. 따라서 이를 2요인 이론 또는 위생-동기 이론이라 한다.

허즈버그는 이 중 동기 요인이 직무 만족도에 적극적인 영향을 가져오며, 그 결과 개인의 전생산 능력(全生産能力)을 증가시키는 데 큰 역할을 한다고 한다. 근래의 동기 연구에 있어서 이 이론은 시간급 노동자, 기술자나 회계사로부터 최고 경영자에 이르기까지 그들의 유능감, 자신, 자율의 감정을 높이는데 기여한다고 한다.

7.2.3 ERG 이론

앨더퍼(Alderfer)는 현장 연구를 배경으로 매슬로우의 욕구 5단계를 수정하여 조직에서 개인의 욕구 동기를 보다 실제적으로 설명하였다. 즉, 인간의 핵심적인 욕구를 존재 욕구(Existence), 관계 욕구(Relatedness) 및 성장 욕구(Growth)의 단계로 나누었다. 이를 매슬로우의 욕구 단계와 비교하면 다음과 같다.

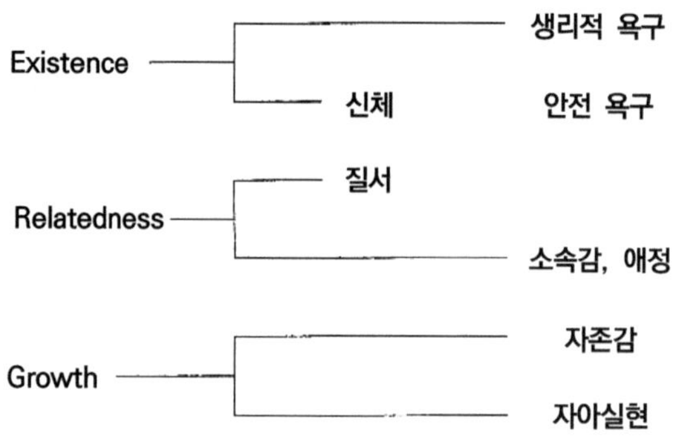

[그림 7-2] ERG 이론

즉, 존재(생존)욕구는 생존에 필요한 물적 자원의 확보와 관련된 욕구이다. 이는 매슬로우가 분류한 생리적 및 물리적 측면의 안전 욕구를 포함하고 있다. 관계 욕구는 사회적 및 지위상의 욕구로서 다른 사람과의 주요한 관계를 유지하고자 하는 욕구이다. 이는 매슬로우가 분류한 대인 관계 측면의 안전 욕구, 소속 및 애정 욕구 그리고 외적 존경 욕구를 포함한다. 성장 욕구는 내적 자존 욕구와 자아실현 욕구를 포함한다.

ERG 이론은 매슬로우의 욕구 단계 이론에 비해 다음과 같은 차이점이 있다.

첫째, 매슬로우가 만족진행접근법(Satisfaction-progression approach), 즉 하위 욕구가 만족되어야 인간의 욕구는 상위 욕구 단계로 진행되어 간다는 일방적 진행을 가정한 데 반하여, ERG 이론은 이러한 접근방법에다가 좌절퇴행접근법(Frustration-regression approach), 즉 하위 욕구가 충족되지 않을수록 하위 욕구 충족에 대한 충동이 커진다는 점을 추가하여 쌍방적 진행을 강조하고 있다.

둘째, ERG 이론은 보다 고차원의 욕구가 행위의 영향력을 행사하기 전에 반드시 하위 욕구가 충족되어야 한다는 가정을 배제하고 있다. 이 ERG 이론은 그 보편성에 대한 의문이 제기되고는 있지만 다른 이론보다는 훨씬 현실적이라고 주장하는 학자도 있다.

이 ERG 이론이 지니는 의의는 다음과 같다. 즉, 매슬로우의 이론에서는 저차원의 욕구가 충족되어야 고차원의 욕구가 등장한다고 하지만, ERG 이론에서는 동시에 두 가지 이상의 욕구가 작동할 수 있다고 주장하고 있는 점이다.

이 앨더퍼의 ERG 이론을 매슬로우의 욕구 단계 이론 및 허즈버그의 2요인 이론과 비교하여 보면 [그림 7-3]과 같다.

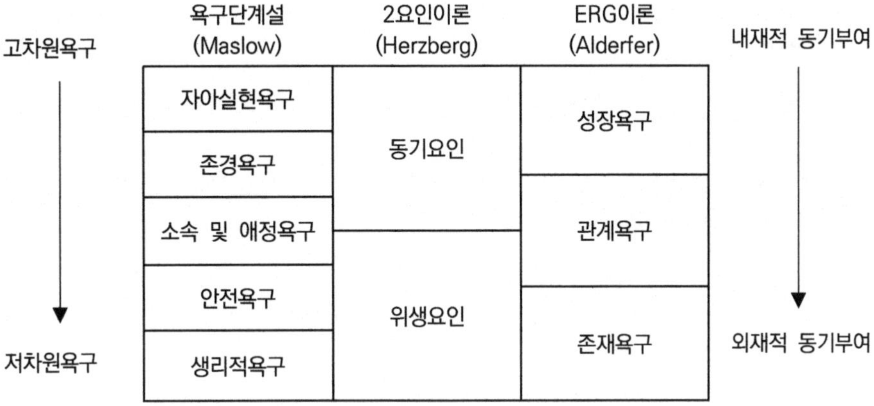

[그림 7-3] 매슬로우, 허즈버그, 앨더퍼 이론의 연관성

7.2.4 성취 동기 이론

맥클랜드(McClelland)는 매슬로우의 고차원적인 욕구 이론 및 학습 이론에 바탕을 두고 약한 성취 동기를 가진 사람에게 학습을 통해서 새로운 성취 경험을 갖도록 훈련을 함으로써 성취 동기의 육성이 가능하며, 강한 성취 동기를 가진 사람은 스스로 목표 수준을 높여감으로써 보다 나은 수준으로 발전할 수 있다는 성취 동기 이론을 정립하였다.

그는 조직 내 개인의 동기부여와 관련하여 성취 욕구, 권력 욕구, 친화 욕구의 세 가지 욕구(동기)가 매우 중요한 역할을 한다고 주장하며, 그 중에도 특히 성취 욕구의 중요성을 착안하여 집중적으로 연구하였다. 이를 매슬로우의 5단계 욕구와 비교하여 보면, 우선 성취 욕구는 자아 실현 욕구와 매우 유사하고, 친화 욕구는 애정 욕구의 일부이며, 권력 욕구는 여러 범주의 욕구와 겹치는 것이다. 즉, 권력은 안전 · 권위 또는 타인의 우정 등을 가져다 줄 수 있는 것이다.

맥클랜드에 의하면 이러한 욕구의 강도는 개인에 따라 크게 차이가 있으며, 그 결과 각 개인들이 하고자 하는 일이 달라지고 일의 수행을 통하여 얻고자 하는 것도 달라지기 때문에, 조직 구성원에게 동기를 부여하기 위해서는 먼저 그들이 가지고 있는 욕구의 강도를 파악해야 한다고 한다.

맥클랜드는 구성원의 성취 욕구 수준을 개발할 수 있는 구체적인 지침을 다음과 같이 제시하고 있다.

① 과업을 재배치하여 정기적으로 성과에 대한 궤환을 받게 한다.

② 훌륭한 성취 모델을 찾아 모범적으로 따르도록 한다. 즉, 성취 또는 성공한 인물을 닮도록 한다.

③ 자신의 이미지를 바꾸도록 한다. 즉, 성취 욕구가 높은 사람은 자신을 사랑하고 적절한 도전과 책임을 추구한다.

④ 상상력을 통제한다. 즉, 현실적인 관점에서 사고하고 목표 성취 방식에 대해 적극적으로 생각하게 한다.

이러한 지침은 성취 동기 훈련을 통해 종업원의 성취 욕구를 자극하는 시도로 이해되고 있다. 그는 훈련이라는 학습 경험을 통해서 성취 동기의 육성이 가능할 뿐 아니라 인간의 성격과 행동이 변화될 수 있다는 가능성을 보여 주었다. 이러한 발견은 훈련과 동기부여가 안전 관리에도 적용 가능한 것을 보여주고 있다.

7.2.5 기대 이론(Expectancy theory)

레빈과 톨만에 의하여 제시된 이론이 동기부여의 기대 이론으로서, 이를 수단성 이론 또는 유의성 이론이라고도 칭한다. 그들은 인간이 본능적으로 욕구에 따라 행동한다는 것을 거부하고, 인간은 사고와 이성을 지닌 존재로서 현재와 미래의 행위에 대해서 의식적으로 선택하는 선택 행위를 하는 존재라고 가정한다. 따라서 한 개인의 어떤 행위에 대한 모티베이션의 정도는 그 행위가 가져다주는 결과의 매력 정도(유인성)와 행위를 통해 결과를 얻어낼 수 있는 가능성(기대)이라는 두 가지 요인에 의해서 결정된다고 보았다.

기대 이론이 작업 상황에 처음으로 체계적으로 도입된 것은 브룸(Vroom)에 의해서이다. 여기에서는 대표적으로 브롬 이론과 포터와 로울러 이론을 살쳐보기로 한다

(1) 브롬의 기대이론

브롬은 사람이 여러 선택 가능한 행동 가운데서 하나의 행동을 선택하는 것은 과거의 경험이나 학습에 따라 일어나는 것이 아니라, 행동이 일어날 당시의 심리적 사건과 관계가 있으며 일정한 인지적 법칙에 따라 일어난다고 보았다. 모티베이션이란 여러 자발적인 행동 가운데서 특정 행동을 선택하는 과정을 설명한 것으로, 개인의 행동은 일반적으로 여러 행동 가운데 가장 힘(모티베이션)이 큰 쪽으로 이루어진다는 것이다.

이러한 선택을 위해서는 각 행동 대안에 대한 모티베이션 정도가 먼저 계산되어야 한다. 이러한 계산에는 여러 변수가 적용되는데, 그러한 변수들로서는 유의성, 기대감, 1차 및 2차 수준 결과, 수단성, 능력, 힘 등이 있다.

브롬은 이들 제변수들의 상호 관련성을 다음 세 가지 원리로 파악하여 개인의 모티베이션 과정을 설명하고 있다.

$$P = f(M \times A)$$

이 공식에서 성과(P)는 모티베이션 (M)과 능력 (A)의 곱의 함수라는 의미이다.

$$M = f(Vi \times E)$$

이 공식에서 모티베이션(M)은 1차 수준 결과에 대한 유의성(Vi)과 특정 일정 1차 수준 결과를 가져오리라고 믿는 기대(E)의 곱의 함수라는 것을 의미한다.

$$Vi = f(Vk \times I)$$

이 공식에서 1차 수준 결과의 유의성(Vi)은 모든 2차 수준 결과의 유의성(보상의 유의성: Vk)과 1차 수준의 결과가 2차 수준의 결과에 대해 갖는 수단성(I)의 곱의 함수를 의미한다.

(2) 포터와 로울러의 기대이론

포터(Porter)와 로울러(Lawler)는 브롬 이론을 기초로 하여 여기에 몇 개의 작업 관련 변수들을 첨가하여 포괄적인 모티베이션 모형을 모색하고 있다. 이들의 모형은 다음 [그림 7-4]과 같다.

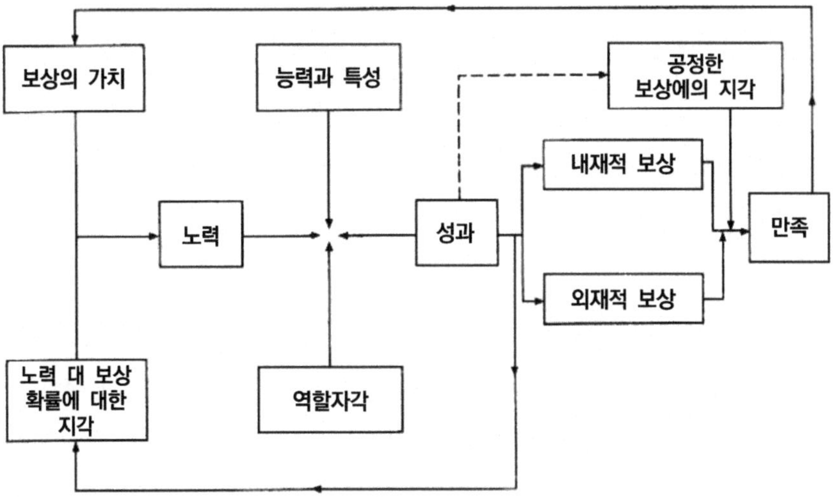

[그림 7-4] 포터와 로울러의 동기부흥모형

이 모형에서 보상의 평가는 브롬 이론의 유의성과 같은 개념이고, 노력 대 보상의 확률에 대한 지각은 브롬 이론의 기대와 수단성 개념을 합한 것이다. 보상의 가치와 노력 대 보상의 확률에 대한 지각의 곱이 노력(즉, 모티베이션)을 구성하는 것은 기대 이론의 기본적 줄거리를 그대로 따른다고 볼 수 있다. 포터와 로울러 이론의 특징은 그 다음부터라고 할 수 있다. 만일 종업원이 직무 수행에 필요한 능력과 특성을 가지지 못하거나 자신의 역할에 대한 정확한 이해가 부족하다면 노력은 성과를 낳지 못한다. 그리고 성과에 대해서는 내재적·외재적 보상이 따르게 되는데, 만일 보상에 공정성을 느끼지 못한다면 만족을 얻게 되지 못한다는 것이다.

7.2.6 공정성 이론(Equity theory)

애덤스(Adams)는 "사람들의 행위가 다른 사람들과의 관계에서 공정성을 유지하는 쪽으로 동기부여가 되어야 한다는 것이 공정성 이론"이라고 정의하고 있다. 이 이론은 공평 이론, 형평 이론이라고도 칭한다.

공정성 이론의 논리는 [그림 7-5]와 같이 표현할 수 있다. 즉 투입 대 결과의 비율에 대하여 다른 개인이나 집단의 그것과 비교하여 불공정성을 느끼게 되면 이는 불쾌감과 긴장을 유발하게 되므로 작업자는 어떤 식으로든 공정성을 회복하는 쪽으로 노력을 기울이게 된다. 이러한 모티베이션을 통하여 공정성에 대한 지각은 만족을 주게 된다는 것이다.

이 때 비교 대상은 '타인', '시스템', '자신'의 세 범주이다.

개인의 투입을 Ip, 결과를 Op라 하고, 다른 사람의 투입을 Io, 결과를 Oo라고 할 때, 이 상황은 Op/Ip = Oo/Io로 표시 할 수 있다. 그런데 이 비율들이 일치하지 않으면 불공정성이 발생하게 된다. 즉, Op/Ip 〈 Oo/Op 또는 Op/Ip 〉 Oo/Oo가 성립되면 불공정성이 발생한다. 전자는 과소 보상이고, 후자는 과대 보상의 상황이다. 공정성 이론에서는 이들 모두가 불공정성을 지각하게 만든다. 개인은 전자의 경우에는 불만을, 후자의 경우에는 부담감이나 불안감이 나타나 긴장이 생기고 불공정성을 감소시키는 방향으로 모티베이션이 작용하게 된다. 따라서 그 대책으로는 투입의 변경, 결과의 변경, 직장의 이동, 자신이나 타인의 투입이나 결과의 왜곡, 비교 대상의 변경을 통하여 공정성을 회복함으로써 만족을 얻게 된다.

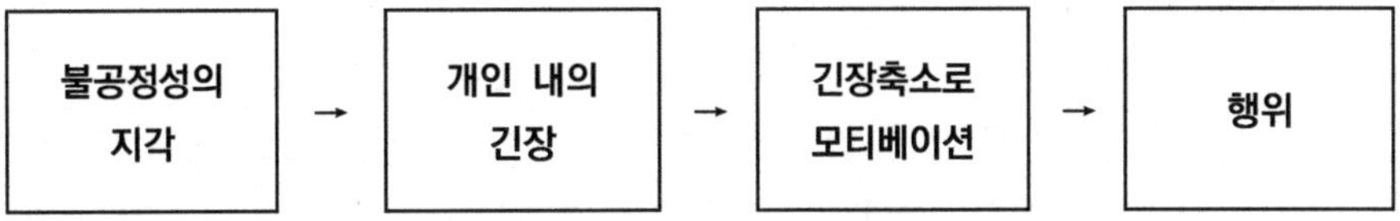

[그림 7-5] 공정성 이론의 논리

7.3 안전 동기부여의 기법

안전 동기부여 방법은 안전 활동과 깊은 관계가 있다.

동기부여의 기법에는 내적 동기부여 방법과 외적 동기부여 방법으로 나누어 볼 수 있다. 내적 동기부여 방법이란 일을 하면서 자신이 스스로 동기를 일으키는 내재적 욕구를 일으키는 것을 말하고, 외적 동기부여 방법이란 밖으로부터의 자극에 의하여 욕구가 부여되는 경우를 말한다.

여기에서는 주로 외적 동기부여의 방법에 대하여 살펴보기로 한다. 조직에서 제공하는 밖으로부터의 자극에 의하여 안전 동기를 부여시키는 방법으로는 다음과 같은 것을 들 수 있다.

(1) 능력에 맞는 직무할당

개인의 능력과 특성에 맞는 직무가 주어지면, 직무에 대한 만족감, 안정감을 갖게 되므로, 일할 의욕도 높아지고 생산성도 높아진다. 채용이나 배치 시에 각종 능력 검사나 성격 검사가 실시되는 것이 이 때문이다.

지능, 적성, 홍미, 성격 등의 검사 결과와 직업적 성공도(직무 만족도 또는 직무 성과)와의 관계에 정의 상관관계가 있다는 데 대하여서는 많은 학자들의 연구가 있다. 예컨데 스트롱은 그가 작성한 직무 홍미 검사를 1930년에 어떤 피검사자들에게 실시하였을 때 기계 기술에 높은 득점을 얻은 자와 낮은 득점을 얻은 자를 12년 뒤에 조사하여 본 결과, 전자는 역시 기술 업무나 그와 관계있는 종사하는 사람이 많다는 것을 알게 되었다. 후자는 사무, 판매, 법률 관계의 직무에 종사하는 사람이 많다는 것을 알게 되었다. 그러나 홍미만이 직업적 성공의 조건이 아니기 때문에 홍미 검사에서 높은 득점을 얻은 자가 반드시 높은 만족도를 얻고, 낮은 득점을 얻은 자는 만족도가 낮은 것만은 아니다.

(2) 정보의 전달

근로자는 자기 직무의 안정성이나 회사의 장래성 등에 큰 관심을 가지고 있다. 뿐만 아니라 인간의 불안전 행동을 유발시키는 주요 요인 중 하나가 지식의 부족에 있다. 위험 예지 훈련, 안전 조치, 사내 안전 방송, 안전 신문, 안전 게시판 등을 통하여 근로자가 필요한 안전에 관한 지식을 제공하여야 한다.

(3) 결과의 통보

자기가 성취한 일의 결과나 발전의 정도를 알리는 것은 동기를 유발시키는 요인이 된다. 예컨데 자기가 만든 부품이 제품의 어느 부분에 쓰이고 있는가, 그것이 어떠한 기능을 갖고 있는가 등에 대하여 충분한 지식을 갖도록 하는 것은 동기부여를 높이는 것이 된다. 어떤 회사에서는 종업원에게 기계 전시회를 견학시켜 성공한 사례가 있고, 미국의 록히드 항공 회사에서는 그 제작에 관계된 종업원들에게 완성된 비행기에 자유로이 탑승시켜 동기를 유발시키고 있다.

안전 동기를 유발시키기 위해 실시하는 안전 제안 제도를 관리자의 업무가 가중될 수 있으마 근로자가 제안한 사항에 대한 처리 결과를 통보함으로써 안전 의식을 고취시킬 수 있다.

(4) 목표에 의한 관리

하루 또는 1개월간의 생산 목표를 세우고 종업원에게 그것을 알리는 것은 동기부여를 높이는 것이 된다. 직장마다 1개월의 생산 목표를 수립하여 다른 직장과 경쟁 시키는 것도 유효한 방법이다. 목표에 의한 관리(Management by objectives ; MBO)는 종업원의 자주적 관리 방식으로 최근에 많이 연구·활용되고 있다.

따라서 안전에 대한 목표를 수립하고 이를 관리해 나가는 방안으로 당장 재해로 연결되지 않았으나 재해의 위험성이 있는 아차 사고나 불안전 행동에 대한 관리 체계를 수립하여 근로자의 안전 의욕을 높일 수 있다. 뿐만 아니라 무재해 운동, 안전 목표 관리 등이 이에 해당된다.

(5) 자기 착상 실현 기회 제공

자기의 착상, 즉 '아이디어' 를 살릴 수 있는 기회를 갖게 되는 것은 사기를 높이는 중요한 요인이라는 점은 사기 조사의 결과로 잘 알려져 있다.

이러한 심리를 이용하여 종업원의 '아이디어(idea)'나 제안(Suggestion)을 받아들여 좋은 것은 표창하는 방법이 직장에서 실행되고 있다.

이 방안으로 안전 표어, 포스터 공모 및 안전 제안 제도 등을 활용할 수 있다.

(6) 경쟁과 협력

불룸은 "동기를 일으키는 자극을 금전적인 것과 비금전적인 것으로 나누는 것이 통례이지만, 오히려 경쟁과 협력으로 나누는 것이 바람직하다." 고 하였다. 최근에는 산업이나 교육 현장에서 협력에 의한 자극의 가치를 높이 평가하는 경향이 있다. 경쟁과 협력이란 흔히 모순된 개념처럼 생각되지만 반드시 그런 것은 아니다. 특히 개인이 자기가 소속한 집단 안에서는 협력하고 다른 집단에 대해서는 경쟁한다는 장면에서는 협력과 경쟁이 완전히 일치한다. 종업원의 협력이 없으면 경영자의 선의적인 시책과 과학적인 개선책도 효과가 없게 된다는 것은 얼마든지 볼 수 있는 일이다.

안전 경쟁과 협력을 위해서 무재해 운동 경쟁, 정리정돈 경쟁, 안전 기능 경쟁, 소집단 활동을 통한 재해 예방 대책 수립 등이 이루어 질 수 있다.

(7) 상벌

상벌은 동기를 높이는데 흔히 사용되는 방법이지만, 종업원이 내적 동기부여를 갖지 않는 경우에도 상벌에 의하여 동기부여를 시킬 수 있는 가에 대하여는 커다란 문제가 있다. 그것은 일시적으로 동기가 부여된다 할지라도, 그로 인하여 바람직한 작업태도나 습관이 만들어지지는 않기 때문이다. 오히려 상벌이 따르지 않을 때에는 일하지 않는 좋지 않는 습관이 형성되기 쉽다. 그러나 상벌도 그 방법과 적당한 시기를 고려하여 시행한다면 인사 관리상 유효한 방법이 된다.

(8) 금전적 보상

금전적 자극은 동기부여의 원인이 되는 것은 분명하고, 고전적인 관리관에서는 근로자의 근로의식이 금전에 의해서만 이루어진다고 보는 것이 일반적이다. 그러나 호손(Hawthorne) 실험 이래로 직무의 사기 조사에 따르면 금전적 자극이 반드시 다른 조건보다 우위만은 아니라는 것이 밝혀지고 있다. 따라서 지속적인 금전 보상 등은 문제가 될 수 있으나 근로자의 안전 의식 고취 측면에서 안전 표창 제도, 무재해 달성 부서 및 개인에 대한 상여금 지급 등이 한 방안이 된다.

7.4 동기 이론의 역사

✓ 의지 실천

분트 (Wundt, 1879)	의지 실천 과정 연구, 1879년 독일 최초 심리학 실험실 운영	· 내성법 - 사물이나 사건에 노출되었을 때 개인이 갖게 되는 즉시적인 경험을 언어화하여 보고(객관적인 부분만 보고, 사고로부터 지각을 분리) · 의지 실천 - 인간 행동에 있어서 중심적, 독립적 요인 · 의지 실천 과정 - 감각, 지각, 주의, 그리고 정신 연합의 형성과 같은 과정들을 수반하는 것이며, 우리의 사고 및 느낌을 행동으로 변환하도록 돕는다. ※ 일반적이고 타당성을 입증하기가 어려움
제임스 (James ,1890)	의지 행동들을 깊이있게 연구	· 의식 - 사람과 동물을 자신들의 환경에 적응하도록 도움 · 의지 - 우리가 특정한 행동 갈망하고 그것의 실행이 자신의 힘에 의해 가능하다고 믿는 마음의 상태 · 의지 실천 - 의지를 행동으로 변화하는 절차, 정신 표상을 활성화시킴으로서 의도된 행동이 나타나도록 하는 중요한 역할 ※ 명령, 요구, 동의 등의 의지 실천 요소 필요
아흐 (Ach, 1910)	의지 실천에 관한 실험 연구를 했던 초기 개척자 중 하나	· 의지 실천 - 목표를 달성하기 위해 설계된 행동들의 집행을 다루는 과정 · 결정 경향성 - 목표가 행동으로 바뀔 수 있도록 허용하는 과정 ※ 행동은 목표를 달성하도록 하는 경향성에 의해 결정

✓ 본능

제임스 (James, 1890)	· 본능이 모든 행동을 설명할 수 있는 것은 아니나, 본능은 습관을 발달시킴으로써 경험이 형성되는 토대를 제공한다고 믿음
맥두걸 (McDugall , 1926)	· 모든 행동이 본능적이라고 믿음 · 본능은 기질이 아니라 인지, 감정, 행동 요소들을 포함한다. – 인지 : 본능을 만족시키는 방법들을 인식하는 것 – 감정 : 본능에 의해 유발된 감성들 – 행동 : 본능의 대상 또는 목적을 달성하도록 노력하는 것 · 본능은 변화할 수 있다. ※ 모든 행동을 본능으로 분류하는 것은 학습의 역할을 경시
프로이드 (Freud) 이론	· 심리 에너지 · 개인 내에 존재하는 힘이 행동을 책임짐 · 에너지 형태는 변해도 양은 변하지 않음 · 에너지는 욕구가 있을 때 발달 · 욕구는 욕구를 감소시킬 행동에 에너지를 보냄으로써 만족됨 · 에너지의 목적 – 만족 · 에너지의 대상 – 욕구만족 수단 · 에너지의 출처 – 에너지를 활성화시키는 신체적 과정 · 에너지는 억압 될 수 있다.(제거시키지는 못함) 욕구를 만족시키기 위한 행동이 만족보다는 고통을 유발할 때 · 억압된 에너지는 그 자체를 왜곡된 방법으로 나타내기도 함 · 억압은 대체적으로 무의식적이다. ※ 너무 광범위한 이론

✓ 행동주의 이론 - 어떻게 동기가 발생하는가?

손다이크 (Thorndike, 1913)	연결주의	· 학습 과정에서 학생들이 새로운 기술을 수행, 학습의 가치를 인식, 긍정적인 피드백을 제공받을 때 학습 동기가 긍정적으로 형성 ※ 인지 과정과 동기의 복잡한 특성을 무시 교육 현장 적용의 한계
파블로브 (Pavlov, 1927)	고전적 조건화	· 강화물(무조건 자극)의 제시는 조건 자극과 무조건 자극의 연결을 강호 · 중립 자극은 동기적 특성을 갖는 무조건 자극과 짝지어짐으로써 행동을 유발하는 힘을 갖게 되는 것이다. · 조건화가 일어나기 위해서는 조건 자극 뒤에 무조건 자극이 뒤따를 것이라는 정보와 무조건 자극이 제시되는 시간, 장소, 양, 질에 관한 기대를 형성 · 처음 조건 자극보다 더 나은 조건 자극이 무조건 자극을 예측하게 할 때 처음의 조건 자국은 더 이상 조건화를 유발하지 않는다. · 조건화를 통해 형성된 기대는 강화물을 기대하도록 동기화
스키너 (Skinner, 1953)	조작적 조건화	* 강화 : 반응 행동의 비율이나 가능성을 증가시키는 것 * 정적 강화물 : 반응 행동이 일어난 후에 주어졌을 때 그 상황에서 발생하는 반응 행동의 비율이나 가능성을 증가시키는 자극 * 정적 강학 : 반응 행동 후에 정적 강화물을 제시하는 것 * 부적 강화물 : 반응 행동이 일어난 후 제거되면 그 상황에서 발생하는 반응 행동의 발생 비율이나 가능성을 증가시키는 자극 * 부적 강화 : 반응 행동이 일어났을 때 부적 강화물을 제거하는 것 * 처벌 : 반응 행동의 비율 또는 가능성을 감소시키는 것 * 소거 : 반응 행동에 대해 강화가 이루어지지 않음으로 인해 반응 행동이 줄어드는 것 · ABC 이론 · 과거에 강화 받은 행동의 선행 자극은 미래에 그 행동을 할 가능성을 높이고, 과거에 벌 받은 행동의 선행 자극은 그 행동을 할 가능성을 줄인다. - 프라맥 원리 : 강화물을 순서화하고 어떻게 결과들이 기능할지를 예상하는 데 체계적인 수단 제공 - 조작적 조건화와 동기 : 조작적 조건화에서 동기화된 행동은 효과적인 강화물에 의해 만들어진 증가된 또는 유지된 반응 행동이다.

✓ 추동 이론 - 항상성을 유지 또는 신제 기제들이 최적 상태를 유지 하도록 하는 내적인 힘

헐 (Hull, 1943)	체계적 행동주의 이론	· 습관의 강도와 억제가 행동에 중요한 요소 - 자극-반응 연합에 대한 강화가 습관 강도를 증가 시킨다 - 억제는 반응하지 않도록 함 · 효과적인 반응 잠재성 - 행동의 발생 가능성은 추동, 습관 강도, 억제에 의해 결정 · 체계적 행동주의와 동기 - 학습된 혹은 습관화된 움직임이나 행동 패턴을 나타나게 하는 요소 - 욕구 충족을 위한 타고난 행동들이 효과가 없을 때 유기체는 학습 을 통해 생존하게 되는데 이때의 학습은 환경에 적응하는 힘이다' - 더 나은 학습 , 더 큰 보상, 목표 달성 즉시 큰 보상 제시 ※ 추동은 생물학적 욕구 없이도 존재
헐(Hull, 1952)	유인 동기	· 목표 달성을 위한 동기, 학습보다 수행과 더 관련된 변인 · Hull(1943)의 이론을 쥐들이 보상이 없이도 미로 학습을 할 수 있다는 것으로 반박 ' Tolman의 잠재적 학습 연구
모워 (Mower, 1960)	Mower의 이론	· 감정의 역할을 강조하는 추동이론 · 감정은 자극과 반응 사이를 중재하는 역할 · 예상에 의해 발생하는 정서는 실제 정서를 유발하는 자극에 접근하거나 회피하기 위한 수단적 행동을 만들어 냄

✓ 유목적적 행동주의

톨먼 (Tolman ,1932)	유목적적	1. 기대 학습 - 자극들(S1→Sz) 간, 또는 자극, 반응 그리고 자극들(S1→R→Sz)간의 관계 - 자극들 간의 관계' 어떤 자극이 더 쉽게 뒤따를 수 있는가와 관련 - 자극-반응-자극 간의 관계 ; 어느 한 자극에 대한 반응이 결과를 가져올 것이라는 신념을 발전시킨다. - 기대는 사람들로 하여금 목표를 성취하도록 도움을 준다. - 사람들은 목표를 알려 주는 신호를 따르고, 단순한 행동보다는 의미를 배우고, 목표를 달성하기 위해 인지지도를 사용한다.

		2. 잠재적 학습 - 목표나 강화가 없는 상황에서 일어나는 학습 ↔ 조작적 조건화 - Tolman과 Hnzik(1930) - 보상이 주어지지 않은 상황에서도 미로를 빠져나가는 방법을 쥐들이 학습했지만, 보상이 주어지지 않은 경우 자신이 학습한 것을 행동으로 나타내지 않는다는 것을 보여준다고 해석 - Tolman은 학습이 보상이나 추동 감소 없이 발생할 수 있다는 것과 보상이 학습 과정보다는 학습한 것을 행동화하는 과정인 수행에 영향을 미친다는 것을 증명하였다. ※ 행동주의적 측면에 초점을 맞추고 있지만 인지적 기제에 대한 많은 함의를 포함

✓ 각성 이론 - 동기가 정서적인 과정에 강하게 의존한다고 주장

제임스-랑게 (James-Lange) 이론		· 정서가 행동의 선행(원인) 요인이 아니라 행동의 결과 · 정서는 바로 겉으로 나타나는 행동과 신체 내에서 일어나는 반응들에 대한 의식적인 경험이다. * (지각(뱀을 봄)→행동(회피행동)+내적반응(회피행동에 대한 지각)→감정(두려움)) · James-Lange 이론은 정서의 동기적 중요성을 낮춘다. * (뱀으로부터 회피하려는 동기는 뱀이 위험하다는 것을 학습한 결과, 두려움 없다.) · Cannon(1927)은 뇌로 피드백을 제공하는 신체 변화들이 제거 되을 때조차도 감정을 느낄 수 있으며, 동일한 신체 변화에 대해 우리가 다른 감정들을 경험할 수 있다고 하면서 이 이론에 이의 제기 * 분노와 두려움 → 혈당량 증가, 동공 확대, 심장 박동 증가 * 혈당량 증가, 동공 확대, 심장 박동 증가 → 분노와 두려움
헵 (Hebb ,1949)	최적의 각성수준	· 동기는 지식이며 반복적 자극을 통해 점진적으로 개발되는 세포 집합으로부터 만들어진다고 가정(세포 집합-행동(인지적과정)+국면 계열들(생리학적 관점)←(세포 집합과 국면 계열들의 활동성을 유지하기 위해)적절한 수준의 각성이 필요(최적의 각성 수준) · 각성의 적절한 변화가 뇌 자체를 활동하게 하여 강화 작용을 수행 한다고 가정 (Hebb, 1966) · 각성을 놀이(play)와 연결, 놀이는 다른 욕구들이 활성화되지 않을 때 발생, 놀이는 지루함의 결과로 나타나며 최적의 각성 수준을 제공 하는 기능을 수행하는 것이다.

베를린 (Berlyne, 1960, 1963)	최적의 각성수준	· 각성은 추동과 동등한 의미 · 탐색적 활동들이 높은 수준의 각성을 일으킴 · 자극들(신기함, 모호함, 불일치, 놀람)이 각성에 영향을 준다고 가정 · 각성은 적용적인 특정이 있음 - 최적의 각성을 유지하려고 함
샥터 Schachter	정서이론	· 정서= 생리학적 각성+인지적 영명 또는 귀인(지각된 원인) · 인지가 경험된 감정(화, 두려움, 분노)을 결정한다. (인지는 현재 상황에서, 해석은 이전에 경험된 감정에서) · Schachter와 Singer(1962)의 연구 ; 각성을 경험하지만 정서를 영명 할 단서들이 불명확한 경우에 우리는 설명을 위해 환경을 탐색하게 됨 (정확한 정보(진 정보조건)를 제공받은 연구 참여자들이 신체 변화에 대한 정확한 귀인을 하였음) · 정서의 원인으로 귀인을 추가(그 외에는 James-Lange의 정서이론과 유사 · 정서에 대한 인지적 관점을 강조(Cannon의 관점과 유사) · Schachter의 정서이론은 정서를 경험하기 위해서는 신체적 각성과 인지가 필요하다는 것을 보여주는 강력한 사례 · 주요 시사점; 학생들이 사건을 어떻게 해석하는가가 감정과 동기에 영향을 준다는 점

✓ 인지 일관성 - 20세기 중반을 전후하여 발전, 행동주의 이론의 영향력을 상실하는데 많은 영향

하이더 (Heider, 1946)	균형 이론	· 사람들은 사람, 상황, 사건 사이의 관계에서 인지적으로 균형을 이루려는 경향성을 가지고 있다고 주장 - 균형 : 모든 세 요소들이 서로 긍정적으로 관계할 때, 긍정적 관계 하 나와 부정적 관계 둘이 존재할 때 이루어진다. - 불균형 ; 하나의 부정적인 관계와 두 개의 긍정적 관계가 존재할 때, 모든 요소들이 부정적 관계를 가지고 있을 때 나타남 · 불균형이 존재할 때 갈등을 해소하려고 사람들이 노력(행동)하게 됨	· 개인이 언제 인지적 평형을 회복하기 위해 노력할 지에 대한 예측은 가능하지만, 어떻게 평형을 회복하는가에 대해서는 설영하지 못함 · 가치를 별로 두지 않는 사람들 간의 불균형 문제에 대해 회복하려고 노력하지 않음(불균형 관계의 중요성을 고려하지 못함)

페스팅거 (Festinger, 1957)	인지 부조화 이론	· 사람들이 자신의 신념, 태도, 의견, 행동 등에 있어 이들 간에 일관된 관계를 유지하려고 노력한다고 제안 · 이들 간의 관계는 서로 일치하거나, 무관하거나, 부조화할 수 있다. · 부조화는 추동과 같이 감소(reduction)를 유도하는 특성을 지닌 일종 의 긴장상태라고 할 수 있다. · 부조화는 인지들 간의 불일치 정도가 증가함에 따라 같이 증가된다. · 중요한 인지들 간의 불일치는 작은 불일치라도 부조화를 일으킨다. → 부조화를 감소시키려고 함(불일치된 인지를 변화시점, 불일치 관계에 있는 어느 한 인지를 정당화함, 내가 가지고 있는 인지들의 중요성 격하, 자신의 행동을 변화시킴→부조화 해결)	· 부조화가 우리를 동기화시킴 · 부조화 이론은 인지적 갈등이 어떻게 해소될 수 있는가에 관심 · 부조화라는 개념을 정의하기가 모호 · 실험적으로 증명하기 어려움 · 주어진 상황에서 인지들이 서로 갈등을 일으킬지에 관해 일반화하여 예측하기 어려움, · 부조화가 어떤 과정을 통해 감소하는가에 대해 예측하지 못함

✓ 동기의 가능적 자율성 - 특질 심리학(Trait psychology) - 1930 ~ 1950년까지 활발하게 연구

올포트 (Allport, 1937)		· 인간을 보는 관점 ; 인간은 목표를 향해 끊임없이 진화하고 노력하는 독특한 체계 · 특질은 이러한 체계의 일부분이고 개인마다 다르며 오직 개인을 대상으로 한 개별적 연구를 통해 확인할 수 있다. · 동기의 기능적 자율성을 제안 · 개개인의 동기는 분명한 근원점은 가지지만 성장함에 따라 과거의 결속은 깨지고 시스템 안에 있는 독립적인 것으로 여긴다.	· 개인 내의 독특한 실체 · 모든 상황에 걸쳐 상대적으로 일관되게 나타나는 개인의 행동을 설명

		· 특질은 사람들로 하여금 다양한 상황들을 동일하게 또는 기능적으로 동질한 것으로 보게 하며, 인간 행동의 일관성을 설명하는 데 도움 · Maslow와 Rgers와 같은 인본주의 심리학자에 의해 일부 계승 · 특질은 매우 일반적인 개념 - 경험적으로 검증, 실제 적용 어려움 · 주된 공헌 : 다양한 상황에서도 두드러지게 나타나는 특질의 영향력

✓ 인본주의 이론

행동주의 주장에 도전제기	인본주의 이론의 가정	· 사람들의 능력과 잠재성을 강조. 제 3의 심리학 · 개인의 삶에 있어서 선택과 통제를 강조 ; 내재적 동기의 중요한 요소 · 인본주의 이론들의 공통 가정들 ; 인간에 대한 연구는 총체적이어야 한다(행동, 사고, 감정 모두 연구) - 인간의 선택, 창의성, 자기실현이 인간에 대한 연구의 중요한 주제 (인간의 동기에 관한 연구가 갖는 독특성은 인간을 대상으로 이루어질 때 가장 잘 나타나게 되고, 자신의 잠재력을 극대화하기 위해 취할 수 있는 방법은 기본적 욕구를 충족시키는 방법보다 훨씬 더 다양하다) - 중요한 문제를 다소 덜 정교한 방법으로 연구하는 것이 사소한 문제를 복잡하게 연구하는 것 보다 더 중요하다(방법론)
	내담자 중심 치료 로저스 (Rogers, 1963)	· 삶은 개인적 성장 혹은 완전함을 성취해 나가는 과정 · 이 과정을 실현 경향성(actualizing tendency) 이라고 하였고, 이는 선천적으로 타고나는 것이라고 믿었다. · 실현 경향성(어떤 것에 이르려고 하는)이 가장 중요한 동기 구인이다. · 다른 동기들은 실현 경향성으로부터 기인한다. · 실현 경향성은 개인적 성장, 자율성, 그리고 외부적 힘에 의한 통제로 부터 자유를 지향한다.

-	긍정적 존중에 대한 욕구	· 이 경향성은 환경에 의하여 영향을 받는다. · 자기경험(self -experience) · 긍정적 존중 : 존경, 좋아함, 온정, 공감, 수용과 같은 느낌 · 긍정적 자기존중 사람이 다른 사람들로부터 긍정적 존중을 경험할 때 발달 : 그들 자신에 대한 긍정적 태도를 창출, 그 다음 긍정적 태도는 더 강하게 형성 · 무조건적인 긍정적 존중 : 어떠한 조건이 같이 결부되지 않은 수용과 존중의 태도를 개인이 받는 것 · 무조건적인 긍정적 존중을 경험한 사람은 자신이 자신의 행위와 관계없이 가치 있다고 믿는다. · 조건적 존중 : 특정 행동과 관련하여서만 존중을 받는 것 · 개인은 존중 가치와 관련하여 주어진 조건과 일치하는 방향으로 행동 : 주어진 조건에 맞게 행동할 때만 타인에 의해 수용되거나 가치 있게 받아들여진다고 믿기 때문에 일종의 긴장을 만들어 냄
	로저스(Rogers)와 교육	· 유의미한 경험 학습 : 전인적 인간과 관련, 개인적 관여를 포함(학습자의 인지와 감정을 수반함), 자기 주도적이며(개인 내면으로부터 오는 학습에 대한 충동), 개인에게 전반적인 영향을 미치며(학습자의 행동, 태도, 인성 모두에 영향), 그리고 학습자 자신에 의해 평가된다(개인의 욕구를 충족시키는지, 목표 성취를 가져오는지의 기준) · 무의미한 경험 학습 : 타인에 의하여 학습이 주도되며, 학습자익 다양한 측면에 영향을 주지 못하고, 학습이 학습자의 필요를 만족시켰는지 가 학습자에 의해 평가되지 않는다.

제8장

안전코칭

8.1 코칭

8.1.1 코칭의 역사

현재까지 확인된 각종 문헌과 자료에 따르면 코치의 어원은 1500년대로 거슬러 올라간다. 당시 헝가리에 '코치(Kocs)'라는 곳이 있었는데 이곳은 최초로 코치 (kocsi)라고 이름 붙여진 네 마리의 말이 끄는 마차가 발명된 곳이다. 코치란 사람들을 현재 있는 곳에서 목적지까지 실어다 주는 운송 수단인 마차를 가리키는 단어였다. 마차에서 유래된 코치는 누군가가 자신의 목적을 달성하도록 지원하는 사람으로 인식되었다.

코치라는 개념은 처음에 스포츠에 적용되었다. 1880년대에 케임브리지 강에서 대학생들에게 노 젓는 것을 지도하는 사람을 코치라 지칭하기 시작한 이후부터 운동선수를 지도하는 사람을 코치라고 부르게 되었다. 코치는 선수들이 경기에서 자신의 능력을 제대로 발휘할 수 있도록 지도하는 역할을 하였고, 이러한 코치의 행위를 코칭이라고 하였다. 이때부터 코칭은 개인이나 집단이 목표나 목적을 달성하도록 지시하고 가르치고 훈련시키는 기법으로 인식되었다.

코칭은 1975년에 티모시 골웨이가 '테니스 이너게임(The Inner Game of Tennis)이라는 책에서 수준 높은 성과를 얻는데 효과가 있는 획기적인 방식으로서 코칭을 소개하면서 큰 호응을 얻기 시작했다. 그는 기술적이고 상세한 지시보다는 선수가 자신의 내면적 정신 작용에 집중하도록 코치가 도와줄 때 가장 쉽게 테니스를 배운다는 것을 발견했다. 스포츠 분야에서 활발하게 적용되는 코칭은 시간이 지나면서 음악가와 대중 연설가와 배우들에게도 사용되기 시작했다. 그들은 자신의 기술을 향상시키고 장애물을 극복하여 지속적으로 성장함으로써 목표에 도달하기 위해 코치들의 도움을 받기 시작했다.

전통적으로 기업 내 의사소통은 주로 상의하달 방식으로 행해졌다. 최고 경영자와 임원들이 주로 중요한 의사 결정을 하고 관리자들은 실무자들을 감독하면서 최고경영층의 지시가 잘 이행되었는지를 점검했다. 이런 과정에서 상의하달 방식을 효율적으로 수행할 수 있는 형태의 조직이 생겼고 의사결정 방식은 거의 변함없이 이어져왔다.

그러나 1980년대에 접어들면서 전 세계에 걸쳐 기업을 둘러싼 환경이 급속하게 변화하면서 전통적 의사소통 방법인 상의하달 방식의 한계와 문제점들이 하나씩 드러나게 되었다. 기업들은 살아남기 위해 다양한 방법과 전략을 수립하는 과정에서 기업 구성원들의 자발성과 창의성이 그 무엇보다도 중요하다는 것을 깨닫게 되었다. 최고 경영자와 임원들은 운동선수와 예술가들이 그동안 활용했던 코칭 원리들을 기법의 현장에 적용하기 시작했다.

코치가 직업의 한 형태로서 일반인들의 삶의 영역으로 진입하게 된 효시는 레너드(Leonard) 이후로 보는 것이 일반적이다. 1980년 초반 재무 설계사였던 레너드(Leonard)는 자신의 고객들이 일상생활에서 차량 구입, 여행 계획, 자녀 양육, 은퇴 계획 등의 문제에 대한 도움을 주기 시작했다. 사람들은 그와 대화하면서 보다 나은 미래를 계획할 수 있었고, 자신이 진정 원하는 것이 무엇인지를 깨닫기 시작했다. 그는 아무 부족함 없는 사람들도 도움을 필요로 하며 파트너와의 대화를 통해 현재보다 더 나은 미래를 계획할 수 있다는 것을 알게 되었다. 또한 고객들의 재정 상담을 하면서 의식과 행동의 변화를 도모하기 위해서는 전문 기술이 필요하다는 것을 깨닫게 되었다.

레너드의 고객 중 한 명이 자신과 레너드의 관계가 마치 코치와 선수 간의 관계와 유사하다고 생각했고, 그와 같은 역할을 하는 사람을 '코치'라고 부르기 시작했다. 이때부터 코칭은 자연스럽게 개인 삶의 영역으로 확산되었고, 현대적 의미의 코칭이 시작되게 되었다.

전문적인 코칭은 개인적인 성공과 안녕을 증진하기 위한 지원 활동으로 확장되고 있다. 수평적 조직 구조, 인적 자원 중심으로 경영 환경이 변화되자 조직 구성원의 육성 및 개발 방법에 대한 관심이 높아졌다. 특히 기업인들이 경영자와 임원들을 대상으로 일대일 코칭이나 그룹 코칭을 도입하는 등 코칭에 대한 수요가 급격히 증가하고 있다. 우리나라에 비즈니스 코칭이나 라이프 코칭이 도입된 것은 2000년대 초이다. 코칭은 개인의 잠재력을 이끌어내고 스스로 생각하고 움직이는 주도적인 인재로 성장시키는 상호 존중의 쌍방향 리더십으로 인식되면서 비즈니스 현장에서 인재 개발 방법론으로 확산되고 있다. 뿐만 아니라 일반인들도 삶과 질 향상과 행복을 위해 코치들의 도움을 받고 있다.

8.1.2 코칭의 정의

코칭은 비교적 학문으로서 연구한 기간이 짧고 다양한 분야에 접목되어 학문적 기반이나 연구자에 따라 다양하게 정의되어 있기 때문에 아직도 코칭에 대한 합의된 정의는 없다. 현재 코칭은 각 분야의 특성과 학문적 토대에 적절히 융합되어 각 분야마다 조금씩 다르게 정의되고 있다.

코칭의 정의에 대해 조직의 경영 차원에서 처음으로 제시한 스토웰(Stowell)은 코칭은 구성원의 행동이나 태도를 변화할 수 있도록 긍정적인 영향력을 발휘하는 것으로 대화를 통해서 방향을 제시해 주고, 성과 향상과 역량 개발을 위해 지원하고 격려하며 수시로 평가 및 피드백을 제공하는 과정으로 정의했다. 그는 코칭을 방향 제시, 역량 개발, 수행 평가 및 관계 맺기의 구체적인 행동이 나타나는 프로세스라고 했다.

하그로브(Hargrove)는 개인과 조직을 변화시킬 수 있는 구성원의 능력을 확장시키고, 사람들의 가치와 비전에 영향을 주며, 그들이 원하는 것을 이룰 수 있도록 사고 존재, 행동을 재창조하는데 있어서 강력한 지원을 제공하는 파트너십이라고 정의했다.

임원 코칭을 전문으로 하는 브루스 펠티에(Bruce Peltier)은 코칭을 조직의 외부에서 온 사람이 심리기술을 활용하여 관리자가 더 효율적인 리더로 성장할 수 있도록 돕는 것이라고 정의했다.

이러한 연구자들의 코칭에 대한 정의를 종합해보면, 코칭은 조직의 리더와 구성원과의 커뮤니케이션을 통해서 조직 내에서 훌륭한 성과를 낼 수 있도록 역량을 키워주고 지원하는 활동이자 과정이라고 할 수 있다.

이 외에도 코칭에 대한 다양한 정의 중에서 몇 가지 견해를 소개하면 다음과 같다.

첫째, 코칭을 성과를 개선시키는 성과 향상 기법의 하나로 생각하고 정의한 견해이다. 퍼니스(Fournies)는 코칭을 부하가 바람직하지 못한 행동을 멈추고 바람직한 행동을 하도록 도와주기 위해 관리자와 부하 간에 행해지는 대면 대화라고 정의했다. 디시몬(DeSimone)은 코칭을 저조한 성과를 내는 부하들로 하여금 자신들의 문제를 직면케 하고, 그들의 문제를 다루며, 그들이 더 이상 저조한 성과를 내지 않도록 효과적으로 돕는데 전념하는 감독자와 구성원 간의 파트너십이라고 정의했다. 즉 코칭은 구성원들이 자신의 성과에 대한 책임을 스스로 받아들이도록 격려하고 구성원들이 탁월한 성과를 달성하고 그것을 지속적으로 유지하도록 하며 구성원들의 조직의 목표와 유효성을 위해 함께 일하는 파트너로서 여기는데 활용되는 일련의 과정이라고 보았다.

둘째, 코칭은 성과 관리에 도움을 주는 여러 가지 수단 중 하나로서 다른 것들과 함께 구성되어 있는 것으로 이해하고 있는 견해이다. 에버러드(Evered)는 코칭을 헌신적인 파트너십이 형성된 환경 하에서 생기는 코치와 선수 간의 커뮤니케이션 관계라고 정의하면서 구성원들에게 권한을 부여하는 임파워링을 강조한다. 피터(Peters)와 오스틴(Austin)은 코칭을 각 개인들을 서로 하나로 묶어서 그들로 하여금 책임감을 강화하고 지속적으로 성과를 내는 것으로 보았다. 즉 코칭은 서로 관련이 있으면서도 각기 다른 역할을 수행하는 교육, 후원, 상담 및 구성원들로 하여금 성과 문제에 직면하게 하는 것을 포함하는 광범위한 개념이라고 정의하고 있다.

셋째, 코칭을 다른 인적 서비스와 구분되는 독립된 영역으로 보고 좀 더 구체적이고 유연하게 정의하는 견해이다. 콜린스(Collins)는 코칭을 개인이나 집단을 현재 있는 지점에서 그들이 원하는 지점으로 갈 수 있도록 인도하는 기술이자 행위라고 정의했다. 골웨이(Gallwey)는 코칭은 성과를 극대화하기 위해 묶여 있는 개인의 잠재능력을 풀어주는 것이고 사람들이 코치의 가르침에만 의존하지 않고 스스로 배우도록 도와주는 것이라고 정의했다. 휘트모어(Whitmore)는 코칭을 고객 자신의 성과를 극대화하도록 그의 잠재능력을 발현시키는 것으로써 가르치는 것이 아니라 스스로 학습하도록 도와주는 것이라고 정의하고 있다

넷째, 현장에서 직접 코칭을 하고 있는 코치들이 모여 결성한 코치 관련 단체나 기관들의 견해이다. 국제코치연맹(ICF: International Coaching Federation)은 코칭을 개인과 조직의 잠재력을 극대화하기 위하여 고객들에게 영감을 주는 사고 확장과 창의적인 과정을 고객과 함께 하는 것이라고 정의하고 있다. (사)한국코치협회는 코칭을 개인과 조직의 잠재력을 극대화하여 최상의 가치를 실현할 수 있도록 돕는 수평적 파트너십이라고 정의하고 있다.

코칭은 코칭 대상자에 따라, 혹은 코칭이 행해지는 목적과 형태에 따라 다양하게 분류된다. 카바나와 그랜트(Cavanagh & Grant)는 경영 전반에서 일어나는 코칭을 크게 경영자 코칭, 직장 코칭, 라이프 코칭으로 분류했다. 그들에 의하면 경영자 코칭이란 경영자를 대상으로 한 코칭으로 리더십과 경영(관리)에 관한 코칭을 주로 다루며 조직 성과와 개인의 경력 개발을 목적으로 한다고 했다. 직장 내 코칭에서 코칭 대상은 경영자가 아닌 조직 구성원이며, 이들이 상사로부터 받는 코칭과 외부에서 코치를 고용하여 받는 코칭을 모두 포함하는 개념으로 직무성과에 초점을 맞춘 코칭이다. 이와 달리 라이프 코칭은 삶에서 일어나는 삶의 균형, 만족감 향상, 인간관계 개선, 인생의 의미와 목적 발견 등의 이슈에 초점을 맞춘다. 최근 일부 기업들이 조직의 구성

원들에게 라이프 코칭을 제공하고 있는데 이는 일과 삶의 균형적인 발전이 개인과 기업에 도움이 될 수 있다고 보기 때문이다.

카바나와 그랜트(Cavanagh & Grant)의 분류를 정리하면 [표 8 - 1]과 같이 정리할 수 있다.

[표 8-1] 경영자 코칭, 직장 코칭 그리고 라이프 코칭의 차이점

구분	경영자 코칭	직장코칭	라이프코칭
코칭내용	리더십/경영	고용/업무	삶의 전반
코칭상황	코치 받는 사람의 경력과 성과 중심 - 경영자와 조직의 아젠다에 따라	직무와 성과에 초점을 둠 - 조직의 아젠다에 따라	고객의 아젠다에 따라
중요결과	조직 성과와 개인의 경력 개발	개인과 팀의 성과	개인적 만족
고객	경영자(임원)와 조직	종업원과 조직	개인

8.1.3 코칭 철학

코칭 철학은 코칭을 하기 전에 전제가 되는 사고방식이나 사물의 관점을 말한다. 코칭은 사람의 잠재 능력을 개발할 수 있도록 지지하고 지원하는 과정이다. 코칭에서 인간을 어떻게 생각하느냐에 따라 그 내용과 방법론 또는 해결책이 달라지기 때문에 인간관에 대한 해석은 매우 중요하다.

에노모토 히데타케는 인간을 무한한 가능성을 가진 존재로 보았으며 코칭에는 3가지 철학이 있다고 했다.

첫째, 모든 사람은 무한한 가능성을 가지고 있다. 이것은 코칭의 인간관에 관한 철학으로 인간은 원래 부지런하며 환경의 조성과 지원을 해주면 얼마든지 능동적인 존재라고 보는 관점이다. 코칭은 신뢰에서 출발한다. 사람은 누구나 스스로 무엇이든 할 수 있는 가능성을 갖고 있으며, 사람의 내면에는 문제와 그 문제를 해결할 수 있는 능력을 함께 가지고 있다. 인격과 능력을 가진 사람에게 필요한 것은 적당한 지지와 지원, 도움일 뿐이다. 모든 사람에게는 무한한 가능성이 있지만 그것을 스스로 찾아서 발현하기는 쉽지 않으므로 코치가 그것을 발현시킬 수 있도록 도와주는 것이다. 그러므로 코칭에 임하는 사람들은 모든 사람에게 무한한 가능성이 있다고 깊이 믿는 것에서 출발한다.

둘째, 그 사람에게 필요한 해답은 모두 그 사람 내부에 있다. 이것은 코칭의 기본 원리에 관한 철학으로, 해답이 존재하는 곳이 그 사람의 내부에 있다는 것을 확인하는 것이다. 즉 개인의 잠재의식과 밀접한 관련이 있다는 관점이다. 잠재의식에는 그 동안 겪은 경험과 학습되고 자각한 다양한 지식이 축적되어 있고, 또 자신이 가장 원하는 것 또한 잠재의식 속에 있다고 보기 때문에 자신이 가장 원하는 해결책을 본인의 내부에서 찾아낼 수 있다고 보는 것이다. 그러므로 고객의 문제 해결에 필요한 해답은 '고객이 지닌 본래의 능력이나 가능성을 최대한 발휘하게 하려면 어떻게 해야 할까?'라는 물음에 대한 답을 의미한다. 문제에 대한 해답은 코치가 알려주는 것이 아니라 고객의 내부에 있는 해답을 발견할 수 있도록 관점을 바꿔주는 역할을 해야 한다.

셋째, 해답을 찾기 위해서는 파트너가 필요하다. 이것은 코칭의 인간관계에 관한 철학으로 성공적인 코칭이 되기 위해서는 훌륭한 파트너를 만나는 것이 중요하다는 의미이다. 코칭을 위해 만나는 코치와 고객의 관계는 동반자의 관계이다. 코칭은 혼자 하는 것이 아니라 상대방과 대화를 통해 이루어지기 때문에 고객과 함께 하는 과정 즉, 인간관계에 대한 소통을 의미한다. 더군다나 코치가 고객에게 일방적으로 지시하거나 가르치는 관계가 아니라 함께 고민하고 함께 해결책을 찾는 관계이다. 고객은 코칭을 통해 새로운 관점이 생기고 생각의 공간이 넓어지며, 넓어진 생각의 공간만큼 더 많은 아이디어와 전략들이 생기게 된다. 코치는 신뢰를 바탕으로 고객이 확장된 생각의 공간 속에서 상황을 새롭게 바라볼 수 있도록 돕는 역할과 지지를 하게 된다.

코칭의 종착역은 결국 행복이다. 진행되는 과정이나 단계는 조금씩 다르지만 어떤 코칭이든 결국 한 개인이 자신의 문제를 스스로 해결하고 이런 과정을 통해 성장하고 발전하고, 행복한 삶이 가능해지도록 최선을 다해 돕는다. 이런 점은 기업이나 어떤 조직의 경우에서도 마찬가지다. 기업과 조직은 성과 향상을 통해 목표를 달성하고 소비자와 구성원들이 유익하고 의미 있는 삶을 영위하는데 도움이 되는 제화와 서비스 등을 제공하고 사회적 책임을 다하는 것이다. 그 결과 지속 가능하고 구성원들이 행복하게 되는 것이 기업과 조직의 최종 목적인데 코칭은 그 목표를 이루도록 효과적으로 돕는 것이다.

8.1.4 코칭 원칙

코칭의 목적은 사람을 외부로부터의 변화가 아니라 내부로부터의 변화를 이끌어 내는데 있다. 코칭은 전통적으로 가르침(Teaching)과 피드백(Feedback)의 개념으로 진행되었다. 코칭은 주로 고객의 행동을 관찰하고, 관찰로부터 부정적인 행동을 파악한 후 바람직한 행동을 가르쳐 주는 피드백 형태로 진행되었다. 사실상 코칭이 필요하다는 것은 특정한 행동이 잘못되었으니 이를 바로 잡아야 한다는 의미가 크다. 보통 직장에서의 코칭은 성과 향상이나 성과 달성을 위해 이루어진다. 즉 성과의 격차를 줄이기 위해 실행되었다고 볼 수 있다. 이런 의미에서 성과와 관련된 업무를 수행하기 위해 요구되는 역량의 수준과 실제 보유하고 있는 역량의 수준 사이의 격차를 줄이는 것이 전통적인 코칭이었다.

하지만 오늘날 조직 상황은 개인화, 디지털화, 전문화 등으로 급변하고 있다. 끝없는 경쟁과 성장에 대한 압박으로 인해 오늘날 조직들은 지식을 기반으로 경쟁하게 되는 환경에 처해 있다. 이제는 단순히 성과 향상이나 성과 달성을 위한 코칭보다는 조직의 전략과 관련된 코칭이 필요하다. 전통적인 코칭이 부정적인 측면을 지적하여 개선하는 데 집중했다면

현재 필요한 코칭은 긍정적 측면을 강화하여 전략적 우위를 만들어 내는 데에 집중해야 한다. 전략적 우위를 만든다는 것은 다른 조직 또는 타인 대비 요구되는 역량 기준을 높이는 것이고, 더 중요한 것은 그 이상의 차별점을 만들어 내는 것이다.

전략적 코칭을 위해서는 코치는 단점 지적과 피드백에 그쳐서는 안 된다. 코치 스스로가 학습하면서 고객에게 웹 추천, 모임 주선, 아이디어 제공, 학습기회 제공, 발표 참여 권유, 지인 소개 등 다양한 활동을 제공해야 한다.

코칭의 효과를 극대화시키기 위해 코치는 다음의 원칙을 지켜야 한다.

첫째, 코칭은 목표(목적) 지향적이다. 코치는 개인이나 팀의 목적이나 목표 성과를 달성시키기 위해 노력해야 한다. 합의된 목표가 아닌 다른 내용을 목표로 지원하게 되면 고객자가 산만해져서 실패하기 쉽다.

둘째, 코칭 기법의 적용은 단기간 성과를 기반으로 한다. 라이프 코칭 같은 경우에는 긴 인생 여정을 검토하지만, 일반적으로 코칭은 분야를 설정하고 몇 차례 세션을 마친 후에는 성과를 검토하고 결론을 내야 한다. 경우에 따라서는 결론을 내린 후, 다른 기술을 연구하거나 보강하여 후속 조치를 취할 수 있다.

셋째, 코칭은 쌍방향이어야 한다. 대부분 사람들은 의사소통이 쌍방향인 것은 당연하다고 생각할지 모르나 주위를 돌아보면 대부분의 커뮤니케이션이 늘 쌍방향이 아님을 알 수 있다. 예를 들어 상사와 부하와의 대화, 또는 부모와 자녀 간의 대화 대부분은 사실상 쌍방향이 아니다. 쌍방향 커뮤니케이션이란 그냥 단순히 서로 대화를 나누고 있는 것을 의미하는 것이 아니라 상대방이 말하는 것을 경청하고, 그 다음에 자신의 말을 이어가는 과정이 반복되는 것을 의미한다. 코칭은 이런 쌍방향성을 가장 중요한 원칙으로 삼아야 한다.

넷째, 코칭에서 중요한 것은 상대방을 행동하게 하거나 지금 하는 행동을 변화시키는 것이다. 따라서 코칭은 지속적(on-going) 의사소통이어야 한다. 지속적인 의사소통이란 상대방이 행동을 할 때까지 또는 행동의 변화를 일으킬 때까지 계속 팔로업 해주는 것이다. 같은 주제에 대하여 계속 대화를 주고받는 것은 끈기가 필요하다. 또 상대방이 행동 변화를 일으키지 않는 상태가 오랫동안 지속되는 경우라면 같은 주제를 또다시 꺼내는 것은 용기가 필요하다. 상대방의 상황을 지속적으로 팔로업하고 피드백하여야 한다.

다섯째, 맞춤형 의사소통이 필요하다. 의사소통을 하면서 '사람들 모두는 각자 다르다' 라는 대전제를 의식하는 사람은 많지 않다. 대부분 자신의 기준에서 의사소통하는 것이 일반적이다. 그러나 실제로는 100명의 사람이 있다면 100명 각각의 의사소통 방식이 있다. 상대방이 이해하기 쉬운 방식으로 메시지를 전달하는 것은 코칭에 있어서 매우 중요한 원칙 중의 하나이다.

8.1.5 코칭과 유사 영역

(1) 코칭과 멘토링

코칭을 명확히 이해하려면 현실에서 코칭과 유사하게 사용되고 있는 다른 용어들, 즉, 멘토링, 컨설팅, 상담과의 차이를 살펴볼 필요가 있다.

멘토링(mentoring)은 인생의 선배가 후비에게 인생 전반에 관한 모델이 되어줌으로써 양육의 역할을 담당하는 일련의 과정이다. 멘토는 자신이 역할 모델이 되어 방향을 제시하고 장기적으로 개인의 경력 개발에 초점을 두고 개인적·인격적 성장을 지원한다. 따라서 업무상 명령체계가 직접 연결되지 않은 사람과 수직적인 관계를 형성한다.

멘토링은 멘티가 멘토의 기술, 정보, 시각과 삶의 지혜를 '닮도록 만드는 것'에 초점을 둔다는 점에서 코칭과 차이가 있다. 코칭은 코칭 대상자 스스로 자신의 참 모습을 발견하고 그것을 계발시킬 수 있도록 지원할 뿐 코칭 대상자로 하여금 의도적으로 코치를 닮도록 하지 않는다. 코칭은 궁극적으로 코칭 대상자만의 독특하고 차별된 장점을 잘 살리는 존재로 성장할 수 있도록 지원하는 것에 초점을 둔다.

멘토링은 멘토가 주도적인 권한을 가지고 멘티에게 멘토 자신의 장점과 역량 및 문제해결 능력을 전수하는 특성이 강하기 때문에 일방적인 의사소통이 진행된다. 이에 비해 코칭은 코칭 대상자 스스로 자신의 문제를 해결할 수 있다는 능력을 믿고 주도적으로 활용할 수 있도록 권한을 부여하고, 문제의 해답을 발견할 때까지 충분히 지지하면서 기다린다. 또한 코칭 대상자가 자신의 이야기를 충분히 할 수 있도록 배려하고 경청하면서 그가 원하는 것을 효과적으로 달성하도록 지원한다. 이처럼 코칭은 멘토링과 달리 쌍방향 의사소통을 지향한다.

코칭과 멘토링은 발전과 변화에 중점을 두는 성장 지향적 관계라는 측면에서 공통점이 있지만, 두 개념 간의 가장 큰 차이점은 목적과 구조이다. 코칭의 목적은 리더가 갈망하는 목표를 서로 협의하여 정한 후, 그 목표 달성을 위해 서로 돕는 것이고, 멘토링의 목적은 멘토의 지식 및 노하우 등을 멘티에게 전수하는데 데 중점을 둔다.

(2) 코칭과 컨설팅

코칭은 기업 등에서 인기 있는 컨설팅(consulting)과 여러 측면에서 매우 유사하다. 컨설팅은 일반적으로 특정 분야의 전문적인 지식을 가지고 있는 컨설턴트가 주도적인 위치에서 개인이나 조직에 나타난 각종 현상들과 문제점들을 관찰하고 진단하여 가장 잘 해결할 수 있는 방법을 제시한다. 컨설팅은 특정 전문 영역에서 컨설턴트가 가지고 있는 지식이나 조언을 제공하면서 하나의 명확한 답을 제시한다는 점에서 리더가 명확한 답을 제시하지 않고 구성원이 가지고 있는 역량을 개발하여 최선의 답을 이끌어 내게 하는 코칭과 구별된다. 즉, 컨설팅에서는 컨설턴트가 고객에게 해답을 알려주지만 코칭에서는 고객이 스스로 해답을 발견할 수 있도록 돕는 역할을 한다. 그러므로 코치는 반드시 코칭 주제와 관련된 분야의 전문가일 필요는 없다. 대신에 코치는 경청하고, 이해하며, 통찰력 있는 질문들을 하고 들은 것을 요약한다. 그래서 코치는 코칭 고객이 자신의 상황을 둘러보고 무엇을 할지 결론을 내리고 행동하려 할 때 가능한 비지시적으로 안내할 수 있는 능력만 있으면 된다.

성장과 발전을 지향하고 원활한 의사소통을 지향한다는 점에서 코칭과 컨설팅은 비슷하다. 그러나 의사소통이 진행되는 방향과 인파워먼트 측면에서 둘은 서로 분명한 차이가 있다. 일반적으로 컨설팅은 컨설턴트가 해결책을 찾기 위해 고객들과 의사소통을 하는데 고객에게 궁금한 점들을 묻고 고객이 대답하는 일반적인 대화라고 볼 수 있다. 이에 비해 코칭은 코치와 고객 사이에 이루어진 신뢰 관계를 바탕으로 고객이 자신의 문제를 스스로 해결하도록 그에게 주도적인 권한을 부여하고 격려한다. 이 과정에서 코치와 고객은 수평적인 관계에서 쌍방향 의사소통을 지향하기 때문에 컨설팅과는 큰 차이가 있다.

(3) 코칭과 상담

상담(counseling)은 과거에서 현재까지 고객의 문제를 해결하도록 돕는 것이다. 대개 상담의 목적은 내담자를 부정적인 경험과 어려움에서 벗어나게 해 문제에 휘둘리지 않는 삶을 영위하도록 하는데 있다. 상담은 상담자와 내담자 사이의 커뮤니케이션 과정을 통해 문제를 이해하도록 촉진하고 정서적으로 직면하게 하며, 내담자의 행동을 변화시키기 위해 다양한 기법을 사용한다는 점에서 코칭과 가장 비슷하다.

그러나 코칭과 상담은 분명한 차이점이 있다.

첫째, 사람의 심리 상태를 바라보는 관점에 차이가 있다. 상담은 부정심리학을 다루고 심리적으로 건강하지 못한 사람들을 도와 안정될 수 있도록 돕는다. 반면 코칭은 긍정심리학을 다루고 비교적 건강한 사람들을 높은 수준의 성취감을 느낄 수 있도록 돕는다.

둘째, 서비스를 받는 대상의 가능성을 바라보는 관점에 차이가 있다. 상담은 고객의 특정 문제를 해결하기 위해 그들의 과거 경험했던 것에 초점을 두고 문제를 이해하고 해결하는 능력을 가질 수 있도록 도와주는데 초점이 맞춰져 있다. 반면 코칭은 미래의 성과 도출을 위해 구체적인 목표를 설정, 역량 개발과 행동에 초점을 맞추고 현재보다 더 나은 삶을 위해 상호 협력하는데 초점이 맞춰져 있다.

셋째, 임파워먼트 측면에서 차이가 있다. 상담은 일반적으로 상담자가 주도하여 상담을 진행할 때 문제 해결 과정에서 필요한 권한을 내담자에게 부여하지 않는다. 반면 코칭은 문제 해결의 주도적인 권한이 전적으로 고객에게 있다는 것을 인정하고 진행된다. 실제로 코치는 고객이 스스로 자신의 문제를 해결할 수 있다는 자신감을 가지도록 다양한 방법을 통해 격려하고 지지한다.

코칭과 유사하다고 알려진 멘토링, 컨설팅, 상담을 정리해 보면 [표 8-2]와 같다.

[표 8-2] 코칭과 유사영역 비교

구분	목적	특징
코칭 (Coaching)	성장과 발전	· 코치가 책임감을 갖고 수평적 관계에서 고객의 목표 달성을 위해 직무능력을 개발하고 함께 함 · 코치와 고객이 서로 동등한 파트너 관계 · 구체적인 목표를 설정, 미래의 성과 도출을 위한 행동에 초점을 맞춤
멘토링 (Mentoring)	노하우 전수	· 개인의 경력 개발에 초점을 두고 개인적·인격적 성장을 지원 · 업무상 명령 체계가 직접 연결되지 않은 사람과 수직적인 관계 형성
컨설팅 (Consulting)	문제해결	· 특정 전문 영역에서 컨설턴트가 가지고 있는 지식이나 조언을 제공하고 명확한 답을 제공 · 컨설턴트의 전문성을 활용하여 솔루션을 제공하는 것에 가치를 둠
상담 (Counselling)	치료	· 고객의 과거 경험했던 것에 초점을 두고 문제를 이해하고 해결하는 능력을 가질 수 있도록 심리적인 측면을 지원

8.2 안전코칭

8.2.1 안전코칭 개요

사람의 행동은 주변 상황과 사람들에 따라 달라질 수 있는데 안전도 예외는 아니다. 조직에서 리더가 안전에 대해 어떻게 인식하고 어떻게 행동하느냐에 따라 구성원들의 안전행동도 달라지는데, 그 영향력은 40~55%에 달한다. 따라서 관리자의 코칭 기술은 직원들의 행동이 달라지는데 큰 영향을 준다.

최근 안전 분야에도 관리 감독자들이나 리더들에게 코칭을 제공하거나 그들이 코치가 될 수 있도록 관련 교육을 제공하는 경우가 많아지고 있다. 이것을 보통 안전코칭이라고 하는데 조직 구성원의 안전과 건강을 위해 전 구성원이 자발적으로 안전 의식과 안전행동을 증진시키도록 협력하는 과정이다.

안전코칭은 안전 관련 행동을 동기부여하고 지휘하는 환경을 이해하고 조작하는 리더와 구성원의 상호 작용이며, 안전 지식을 전달하고 작업에서 발생할 수 있는 위험에 대한 인식을 확산하는 것을 포함한다.

갤러(Geller) 등은 안전 분야에서 코칭을 '작업장에서 위험한 행동에 대해서 건설적인 피드백을 제공하고 안전행동을 증진하기 위한 관찰과 피드백을 제공하는 대인 관계 과정'으로 정의하였고, 실제로 사업장(현장)에서 코칭은 효과가 있는 것으로 나타났다고 발표하였다. 그들은 구체적으로 글로벌 건설업체의 14개 현장에 행동 기반 안전코칭을 실시한 결과, 근로자의 안전행동이 증가하고 사고 역시 감소한 것으로 나타났다고 보고했다. 또한 카인즈(Kines) 등의 분석에서도 건설 현장에서 의사소통에 대한 안전코칭을 도입한 결과, 안전 의사소통이 증가하였으며 현장 안전 수준이 향상되는 것으로 나타났다고 보고했다. 안전코칭에 있어서 중요한 것은 직원들의 성향이나 성격의 다양성을 수용하는 유연한 자세와 수평적 파트너십을 기반으로 적극 소통하려는 노력이다.

흔히 안전코칭을 교육이라고 생각하기 쉬운데 안전코칭은 교육과 다르다. 일반적으로 교육은 주로 일 대 다수로 진행되지만, 코칭은 1:1 과정으로 진행되며, 직원들에 대한 관찰과 피드백이 포함되어 있다. 안전코칭은 코칭받은 사람들(직원들, 고객)의 안전행동을 인식하고 인정하며, 불안전 행동의 발생을 줄이기 위해 건설적인 피드백을 제공해야 한다. 이때 주의할 점은 객관적 사실 혹은 행동에 대한 피드백을 전달해야 한다는 것이다. 리더의 생각과 느낌을 전달하는 것이 아니라 안전과 관련된 구체적인 행동에 대한 피드백을 전달해야 행동을 변화시킬 수 있다.

그런데 안전코칭의 가치나 효과가 즉각적으로 확실하게 나타나지 않을 수도 있다. 코칭을 했다고 하더라도 사고가 줄어들기 전에는 안전코칭의 효과성을 알 수 없고, 즉각적으로 사고가 감소하는 것도 아니기 때문이다. 그러므로 안전코칭의 목적을 즉각적인 사고 감소에 두기 보다는 현실적이고 즉각적인 행동의 변화에 두는 것이 바람직하다. 행동의 변화는 결국 사고 감소로 이어져 코칭의 궁극적인 목적을 달성할 수 있을 것이다.

8.2.2 안전코칭 구성 요소

최근 휴먼 중심의 안전관리가 중요해졌다. 안전관리 기술과 재해예방시스템의 향상으로 사고율이 특정 수준까지 낮아지긴 했지만 이것이 문화로 공유되지 않으면 한계에 부딪힐 수밖에 없다. 그러므로 재해를 예방하기 위해서는 수준 높은 안전문화 구축이 필요하다. 안전문화 구축을 위해서는 안전코칭을 바탕으로 한 안전관리가 필요하다.

안전코칭의 구성 요소는 COACH로 나타낼 수 있다. COACH를 구체적으로 살펴보면 C는 배려(care), O는 관찰(observe), A는 분석(analyze), C는 의사소통(communicate), H는 조력(help)이다.

안전코칭에 있어서 배려(care)는 가장 기본이라고 할 수 있다. 리더(코치)는 구성원들의 건강과 안전에 대해 진심으로 관심을 갖는 것에서 코칭을 시작해야 한다. 구성원은 리더에게 배려받고 있다고 느낄 때 코칭을 따르려고 하고 수용의 범위도 넓어진다. 리더는 구성원에게 코칭의 상호 작용을 통해 얻을 수 있는 가치에 대해 충분히 설명해야 한다. 즉 코칭 과정이 일방적인 관계로 이루어지는 것이 아니라 서로에게 의미가 있는 활동이며 서로가 노력할 때 효과가 극대화된다는 것을 알려주는 것이 필요하다. 코칭이 이루어지는 동안 서로가 긍정적인 정서를 교환하게 되면 선순환이 이루어지게 된다. 하지만 부정적인 정서를 교환하는 것이 지속되다 보면 구성원은 리더에게 방어적으로 대응할 가능성이 많아져 서로에게 부정적인 영향을 주게 된다. 리더는 코칭을 가볍게 생각해서는 안 된다. 리더의 인식과 행동은 자연스럽게 구성원에게 전달될 수밖에 없다. 그러므로 리더는 코칭은 코칭일 뿐이라는 태도와 시각을 가져서는 안 된다. 리더는 안전에 대한 책임이 있다는 것을 스스로 인식하고 자신의 코칭이 구성원의 안전을 위해 매우 중요한 일임을 인지해야 한다. 뿐만 아니라 구성원에게도 안전의 중요성을 인식시키기 위해 노력해야 한다.

관찰(observe)은 코칭의 목적과 직접적인 관련이 있다. 안전문화 수준이 높은 조직에서는 구성원들끼리 자연스럽게 서로의 안전행동을 관찰하고 코칭한다. 관찰은 코칭에서 매우 중요한 요소이다. 관찰을 통해 불안전 행동을 찾아내고 코칭을 통해 교정할 수 있기 때문에 안전행동을 증가시키기 위해서는 관찰이 선행되어야 한다. 이러한 관찰은 높은 수준의 안전문화를 정착시킬 수 있는 밑거름이 된다.

안전행동 관찰을 위해서는 핵심 행동 체크리스트(CBC, critical behavior checklist)가 필요하다. 여기서 핵심 행동이란 많은 부상, 심각한 부상, 그리고 잠재적인 부상의 위험이 있는 결정적인 행동을 말한다. 조직에 맞는 체크리스트를 확보하기 위해서는 체크리스트를 개발할 때부터 부서 구성원들과 함께 논의하는 과정이 필요하다. 작업 과정에서 발생할 수 있는 구체적인 위험 요소를 찾아내고 이를 예방하기 위해 어떤 행동이 중요한지를 충분히 논의한 다음 안전행동 체크리스트를 결정해야 한다. 이것은 추후 코칭 내용을 결정하는 데에도 매우 중요하게 작용한다.

분석(analyze)은 작업 안전과 안전행동에 영향을 주는 선행 사건과 행동 결과를 파악하는 과정이다. 조직 내에는 매우 다양한 사람들이 있는데 이들 중에서 안전에 긍정적 혹은 부정적 영향을 미칠 수 있는 사람, 그들의 행동, 상황의 세 요소를 분석해 보는 것은 안전을 정착시키기 위해 매우 중요하다. 세 요소를 분석해 봄으로써 선행사건, 그리고 나타난 행동, 그 행동들로 야기될 수 있는 긍정적, 부정적 결과에는 어떤 것들이 있는지 분석하는 것이 필요하다.

이러한 분석 과정을 통해 구성원은 안전행동 변화의 필요성과 중요성을 학습할 수 있다. 대부분의 조직에서는 불안전한 방식으로 일할 가능성이 존재한다. 그 이유는 기존의 방식이 작업 시간 단축, 보호구 미착용 시 편안한 움직임 같은 긍정적인 결과를 주거나 작업 시간 증가, 보호구 착용 시 움직임의 불편함 같은 부정적인 결과를 피할 수 있기 때문이다. 그러므로 구성원들의 행동을 코치만 분석할 것이 아니라 구성원들과 함께 분석해 본다면 불완전하게 행동하는 이유와 그로 인해 발생할 수 있는 부정적인 결과들을 이해할 수 있어 구성원들의 행동 변화에 도움이 될 수 있다.

의사소통(communicate)은 코칭 과정에서 메시지를 전달하는 중요한 역할을 한다. 코치는 먼저 좋은 청자가 되어야 하고, 설득력 있는 화자가 되어야 한다. 대화할 때에는 웃으면서(smile), 열린 마음으로(open), 친근하게(friendly) 이야기하고, 적절한 거리에서(territory), 열정을 가지고(enthusiasm), 진심어린 눈 맞춤(eye contact)을 하며 이름을기억해서 불러주는 것이 좋다. 이러한 의사소통 과정에서 상대를 존중하는 태도는 매우 중요하다. 특히 코치의 부드러운 태도는 피드백을 효과적으로 전달할 수 있는 분위기를 형성해 행동 변화 효과를 더 증가시킬 수 있다.

돕는 것(help)은 코칭의 핵심으로 안전행동을 유지하고 불안전 행동을 교정하여 개인의 사고를 예방할 수 있다. 구성원이 코칭에 대한 관심을 가지고 코칭 내용에 거부감을 가지기 않게 하려면 약간의 유머가 필요할 때도 있다. 자신이 조직에서 인정이나 적절한 보상을 받지 못했거나 하찮게 여겨진다고 느끼는 구성원들은 보상 심리를 가지는데 이 때문에 안전행동에 비협조적이거나 코칭을 따르지 않을 수도 있다. 따라서 코칭을 할 때에는 구성원들의 의견을 항상 경청하는 자세가 필요하다. 코치는 경청을 통해 안전에 필요한 적절한 정보를 얻을 수 있고 구성원들의 자존감을 높일 수 있다. 또한 구성원의 바람직한 행동을 파악하여 칭찬한다면 다른 구성원들의 행동 변화에도 도움이 된다.

8.2.3 안전코칭 방법

관리자들의 안전 관리에서 중요한 것은 현장을 직접 방문하여 안전 사항들을 관찰하고 근로자들에게 작업이나 안전과 관련된 사항, 행동에 대한 피드백을 제공하는 것이다. 피드백은 근로자 자신에 대해 명료하게 인식하게 하고, 원하는 목표 달성을 위한 전략에 대해 통찰을 이끌어 내는 것이다. 피드백은 짧지만 강력한 효과가 있다. 제대로 된 피드백은 근로자의 자존감을 높여주고 용기를 북돋아 준다. 뿐만 아니라 잘못하고 있는 행동에 대해 직면할 수 있게 하고 개선 요청을 통해 자신의 약점과 실수를 교정하여 안전 수행 역량을 개발하고 발전시킬 수 있다.

피드백은 지지적 피드백과 교정적 피드백으로 구분할 수 있다. 지지적 피드백은 칭찬, 인정, 격려, 위로를 통해 바람직한 행동 강화를 하는 것으로 안전코칭의 윤활유 역할을 한다. 또한 근로자의 잠재력을 발휘하기 위한 동기를 유발하는 마중물과 같은 역할을 한다.

교정적 피드백은 근로자의 행동 변화를 이끄는 피드백이다. 근로자가 자신의 행위에 적극적으로 책임지지 않고 지속적으로 변명하고 회피할 때 강력히 요청하는 피드백이다. 근로자에게 개선이 필요한 부분을 구체적으로 언급해 직면하게 하고 이에 변화를 요청해야 한다.

피드백의 효과는 피드백의 내용에 따라 달라질 수 있다. 일반적으로 근로자들은 긍정적 피드백은 수용을 잘하지만 부정적 피드백은 선호하지 않는다. 긍정적 피드백은 만족, 기쁨, 자부심과 같은 긍정적 정서를 유발한다. 반면 부정적 피드백은 불안, 분노, 슬픔과 같은 부정적 정서를 유발하는데 이것이 누적되면 업무 수행과 건강 등에 부정적 영향을 미치게 된다. 그렇지만 부정적 피드백(작업 확인서에서 잘못된 점, 언행의 문제점 등)이 무조건 나쁜 것만은 아니다. 때로는 부정적인 피드백이 필요하고 효과적인 경우도 있다.특히 근로자들이 먼저 어떤 부분을 보완하고 수정할지에 대한 피드백을 요청하는 경우나 부정적 피드백이라 하더라도 더 나은 작업을 위해 필요한 과정이고 개선할 기회라고 생각하는 경우에는 효과적으로 작용한다.

이러한 경우라도 부정적 피드백을 제공할 때는 주의할 점이 있다. 효과적인 피드백이 되려면 근로자들의 업무나 행동에 초점을 맞추어 제공하는 것이 좋다. 일하는 자세나 능력, 태도(적극적으로, 꼼꼼하게, 성실하게 등)에 대한 부정적 평가는 오히려 부정적 반응만 증가시킬 가능성이 높다. 이러한 피드백은 자기에 대한 저평가로 인식되어 방어적인 반응을 이끌어 내기가 쉽다. 설령 그 피드백을 수용한다 하더라도 그 내용이 쉽게 바꿀 수 없는 부분이라면 긍정적인 피드백 효과가 나타나기는 어렵다. 따라서 자세나 능력, 태도에 대한 피드백보다는 내용에 초점을 맞춰 구체적으로 무엇을 어떻게 변화시킬지에 대한 교정적 피드백을 제공하는 것이 좋다(작업 절차를 확인했는데 필요한 내용이 모두 포함되어 있네요. 다만 지금 정보들이 나열되어 있는데 근로자들이 좀 더 이해하기 쉽도록 Q&A 형식으로 정리해주면 더 좋을 것 같습니다).

피드백을 할 때에는 긍정적 피드백과 부정적 피드백을 비율이 중요하다. 평소에 긍정적 피드백을 자주 제공한다면 가끔씩 주어지는 부정적 피드백은 교훈과 충고로 인식될 수 있다. 하지만 부정적 피드백이 자주 제공되는 상황에서 또 하나의 부정적 피드백이 제공된다면 방어적인 반응이 먼저 나타나 효과가 없을 가능성이 크다. 학계의 연구에 의하면 긍정적, 부정적 피드백의 비율은 4:1 정도일 때 효과가 좋다고 한다. 긍정적 피드백을 4번 제공하면 꼭 한 번은 부정적 피드백을 제공하라는 뜻이 아니라 긍정적 피드백이 자주 제공되는 것이 중요하다는 의미이다. 피드백은 특별한 상황에서만 제공하는 것이 아니라 일상적인 상황에서 자연스럽게 제공할 수 있다. 안전 업무 처리가 잘 진행되는 상황이나 개인 보호구를 제대로 착용하고 있는 것과 같은 일상적인 업무에서 긍정적 피드백을 제공하는 것이 바람직하다.

긍정적 피드백을 제공할 때는 '잘 했습니다, 좋습니다, 훌륭합니다' 라는 평가적인 멘트만 제공하기보다는 '정리가 잘 되었네요, 노력한 모습이 보입니다' 등과 같이 직원 개개인의 노력과 능력을 함께 언급해 준다면 그 효과를 증진시킬 수 있다. 부정적 피드백을 제공할 때는 '바쁜 상황이어서 그렇겠지만' 과 같은 업무 상황을 함께 언급해주면 구성원들의 자존감을 보호할 수 있어 방어적인 행동을 방지하는데 도움이 된다.

8.3 안전코칭 기술

코치는 고객의 발전과 변화를 위한 존재이며, 고객이 정확히 무엇을 원하고 있는지 깨닫게 하고, 그것을 실현시킬 수 있는 방법을 찾아가는 파트너의 역할을 한다. 코칭 기술은 코칭 기법에서 코치가 어떤 태도로, 어떻게 듣고, 어떻게 말할 것인가에 관한 것이다.

콜린스(Collins)는 코치가 가져야 할 가장 중요한 핵심 기술은 경청하고 강력한 질문을 하며 반응하는 것이며, 이것들을 완벽하게 구사하는 코치가 가장 유능하고 성공적인 코치라고 강조했다.

성공적인 코칭이 되려면 먼저 라포를 형성하는 것 중요하다. 라포란 코치와 고객의 연결감을 구축하는 과정으로 앞으로 이어질 코칭 대화를 위해 공통의 연결감을 가지고 신뢰를 구축하는 것이다. 라포가 잘 형성되면 이후 나누는 대화가 쉽고 편안하게 진행된다. 반면 코치와 고객 사이에서 라포가 제대로 형성되지 않으면 진정한 관계는 지속되기 어렵다. 코치는 고객의 잠재력을 찾아내 최대한 발휘할 수 있도록 이끌어 주어야 하는데 신뢰의 관계가 형성되지 않으면 완전한 도움을 줄 수 없게 된다.

코칭을 진행함에 있어 라포는 고객의 입장에서 실제로 자신을 찾을 수 있게 도움을 주는 디딤돌 역할을 한다. 라포를 형성되어야만 코치는 고객 스스로가 자신을 정확하게 파악할 수 있는 출발선에 설 수 있도록 지원할 수 있다.

코치는 코칭 대화 초반에 고객과 라포를 형성함으로써 고객이 처한 상황을 진심으로 느낄 수 있고, 고객은 꽤 가까운 친구와 대화하는 것처럼 편안함을 느끼게 된다. 코치와 고객이 친밀한 교감을 가질 때 고객은 자신이 전하고자 했던 사실들과 정보들을 뛰어 넘어 자신의 느낌과 감정을 쉽게 논의하고자 하는 마음을 갖게 된다.

고객과 라포를 형성하기 위해서는 신뢰와 친밀감이 바탕이 되어야 한다. 신뢰란 고객과의 관계에서 솔직하고 정직하면서도 상호 개방되어 있다는 것을 뜻하며, 신뢰의 기반 위에서 고객과 코치의 진실된 의사소통이 이루어진다.

코칭 관계에서는 신뢰감에 더하여 상대가 따뜻하고 가깝게 느껴지는 정서적 친밀감도 있어야 한다. 코치에게 하는 고객의 말과 행동, 태도는 고객이 어떤 사람이라는 것을 알 수 있는 정보가 된다. 고객이 알려주는 것에 대해 코치가 진정성 있게 반응할 때 고객은 친밀감을 느끼게 될 것이다, 심적 고통을 공감해 줄 때, 말하는 것에 관심을 가지고 들어줄 때, 하고 싶은 말을 상대가 이해해 줄 때, 친절함을 느낄 때, 진심으로 자신을 위한다고 느낄 때, 말하지 않아도 상대방이 무슨 말과 행동을 하려는지 느낄 때 친밀감을 크게 느낀다. 또한 신체적으로 따뜻하고 다정한 악수, 친근한 미소, 기타 격려와 위로 등의 표현을 하는 스킨십에서도 친밀감을 느낄 수 있다.

코칭에는 다양한 기술들이 사용되는데 대부분의 코칭 프로그램에서 다루고 있는 핵심적인 기술은 경청, 질문, 피드백이다.

(1) 경청

코칭에 있어서 경청은 질문과 더불어 고객을 이해할 수 있는 가장 중요한 핵심 기술이다. 코칭은 경청에서 시작된다고 해도 과언이 아니다. 경청은 코치가 코칭을 진행하는 동안 코칭 고객의 말을 어떻게 들을 것인가에 관한 기술이다.

코치는 고객이 표현하는 것을 경청함으로써 정보를 수집하고 상황을 파악한다. 일반적으로 경청이라고 하면 상대방의 말을 잘 들어주는 것을 생각한다. 그러나 경청은 단순히 귀로만 듣는 것이 아니라 코칭 고객 입장에서 그와 공감하면서 듣는 것이다. 상대방의 말이나 태도에 대해 공감해주고, 섣불리 판단하거나 충고하지 않아야 한다. 경청은 고객의 말에 포함된 내용과 함축된 의미, 느낌 등을 충분히 이해할 만큼 집중해서 듣는 것을 말하다. 말 뒤에 숨어 있는 감정, 갈등, 낙심 등도 들을 줄 알아야 한다. 이를 통해 고객이 정말로 원하는 것이 무엇인지, 목표를 이루는데 방해가 되는 요소는 무엇인지, 고객이 무엇을 두려워하는지 등을 파악해 낼 수 있다.

경청은 대부분의 사람들이 실천하기에 쉽지 않은 행동이다. 그냥 듣는 것이 아니라 고객이 하는 말을 들으면서 그들이 말하지 않는 것까지 함께 들어야 하기 때문이다. 잘 듣기 위한 경청 기술의 3단계는 다음과 같다.

1단계는 귀로 듣는 경청이다. 코칭이 진행되는 동안 고객은 여러 가지 단어나 말로 자신의 상황과 심정을 표현하다. 귀로 듣는 경청은 경보 수집에 초점을 두는 경청이므로, 그것이 사실이나 사건을 말하는 것인지, 관점이나 입장을 이야기하는 것인지, 아니면 감정 또는 정서를 나타내고 싶은 것인지를 잘 이해하여야 한다. 소통 강의를 듣는 사람들의 의견을 들어보면 대부분 '대화와 소통'이 잘 되지 않아서 어려움을 겪고 있다고 말한다. 의사소통에 문제가 발생하는 데는 여러 가지 이유가 있지만, 대개 대화에 참여하는 사람들이 상대방의 이야기를 그저 듣기만 하거나, 자기가 듣고 싶은 대로 듣거나, 상대방의 말을 듣는 것보다 자기가 말하는 것을 더 좋아하기 때문이다. 상대방의 이야기를 경청하게 되면 전달하고자 하는 내용을 왜곡해서 듣거나 오해하는 경우가 거의 없다.

귀로 듣는 경청은 상대방의 말을 정확하게 듣기 위해 머릿속의 잡념을 비우고 집중해서 듣는 것이다. 이때 고객의 말을 경청하고 있다는 것을 표현하기 위해 눈 맞춤을 하고, 고개를 끄덕이거나 적절한 추임새를 넣는 것이 필요하다.

2단계는 적극적 경청이다. 적극적 경청은 코치의 판단이나 충고 없이 고객이 표현하는 말뿐만 아니라 행동, 표현 속에 숨겨져 있는 감정이나 사고까지 경청하는 것을 말한다. 단순히 사실을 받아들이는 것이 아니라 고객의 말에 몰입하여 생각과 감정을 이해할 마음으로 듣는 것이다. 적극적 경청은 고객에게 철저히 초점을 맞추어야 하며, 이를 통해 고객들은 마음을 열고 솔직하게 자신의 이야기를 들려주게 된다.

적극적 경청은 고객의 이야기를 비판하거나 판단하지 않고 있는 그대로 수용하며, 그의 감정을 진심으로 이해하려고 노력하며 듣는 것이다. 또한 코치가 고객이 말하는 언어적인 표현뿐만 아니라 비언어적인 표현까지도 이해하며 듣는 것이다. 사실 코칭에서 고객이 전하는 말이나 단어가 전해주는 정보에는 한계가 있다. 오히려 비언어적 표현이 더 많은 정보를 전달해주는 경우가 많다. 그렇기 때문에 코치는 비언어적으로 전달되는 정보를 통해 코칭고객의 감정, 정서, 숨은 의도를 파악할 수 있어야 한다. 적극적 경청은 코치가 고객의 마음을 반영해 주거나 들은 말을 다시 코치 자신의 말로 표현하면서 확인시켜 준다는 차원에서 반영적 경청이라도 한다.

적극적 경청의 반응 양식에는 명료화하기, 바꾸어 말하기, 반영하기, 요약하기 등이 포함된다. 구체적으로 살펴보면 다음과 같다.

첫째, 명료화하기는 고객의 이야기를 경청한 후 "~라는 뜻인가요?"라고 질문하는 것이다. 이를 통해 고객의 말을 정확하게 들었는지 확인할 수 있고, 모호하고 혼돈되는 내용을 명료하게 할 수 있다. 둘째, 바꾸어 말하기는 고객이 한 말을 코치 자신의 말로 바꾸어 표현하는 것으로 이를 통해 객관적 내용을 확인하고 강조할 수 있다. 셋째, 반영하기는 고객의 말 중에서 감정과 관련된 부분을 바꾸어 말하는 것으로 이를 통해 고객은 자신 속에 내재하고 있는 감정이나 표현한 감정을 잘 알아차릴 수 있다. 넷째, 요약하기는 고객의 말을 압축하여 그 핵심을 두세 문장으로 말하는 것이다. 이를 통해 고객이 지나치게 반복적으로 말하는 것을 막을 수 있고 진행된 대화 내용을 검토할 수 있다.

3단계는 직관적 경청이다. 직관적 경청이란 고객이 정말로 마음에 품고 있는 주요 관심사를 직관적으로 짚어내기 위해 고도로 집중하여 경청하는 것을 말한다. 코치는 직관을 활용하여 모든 방향에서 다각도로 들어야 하며, 감각 기관을 사용하여 상대방과 주위의 사소한 반응을 놓치지 않고 민감하게 들어야 한다.

직관적 경청은 고객의 말에서 나타나는 모순점, 어휘들에서 드러나는 태도와 감정, 각기 다른 시간에 반복해 나타난 주제를, 표현에서 감지할 수 있는 가치와 신념, 미래에 대한 꿈과 좌절, 발전을 가로막는 행위 등이 무엇인지 알아채는 경청이다. 그리고 질문을 통해 자신에게 집중하지 못하게 만드는 장애물을 드러나게 하고 자신에게 온전히 집중할 수 있도록 돕는 것이 마음으로 듣는 경청인 직관적 경청이다.

(2) 질문

① 좋은 질문

코칭에서 '경청'이 방패 역할을 한다면 '질문'은 '창'과 같은 역할을 한다. 코칭 질문은 일반 대화에서 하는 질문과 다르다. 일반 대화에서는 질문하는 사람의 궁금증이나 호기심을 알아내기 위해 하는 질문을 하지만 코칭 질문은 상대방 중심의 질문이다. 질문은 고객과 효과적으로 소통할 수 있게 만들어주고 새로운 아이디어나 통찰력을 얻을 수 있게 만든다. 특히 고객이 현재 의식에서 더 깊은 잠재의식으로 들어갈 수 있도록 돕고, 다른 관점에서 생각할 수 있는 기회를 준다.

코치의 좋은 질문은 고객의 마음속에 있는 다양한 가능성과 잠재력을 자극할 수 있는 힘을 가지고 있다. 또한 고객들의 고정된 감정을 뒤흔들 수 있고 창의성과 희망을 자극할 수 있으며 앞으로 어떻게 달라질 수 있을지 상상하게 하는 힘이 있다. 어떤 질문은 지금까지 불가능했던 것을 가능하도록 하는 힘도 가지고 있다. 그래서 좋은 질문은 기적의 질문이라고도 볼 수 있다. 좋은 질문은 다음과 같은 아주 특별한 힘을 가진다.

첫째, 질문을 하면 답이 나온다. 질문을 받으면 대답을 하지 않을 수 없기 때문이다.

둘째, 질문은 생각을 자극한다. 질문은 질문을 하는 사람과 질문을 받는 사람의 사고를 동시에 자극한다.

셋째, 질문을 하면 정보를 얻는다, 적절한 질문을 하면 원하는 정보를 얻을 수 있다.

넷째, 질문을 하면 통제가 된다. 모든 사람은 스스로 상황을 통제하고 있을 때 편안하고 안전하게 느낀다. 그런데 질문을 하게 되면 자신의 감정을 진정시키고 원하는 방향으로 이끌 수 있다. 그래서 결국 질문을 하는 사람이 유리한 입장에 서게 된다.

다섯째, 질문은 마음을 열게 한다. 사람들은 자신의 사연, 의견, 관점에 대한 질문을 받으면 우쭐해진다. 질문을 하는 것은 상대방의 이야기에 관심을 보여주는 것이므로 아무리 과묵한 사람이라도 자신의 생각과 감정을 드러낸다.

여섯째, 질문은 귀를 기울이게 한다. 적절하게 질문하는 능력을 향상시키면 보다 분명한 대답을 듣게 되고 중요한 일에 집중하기 쉬워진다.

마지막으로, 질문에 답하면 스스로 설득이 된다. 사람들은 누가 해주는 말보다 자신이 하는 말을 믿는다. 사람들은 자신이 생각해낸 것을 좀 더 쉽게 믿는다. 그래서 질문을 요령 있게 하면 사람들의 마음을 특정한 방향으로 움직일 수 있다.

코칭에서도 질문은 대단한 힘을 발휘한다. 어떤 고객들은 자신이 무엇을 어떻게 해야 할지, 어디로 가야 할지를 코치가 제시해 주기를 원한다. 그러나 좋은 코치는 그런 일을 하는 대신 고객의 생각을 자극하는 정곡을 찌르는 질문을 한다. 코치의 좋은 질문은 고객으로 하여금 깊이 생각하도록 격려하고 그의 가능성과 상상력을 자극하여 고객의 며칠 후 혹은 몇 년 후에 비전을 발견하도록 돕고. 그가 가지고 있는 무한한 잠재력을 발견할 수 있는 계기를 제공한다. 결국 코치의 질문은 고객 스스로 자신의 문제를 해결할 수 있는 해답을 찾는데 많은 도움을 준다.

② 질문의 종류

다양한 질문 중에서 코치가 꼭 알아두고 사용해야 할 지문은 열린 질문, 긍정 질문, 확대 질문, 미래 질문이다. 이것들의 공통점은 모두 고객의 가능성을 최대한 이끌어내는 것을 목적으로 하는 바람직한 질문이라는 것이다.

첫째, 개방 질문은 고객이 자신의 생각을 스스럼없이 이야기할 수 있도록 하는 질문을 말한다. 코치가 개방 질문을 하면 고객은 생각을 좀 더 하게 되고 대답에 주의를 기울이게 되며 자신의 마음을 열게 된다. 즉 개방 질문은 고객으로 하여금 자신의 마음의 문을 열고 보다 심층적인 대답을 할 수 있게 한다. 훌륭한 개방 질문을 하려면 '어떻게', '무엇'과 등과 같은 말을 한두 마디만 붙이면 된다. 코치는 고객의 상상력을 자극하기 위해 개방 질문을 자연스럽게 사용할 수 있도록 많은 노력을 해야 한다.

둘째, 긍정 질문은 '아니다'라는 부정적인 의미가 질문 속에 없는 것을 말한다. 이런 긍정 질문을 받았을 때는 폭이 넓고 밝은 어감이 느껴져 대답을 하는 고객의 의식이 긍정적인 방향으로 흘러감으로써 문제 해결에 많은 도움을 준다. 대개 긍정적인 질문을 하면 긍정적인 대답을 얻는다. 따라서 코치는 고객이 그 자신 속에 내재돼 있는 가능성과 잠재력을 마음껏 발휘하고 궁극적으로 자신의 문제를 스스로 해결할 수 있도록 돕기 위해서 긍정 질문을 많이 하는 것이 바람직하다. 특히 조직 내에서 상사가 긍정 질문을 하면 부하 직원의 사고를 전환하는 데 계기를 주고 사기를 진작시키는 데 도움을 준다.

셋째, 확대 질문은 질문을 받은 사람이 그 자리에서 대답할 수 없는 질문이나 '예',' 아니오'로 쉽게 대답할 수 없는 둘 이상의 해답이 있는 질문을 말한다. 확대 질문은 고객이 지닌 능력이나 가능성과 잠재력을 확대시킨다는 의미에서 이렇게 불린다. 코칭에서 주로 사용하는 질문은 주로 이런 종류의 질문이다. 고객이 코치로부터 확대 질문을 받게 되면 그의 내면에 깊이 잠재되어 있는 의식을 자극하여 많은 생각을 하게 된다. 다시 말하면 코치가 확대 질문을 하고 코칭 고객이 이에 대답하는 과정을 반복하면서 자신이 원하는 대답을 스스로 찾기 위해 많은 생각을 하게 된다. 그리고 자신의 문제를 해결할 수 있는 해답을 찾는 데 많은 도움을 받게 된다. 따라서 코칭을 할 때 코치는 고객의 가능성과 잠재력을 이끌어내기 위해 확대 질문을 늘리려는 노력을 끊임없이 해야 된다.

넷째, 미래 질문은 미래의 행위나 가능성에 초점을 두는 질문으로 질문 속에 미래형의 단어가 포함된 질문을 말한다. 미래의 가능성과 잠재력에 초점을 맞추는 것이 코치인 만큼 이런 미래 질문을 하는 것은 과거의 질문을 하는 것보다 효과적이다. 코칭은 항상 고객의 가능성에 초점을 맞추고 있기 때문에 기본적으로 미래 지향적이다. 가능성은 과거에 존재하는 것이 아니라 미래에 존재한다. 따라서 고객이 과거 지향적 사고를 가진 사람이라면 그가 깨닫지 못한 자신의 가능성과 잠재력을 발휘할 수 있도록 상상력을 자극하는 미래 질문을 늘려가는 것이 바람직하다.

코칭에 있어 질문은 대단한 힘을 가진다. 코치의 적절한 질문은 고객인 스스로 자신의 문제를 해결하는데 많은 도움을 준다. 그러므로 코치는 코칭을 진행할 때 개방 질문, 긍정 질문, 확대 질문, 미래 질문을 자유롭게 구사할 줄 알아야 한다.

코칭을 진행할 때 코치가 염두에 두어야 할 것은 코치 자신이 궁금한 것을 질문하지 않는 것이다. 다시 말하면 코치 자신의 호기심을 채우기 위해 고객에게 질문하는 것은 바람직하지 않다. 어떤 경우에도 코치가 해야 할 일은 고객이 겪고 있는 문제를 스스로 해결할 수 있도록 도와주는 것이지 코치 자신의 궁금증을 해소하는 것이 아님을 명심해야 한다. 또한 주의해야 할 점은 유도 질문을 하지 않아야 한다는 것이다. 유도 질문은 그 자체가 어떤 대답을 제안하고 있기 때문에 코칭에서 쓰는 것을 바람직하지 않다.

(3) 피드백

피드백은 고객의 행동에 대해 긍정적이고 미래지향적인 결과를 이끄는 기술이다. 제대로 된 피드백을 받으면 업무를 수행하는데 있어 나타나는 장점과 단점을 효과적으로 파악할 수 있으므로 업무 수행을 향상시키는 데에 도움이 된다. 삶의 모든 측면에서 지속적으로 발전하기 위해서는 수준 높고 적절한 피드백이 필수적이다.

코칭에서 피드백은 코치가 고객의 말과 행동에 대해 구체적으로 표현해 줌으로써 고객이 앞으로 어떻게 행동해야 할지 동기를 부여한다. 피드백은 코치가 고객에게 무엇을 잘 하고 있는지, 어떤 점이 뛰어나고 탁월한지, 어떤 행동을 고쳐야 할지, 발전을 위해 무엇을 해야 할지에 대해 말해주는 것이다.

① 피드백의 종류

고객은 코치의 피드백을 통해 자신의 장단점을 확인하고 객관적인 자신을 마주할 수 있다. 이러한 자아 인식은 고객의 지속적인 성장에 필수적이다. 코치가 하는 대표적인 피드백은 다음과 같다.

첫째, 지지적 피드백은 긍정적인 에너지에 바탕을 두고 고객의 견해를 존중하고 배려하며 격려하고 지지하는 것이다. 그리고 고객이 자신감을 갖도록 그가 실행한 것을 인정하고 칭찬하는 것이다. 즉 지지적 피드백은 고객이 잘한 점을 칭찬하고 긍정적으로 지지해 주는 것을 말한다. 코치는 고객이 좋은 행동을 강화할 수 있도록 그의 행동을 격려하고 지지하는 강력한 피드백을 해 줄 필요가 있다. 긍정적인 강화를 한다는 차원에서 긍정적 피드백이라고도 할 수 있다.

지지적 피드백의 대표적인 경우가 칭찬과 인정이다. 칭찬은 고객이 긍정적인 행동을 했을 때 그 행동 및 행동의 결과를 구체적으로 언급하면서 신뢰와 감사를 표현하는 것이다. 칭찬은 고객으로 하여금 자신감을 갖게 하고 동기를 부여하며 좋은 행동을 지속적으로 반복하도록 자극한다.

칭찬을 할 때 주의해야 할 점은 사실에 근거하여 칭찬해야 한다는 것이다. 진실하지 못하거나 쓸데없는 칭찬은 효과가 없으며 코칭에 아무런 도움이 되지 않는다. 아무런 근거 없는 행동에 대해 사람들이 경계하듯이 거짓되고 진실하지 못한 칭찬에 고객은 공감하기 어렵다. 그런 경우 칭찬의 가치는 떨어지고 코치와 고객 사이에 신뢰를 형성하기 어렵게 된다. 칭찬은 사실에 근거하여 즉각적으로 하되 진실하고 공정해야 한다.

인정은 근본적인 인식을 의미하는 것으로 고객의 존재 자체를 인정해주는 것이다. 인정은 코치가 고객의 행동이 무엇을 의미하는지, 얼마만큼 어려움을 겪어 왔는지, 고객에 대해 무엇을 이해했는지를 고객에게 전달하는 것이다. 고객을 인정하는 것은 그의 자존심을 높여주고 신뢰를 강화하며 고객의 행동을 촉진하고 고객이 자신의 가치를 느끼는 데 도움을 준다.

둘째, 교정적 피드백은 고객이 개선해 나가야 할 부분을 구체적으로 언급함으로써 그것을 적절하게 고쳐나가는 데 도움을 주는 피드백이다. 잘못된 점을 지적하고 고객의 발전을 위해 앞으로 어떻게 바꾸어야 할지를 언급하는 것이다 이런 측면에서 부정적 피드백은 발전적 피드백이라고 할 수 있다. 앞에서 언급한 지지적 피드백이 긍정적인 행동을 반복하는 것에 목적이 있다면 교정적 피드백은 행동의 변화에 그 목적이 있다.

교정적 피드백은 비난하거나 비판하려는 것이 아니다. 교정적 피드백을 할 때에는 한 개인이나 개인의 잘못에 초점을 맞추는 것이 아니라 문제 자체에 초점을 맞추어 정중하고 조심스럽게 해야 한다. 숙달되지 않은 상태에서 교정적 피드백을 하게 되면 비난이나 질책이 되기 쉽기 때문에 세심한 주의가 필요하다. 코치가 자신이 판단과 선입견에 근거하여 교정적 피드백을 해 줄 경우에는 본래의 의도와는 달리 불필요한 오해가 발생할 수 있고, 결과적으로 코칭 진행에 어려움을 겪을 수도 있다. 따라서 코치는 스스로 코칭에 상당한 자신감이 생기지 않았다면 교정적 피드백은 가급적 삼가는 것이 좋다. 교정적으로 피드백으로 효과를 얻고자 할 경우에는 성장과 발전을 위한 방법이 함께 제시되어야 한다. 그리고 교정적 피드백을 할 때 코치는 항상 고객에게 좌절감을 주지 않고 냉소적이지 않도록 주의해야 한다.

② 피드백의 단계

피드백은 피드백을 받는 단계, 이해하는 단계, 행동을 변화시키는 단계를 거쳐 수행 향상으로 이어진다. 따라서 피드백이 효과적으로 작용하기 위해서는 단계별 관문을 넘는 것이 우선이다.

첫째, 피드백을 받는 단계에서는 업무, 행동, 구체성, 시의적절성이 필요하다. 피드백을 전달하면 상대방이 받아들일 것이라고 생각하지만 그렇지 않은 경우도 많다. 피드백이 모호하거나 개인의 특성에 초점을 두었을 때, 행동과 피드백 간의 시간차가 클수록 수용되지 않을 가능성이 높다. 예를 들면, 보고서를 작성한 후배에게 "잘 했어!"라고 말하는 것이 피드백을 전달한 것이라 생각할 수 있지만, 이 피드백에는 어떤 내용과 행동이 성과에 영향을 미친 것인지에 대한 정보가 포함되어 있지 않기 때문에 단지 긍정적인 평가일 뿐 자신의 수행에 대해 배움을 주는 피드백은 아니다.

또한 좀 더 "활발하게", "꼼꼼하게"와 같이 성격, 기질에 대한 피드백은 자기(self)에 위협을 주기 때문에 방어적인 반응을 이끌어 내거나, 만약 수용하더라도 쉽게 바꿀 수 없는 영역이어서 피드백의 긍정적인 효과를 기대할 수 없다. 그리고 특정 행동에 대해 피드백이 수주, 수개월 후에 전달될 경우 행동과 결과 간의 인과 관계를 파악하기 어렵기 때문에 피드백이 큰 영향을 미치기 힘들며 오히려 "그걸 왜 지금 얘기해"와 같이 부정적인 반응을 이끌어낼 수 있다. 그러므로 피드백은 업무와 관련되고, 행동에 초점을 두고, 구체적으로, 시의적절하게 전달하여야 한다.

둘째, 피드백 이해하기 단계에는 의미 해석과 반추하기가 이루어져야 한다. 피드백을 받으면 그 내용을 이해하는 단계로 넘어가 피드백의 의미를 해석하고 반추하게 된다. 이 단계부터는 조직의 피드백 문화가 중요하게 작용한다. 피드백 문화란 구성원이 수행 증진을 위해 공식적, 비공식적 수단을 통해 지속적으로 피드백을 받고, 요청하고, 개발에 활용하는 것과 관련된다. 피드백을 받으면 전달자의 의도나 내용을 명확화하는 과정이 필요한 경우가 많다. 예를 들면, 정기적으로 시행하는 다면진단은 각 문항이 구체적 행동을 묘사하고 있고, 주관식 응답을 통해 팀원의 피드백을 제공하지만, 진단 대상자 입장에서는 그것들이 무엇을 의미하는지 정확하게 해석하기 어려울 수 있다. 이때 피드백 문화가 잘 조성되어 있다면 팀원들에게 보다 자세한 피드백을 구함으로써 내용을 보다 정확하게 파악할 수 있다. 혹은 조직에서 코치를 지원해 준다면 전문가로부터 진단 결과의 의미를 해석 받을 수 있다. 하지만 그 반대의 경우에는 피드백이 이해되지 않아도 "이 피드백에 대해 자세히 설명해 주실래요?"라고 묻는 것이 굉장히 어렵고, 그로 인해 피드백의 정확한 의미 파악이 어렵거나 잘못된 해석을 내릴 수 있다.

셋째, 행동을 변화시키는 단계에는 우선순위와 달성 목표를 정의하는 것이 필요하다. 실질적으로 변화를 이끌기 위해서는 무엇을 변화시킬 것인지, 배워야 할 것은 무엇인지, 우선순위를 정하고 달성 목표를 명확하게 정의하고 계획을 세우는 것이 필요하다. 계획을 세우고 나면 실천하는 것만 남게 된다. 이렇게 개발 계획을 실행하는 와중에 목표에 얼마나 근접해 가고 있는지 피드백을 받는 것이 중요하며, 조금이라도 변화된 모습을 스스로 혹은 팀장, 동료가 알아봐 주고 칭찬하는 것이 필요하다.

8.4 안전코칭 방향

현재 많은 기업들이 안전사고로 인해 사회적으로 이슈가 될 뿐만 아니라 기업 이미지에 큰 타격을 주어 기업 경영에 큰 경향과 손실을 주는 등 안전사고에 의한 여러 문제점이 야기되고 있다. 이를 해결하기 위해서는 구성원들의 안전에 대한 태도와 행동이 변화될 수 있도록 기업의 노력과 지원이 필요하다.

많은 연구에서 안전코칭이 개인의 안전 태도 변화 및 개인 안전행동 변화에 영향을 미치는 효과를 실증적으로 규명함으로써 기업과 산업 현장에서 안전코칭의 중요성이 확인되었다. 또한 산업 현장에서 상명하달식의 경직된 문화보다는 수평적 문화로 안전 패러다임의 변화를 가져와야 한다는 것을 보여주고 있다.

오늘날의 기업은 안전에 대한 관심과 정책이 매우 중요하고, 이런 정책에 구성원들을 참여시켜 성과를 창출해야만 한다는 변화의 요구를 받아들이고 있다. 그래서 직원들에게 안전에 대한 동기 유발과 몰입을 높이고, 소통과 참여를 극대화하여 안전사고를 줄여나가기 위한 노력들을 지속적으로 하고 있다.

기업에서는 근로자의 행동과 태도를 지속적으로 변화시키는 방법에 대해 많은 관심을 가지고 있다. 일반적으로 안전에 대한 근로자의 태도와 행동은 책임자보다 낮으며, 책임자의 강요나 회사의 관심도에 따라 일시적으로 변화를 보이지만 지속되지 못하는 경우가 많다. 근로자의 안전행동이 동기 요인 없이 방향성만 강요되었기 때문이다. 이런 문제를 해결하기 위해 근로자 스스로 문제를 해결하고 이끌어 나갈 수 있도록 셀프 코칭이 산업 현장에 활용되는 경우가 늘고 있다.

근로자들의 행동 지속 의도는 안전사고 예방의 원인이 되는 불안전한 행동과 태도를 안전한 행동과 태도로 변화시키므로 기업들은 이러한 행동 지속 의도를 키우기 위한 교육에 더 많은 투자와 지원을 아끼지 않아야 한다. 무엇보다 안전사고 예방을 위해서는 소속 직원들에 대해 지속적인 안전코칭을 하는 것이 필요하다.

관리자들에게 코칭 교육을 제공하여 근로자들에게 상시적으로 적절한 코칭이 이루어질 수 있도록 하는 것이 바람직하다. 뿐만 아니라 자기 스스로 안전 조치를 할 수 있도록 셀프 안전코칭 제도를 도입하는 것이 필요하다. 이를 위해 안전코칭 전문 인력 양성과 교육에 대한 투자와 지원이 지속적으로 이루어져야 한다.

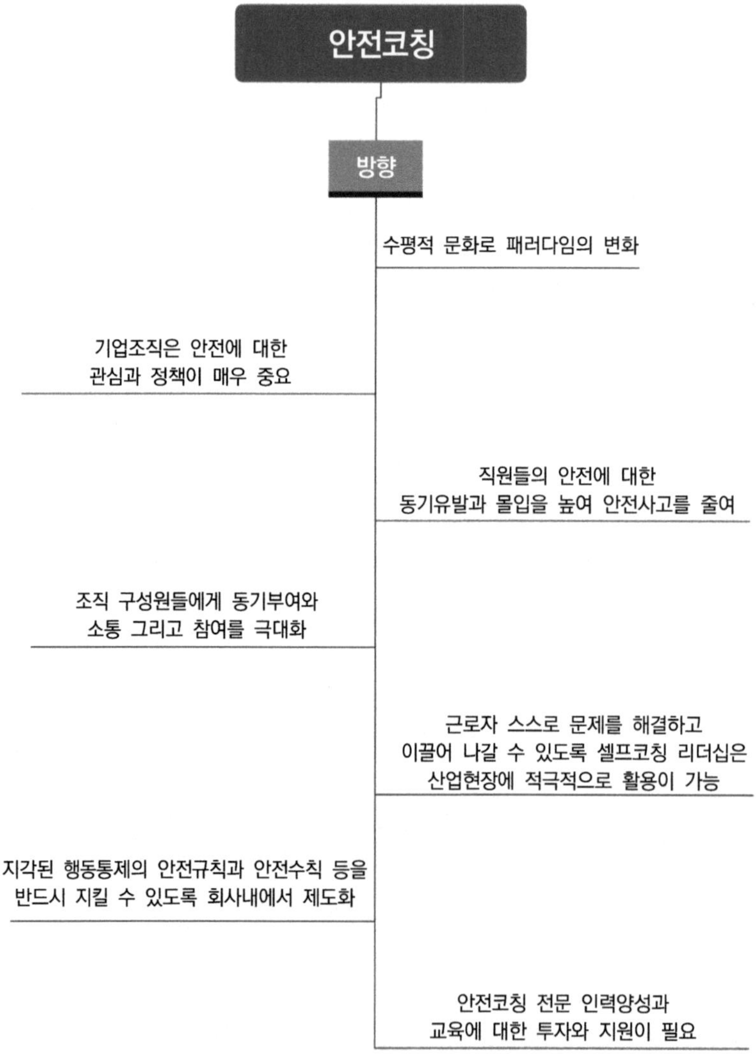

[그림 8-1] 코칭리더십 방향

제9장

안전리더십

9.1 리더십

9.1.1 리더십의 개념

리더십(Leadership)이란 주어진 상황 속에서 목표를 달성하기 위하여 노력하는 개인 또는 집단의 활동 과정으로 리더와 추종자, 그리고 상황 변수의 상호 작용에 의해서 결정된다. 따라서 리더십을 연구하는 접근 방법도 리더의 특성에 주안점을 둔 특질 접근법과 상황에 따라 리더와 추종자 간의 역동 관계에 중점을 둔 상황 접근법이 있다.

리더들이 행동하는 방식, 즉 이들이 리더 역할을 수행하는 구체적인 행동은 인간 본성에 대한 어떤 가정에 근거를 두고 있다. 의식적이든 무의식적이든 리더들은 인간 행동에 대한 어떤 이론, 즉 인간으로서 부하들이 어떻다는 견해에 근거를 두고 행동한다.

20세기 초에는 근로자들의 가장 직접적인 일선 감독자가 근로자 계층에서 승진되었고, 리더 역할을 위한 공식적인 훈련은 거의 받지 못했다. 이러한 과도기 때의 일선 감독자들이야말로 부하 직원들에 대해 사실상의 완전한 통제력을 행사하였다. 그 당시의 관리 철학은 과학적 관리였다. 테일러가 창안한 이 접근 방식은 단지 생산성 수준을 유지 또는 향상시키는 방안에만 관심이 있었다. 시간과 동작에 대한 연구를 활용하여 과학적 관리의 대변자들은 생산 과정을 표준화함으로써 기계와 그 기계를 돌리는 근로자로 하여금 좀 더 빠르게 일할 수 있게 하는 데에만 관심을 가졌다. 사실, 과학적 관리에서는 근로자를 기계의 연장으로 간주했으며, 근로자와 조직 간의 관계는 극히 비

인간적이었다. 근로자들은 욕구와 공포, 가치관을 지닌 인간으로서의 배려나 보호를 제공받지 못했다. 조직의 목표는 생산과 효율성을 높이는 것이었으며, 이를 달성하는 유일한 방도는 근로자로 하여금 기계의 요구에 복종하도록 만드는 것이었다.

오늘날에는 사람들이 그러한 극단적인 상황 하에서 일하는 것을 상상하기가 힘들다. 근로자들에 대한 배려가 부족하기는커녕 현대적 조직체들 중에는 몇몇 압력 단체의 영향을 받아 근로자의 욕구를 조직의 목표로 삼고 있는 데도 있다. 이것이 바로 생산성이 아닌 근로자에 초점을 맞추었던 호손(Hawthorne)과 기타 연구들의 영향을 받아 1920년대와 1930년대에 시작된 인간관계 관리 방식이다. 그 이후로 인간관계 위주의 통솔력은 많은 조직체의 관리에 영향을 끼쳤다.

인간관계 운동으로 말미암아 근로자를 더 이상 거대한 기계 속의 톱니바퀴로서가 아니라 인간으로서 인식하게 되었다. 이 운동은 많은 조직체들을 경각시키고 조직체들로 하여금 근로자의 개인적, 사회적 욕구를 조직 내에 민감하게 반응하도록 만들었다. 리더가 할 일은 단순히 생산성을 유지하고 향상시키는 것뿐만이 아니라, 더 나아가 부하 직원들 간의 협동적 목표 성취를 진작시키고 그들의 개인적인 성장과 발전을 증진시키는 것이어야 한다.

오늘날 리더십은 구성원을 움직이기 위한 핵심 요소로 인식되므로 매우 중요시되고 있다. 또한 리더십은 구성원이 자발적·능동적으로 행동하도록 동기부여하고 조정하는 역할을 하기 때문에 조직 목표 달성을 위한 원동력으로 인식된다. 이러한 리더십은 접근 방법 또는 해석하는 시대별 관점에 따라 다양한 이론으로 발전하여 왔다.

리더십 발전은 특성 이론에서 행동 이론과 상황 이론으로 발전되었으며, 변혁적 리더십과 거래적 리더십 등으로 최근 발전하였다. 특히 변혁적 리더십과 거래적 리더십의 경우 안전리더십이 발전하는 근간이며 밀접한 관계가 있다. 1980년대 이후 거래적-변혁적 리더십론은 대중적으로 호평을 받아온 리더십의 하나로 새로운 리더십 패턴의 일부이기도 하다.

리더십은 조직 구성원에 대하여 강압적인 권력 행사가 아니라 조직 구성원 스스로 리더를 따를 수 있는 영향력이며, 조직의 구성원과 목표 달성을 위해 협력적인 분위기를 조성하고 개인의 역량이 잘 발휘될 수 있도록 지원하고 격려하는 것으로 정의할 수 있다. 또한, 조직 구성원의 팀워크를 향상하는 과정을 통해 갈등을 해소하는 관계 지향적 리더십으로 인간관계 및 참여를 중시하는 것이다. 리더가 가진 자질과 능력 등으로 영향력 행사, 의미 부여, 변화 유도 등의 행동 양식에 관련이 있고, 특정 목적이나 목표를 달성하기 위해 리더와 추종자가 상호 작용하는 가운데 형성되는 것임을 알 수 있다.

리더십은 하나의 정의를 내릴 수 없을 정도로 정의가 다양하다. 즉, 리더십의 개념은 각 제도나 조직에서 사용하는 절차에 따라 집단 과정, 성격, 영향력 행사 설득의 한 형태, 힘의 관계, 목표 달성의 수단, 상호작용 효과, 역할 등으로 간주한다. 최근의 리더십의 정의로는 상호 영향력 관계, 차별적 세력, 목표 성취에 대한 영향력, 역할 분화, 리더 행동 귀인, 변화 대행인 등으로 정의하기도 한다. 리더십의 개념은 리더십 발휘 과정에서 어디에 초점을 두느냐에 따라 다르다. 리더십에 대한 학자들의 정의들을 종합한다면, 리더십이란 특정한 조직이나 집단이 목적 혹은 목표를 달성하기 위해서 리더가 구성원들에게 영향력을 행사하여 변화를 유도하는 과정이라고 할 수 있다.

[표 9-1] 리더십의 정의

리더십의 정의	학자들의 말
집단과정 리더십	리더는 집단구성원의 필요와 욕구에 의해 영향을 받으며, 원하는 방향으로 집단구성원의 에너지를 집중시키는 역할을 하며(Bernard,1927), 집단을 통합하는 중심인물이다(Redle,1942). 즉 리더는 집단과정과 집단구조의 중심이다.
성격으로서의 리더십	리더는 바람직한 성격특성을 많이 가진 사람이다(Bingham, 1927).
부하의 응종을 유도하는 기법	리더십은 부하들로 하여금 리더가 바라는 방식대로 행동하게 하는 응종기법이다(Bennis, 1959).
영향력 행사로서의 리더십	리더십은 부하들의 행동을 변화시키기 위해 영향력을 행사하는 것이다(Bass, 1960).
목표지향적 행위로서의 리더십	리더십이란 집단행동의 방향을 설정해주는 개인의 행위이다 (Hemphill, 1968).
설득의 한 형태로서의 리더십	리더십이란 무엇을 해야 하는가를 결정하는 능력이며, 타인들에게 그것을 설득시키는 능력이다(Eisenhower, 1968).
세력으로서의 리더십	리더십이란 보상세력, 강압적 세력, 합법적 세력, 전문적 세력, 친밀 세력을 가지고 타인들에게 최대한의 힘을 발휘하는 과정이다 (French & Raven, 1958).
목표성취 수단으로서의 리더십	리더십이란 조직목표 달성을 위해 조직을 동기화시키고 조정하는 역통적인 힘이다(Davis, 1942).

상호작용효과로서의 리더십	리더십은 집단행동의 원인이기보다는 집단행동의 상호작용 결과다 (Anderson, 1940).
역할로서의 리더십	리더십은 집단 상호작용 과정에서 발생하는 역할이자 지위이다 (Gibb, 1954).
구조주도화로서의 리더십	리더십이란 역할구조를 유지하고 발전시키는 과정이다 (Smith, 1935).
구성요소들의 조합으로서의 리더십	리더십이란 대인 간 영향력과 목표달성을 위한 집단적 노력을 결합시킨 것이다(Barrow, 1977).

9.1.2 리더십과 헤드십

집단 내에서 내부적으로 선출된 리더가 부하들의 따름을 바탕으로 영향력을 행사하는 상호작용 과정을 리더십(leadership)이라고 한다. 반면 외부에 의해 임명된 지도자의 경우 이를 헤드십(headship)이라고 한다.

리더의 위치에 지명된 사람들은 자동적으로 상관으로서의 지위와 권한을 부여 받는다. 군장교나 관리자의 처벌권과 같이 충분한 권위가 있으므로 임명된 헤드들은 그 단체의 활동사항을 지시하며 부하들의 복종을 요구할 수 있으나, 그렇다고 해서 그 단체를 "리드(Lead)" 라는 말 그대로 잘 이끌어 나간다고는 말할 수 없다.

헤드십은 보통 부하들의 활동을 감독하고 지배할 수 있는 권한을 보장받고, 만약 부하가 말을 듣지 않을 경우 처벌까지 할 수 있는 힘을 가지고 있다. 그러나 헤드가 리더로서의 역할을 못하면 그 부하들은 이와 같이 임명된 헤드를 위해 자진해서 열심히 일하는 경우는 드물다. 다만 위에서 하라니까 한다는 식이 된다. 이것이 바로 헤드십과 리더십의 가장 큰 차이인 것이다.

진정한 리더는 집단의 협력을 조성하며 집단의 연대감과 응집력을 증가시켜서 구성원들이 자발적으로 리더와 함께 일을 해 나아갈 수 있게 만들어야 한다. 따라서 비록 임명된 헤드들이 리더십의 특혜(상징, 지위, 사무실)를 지니고 그들의 역할을 수행하지만, 그들이 얼마나 효율적으로 잘 리드해갈 수 있는지를 결정하는 것은 부하 직원과 함께 일을 처리해 가는 능력이다. 임명된 리더들이 비록 상관의 자리에 앉아 있다 하더라도 부하들로부터 지지, 신임, 그리고 신뢰를 얻지 못하면 그 부하들을 진정으로 이끌어 나갈 수 없다.

[표 9-2]에 헤드십과 리더십의 차이가 설명되어 있다.

[표 9-2] 리더십과 헤드십의 차이

상황	리더십	헤드십
권한행사	선출된 리더	임명된 헤드
권한부여	밑으로부터 동의	위에서 위임
권한근거	개인능력	법적 또는 공식적
권한귀속	집단목표에 기여한 공로인정	공식화된 규정에 의함
상관과 부하의 관계	개인적인 영향	지배적
책임귀속	상사와 부하	상사
부하와의 사회적 간격	좁음	넓음
지휘형태	민주주의적	권위주의적

9.1.3 맥그리거 X, Y 이론

인간 본성에 대한 가정을 X, Y 두 가지로 대별해 각기 특성에 따른 관리전략을 처방한 맥그리거(McGregor)의 동기부여 이론을 말한다. 그는 인간의 하급 욕구에 착안해 권위적 통제에 입각한 관리전략을 처방하는 전통적 관점을 X이론이라 하고 인간의 고급 욕구 · 성장적 측면에 착안한 새로운 관리체제를 Y이론이라 불렀다. X이론은 인간이 본래 게으르고 일을 싫어하며, 야망과 책임감이 없고, 변화를 싫어하며, 본래 자기중심적이고, 금전적 보상이나 제재 등 외재적 요인에 반응한다고 가정한다. 동양의 순자가 주장한 성악설과 같이 인간의 본성은 수동적이고 믿을 만하지 못해 명령과 감독이 소홀하면 일을 게을리 한다고 본다. 이에 따라 조직 구성원들에게 동기를 부여하기 위해서는 금전적 보상이나 제재를 유인으로 사용하고 강제와 위협, 철저한 감독과 통제를 강화하는 관리전략을 채택해야 한다는 것이다. 맥그리거는 이러한 X이론은 고급 욕구의 충족을 원하는 현대인에게 동기 유인을 제공하지 못할 것이라고 비판했다. 한편 Y이론은 인간이 본성적으로 일을 즐기고 책임 있는 일을 맡기를 원하며 문제 해결에 창의력을 발휘하고, 자율적 규제를 할 수 있으며, 자아실현 욕구 등 고급 욕구의 충족에 의해 동기가 유발된다고 가정한다. 동양의 맹자가 주장한 성선설과 같이 인간의 본성은 능동적이고 신뢰할 만하기에 자율성을 많이 주더라도 책임을 가지고 열심히 일할 것이라고 보는 관점이다. Y이론은 매슬로우의 욕구위계설에 영향을 받은 것으로 어느 정도 생리적, 안전, 사회적 욕구 등이 만족된 직장에서 근로자들은 자존심과 자아실현에 더 관심을 가지고 동기부여가 될 것이기 때문에, Y이론의 관점을 취하는 것이 근로자들의 능력을 자율적으로 발휘하게 하는 면에서 더 좋을 것이다.

(1) X이론의 인간해석

- 인간은 천성적으로 게으르고 일을 하기 싫어한다. 자기의 경제적 욕구나 이기적 목표를 추구하는 데에는 상당히 적극성을 띠지만 그 밖에는 신경을 쓰지 않으며 게으르다. 다시 말해서 불로소득을 좋아하며 열심히 일하는 것은 염두에 두지 않는다.
- 인간은 경제적 욕구를 가장 합리적으로 추구하는 경제동물이다. 경제적 욕구만 충족되면 무엇이나 다 충족된 것이라 생각하여 돈에는 아주 철저하고 타산적이다.
- 경제적 욕구 이외에는 별로 큰 욕망은 없으며, 자기행위에 대해서 책임지기를 싫어한다. 따라서 자발적으로 솔선수범하는 것보다는 남에게 끌려 다니는 것을 좋아한다.
- 인간은 자기중심적이며 철저하게 이기주의적이다. 자기 이익에만 급급하다보니 자기통제능력이 없으며 철저하게 자기중심적이기 때문에 봉사 정신이나 희생 정신이 없다. 따라서 갈등을 유발할 능력은 있지만 스스로 이 갈등을 해결하는 능력은 없다.
- 인간은 사물을 판단할 능력도 없고 어리석기 때문에 남들의 엉터리 사기극에 쉽게 넘어간다.
- 인간은 안전한 것만을 원하고 변화를 귀찮아 한다.
- 인간은 피동적 존재이기 때문에 기계의 부속품처럼 다룰 수 있고 외부조건에 의해서 조종될 수 있다.

✓ X이론의 관리처방에 필요한 관리전략

- 경제적 보상체제의 강화
- 권위주의적 리더십의 확립
- 면밀한 감독과 엄격한 통제
- 상부 책임제도의 강화
- 통제에 의한 관리

(2) Y 이론의 인간해석

- 인간은 천성적으로 일을 싫어하는 것이 아니라 노동 자체를 휴식이나 놀이처럼 자연스럽게 여기고 있는 것이지 경제적 욕구를 채우기 위한 수단으로 생각하지 않고 있다.
- 인간의 행위는 경제적 욕구보다는 사회·심리적 욕구에 의해서 좌우되고 결정되는 것이다. 다시 말하면 인간은 어느 욕구보다도 사회·심리적 만족을 추구하는 존재이므로 돈 때문에만 행동하는 것이 아니다.

· 인간은 적절한 조건만 갖추어지면 책임을 받아들일 뿐만 아니라 그것을 갈구한다. 책임을 피하려는 것, 야망이 없는 것, 안전만을 중시하는 것 등은 대체로 경험의 소산이지 본성은 아니다.
· 인간은 자기 이익만을 생각하는 이기적인 존재가 아니라 타인들과 공존하고 번영을 생각하는 사회 중심의 존재이다. 따라서 고독이나 분리된 상태를 싫어하며 조직이나 타인의 이익을 위해서도 노력한다.
· 인간은 외부의 압력이나 처벌의 위협만으로 행동하는 것이 아니라 자기가 받아들이기로 마음먹은 일은 스스로 규제하며 자율적으로 통제한다
· 대부분의 조직구성원들은 문제해결에 있어서 상상력과 창의력을 발휘하는데 이는 누구의 지시에 의해서라기 보다 스스로의 창의력으로 조직의 문제를 해결한다.
· 인간의 발달가능성은 무한한데 현재의 조직생활에서는 인간이 가지고 있는 지적 잠재력의 일부만이 활용되고 있다.

✓ Y 이론의 관리처방에 필요한 관리전략

- 민주적 라더십의 확립
- 분권화와 권한의 위임
- 직무확장
- 자율적인 통제

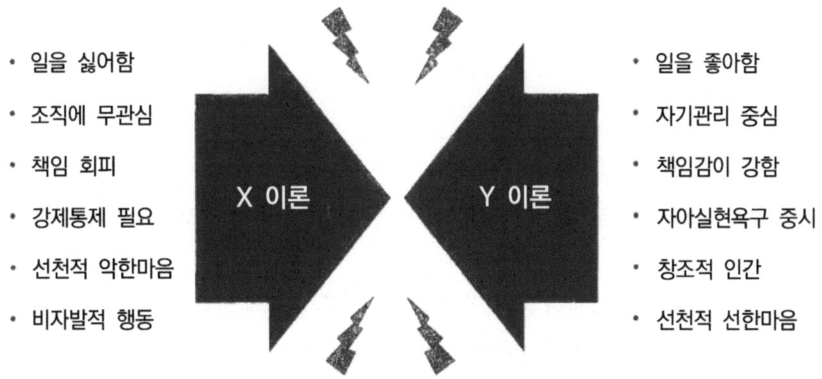

[그림 9-1] 경영자들이 종업원들에 대하여 가지고 있는 가정

맥그리거 이론의 한계 조직의 성숙 단계 및 조직구성원들의 성숙 단계에 따라 X이론을 사용하다가 Y이론으로 넘어가는 것이 적절할 수도 있으며 또 때로는 어떤 조직은 두 가지 이론을 동시에 적용해서 관리를 해나가는 것이 좀 더 효과적인 경우도 있을 수 있음을 알아야 한다. 이것은 룬드스테트(Sven Lundstedt)가 주장한 Z이론과도 관련이 있는데, 그에 의하면 맥그리거의 X,Y이론이 설명할 수 없는 중간 단계의 조직이 있다고 보고, 이른바 자유방임형 조직 또는 느슨한 조직의 경우 느슨한 조직관리가 필요하다는 점에서 X와 Y이론의 중간적 관리 스타일을 따르는 Z이론이 필요하다고 주장하였다.

9.1.4 리더십의 유형

리더십에는 여러 가지 유형들이 있다. 일반적으로 리더가 조직 내 의사결정을 함에 있어 조직 구성원들에 대한 권위와 참여 정도에 따른 리더십과 조직 계층상의 수준에 따른 리더십으로 구분할 수 있다.

(1) 권위에 따른 유형

카리슬(Carlisle)은 조직체가 권위를 어떻게 사용하느냐에 따라 리더십의 유형을 지시형 리더십, 참여형 리더십, 자유방임적 리더십 유형으로 구분했다.

① 지시형 리더십

지시형 리더십은 권위적 리더십이라고도 하며 모든 의사결정을 조직 구성원의 의사과 관계없이 리더 자신이 독단적으로 행하고 구성원에게는 명령과 복종만을 요구하는 리더십이다. 리더는 독선적이고 조직 구성원들의 보상-처벌의 연속선에서 통제하고 관리하게 된다.

지시형 리더십은 중앙집권적 통제와 조정으로 정책의 해석과 수행의 일관성을 유지할 수 있고, 신속한 의사결정이 가능하며 위급한 상황에서 보다 효과적이라는 장점이 있다. 그러나 일방적인 의사결정으로 융통성이 결여되어 있고 잠재력 개발의 기회가 감소되어 구성원의 사기가 저하되는 단점이 있다.

② 참여형 리더십

참여형 리더십은 민주적 리더십으로 모든 의사결정에서 구성원의 자발적인 참여가 이루어지고 중요한 정책이나 문제의 해결에 있어 다수 구성원들이 함께 참여하여 검토하고 해결하는 형태이다. 이 유형은 구성원들의 일에 대한 동기와 사명감을 증진시키고 개방적인 의사소통을 촉진시켜 새로운 정보의 교환이 활발하게 이뤄질 수 있게 한다. 또한 구성원들의 조직 참여가 활발하게 이루어져 조직 발전과 활동에 헌신적으로 기여하게 되고 집단의 지식과 기술을 활용할 수 있게 만든다. 그러나 참여는 특정한 상황에만 가능하고 참여에 따른 시간 소모가 많으며, 결정을 내리기 어렵다는 단점이 있다.

③ 자율형 리더십

자율형 리더십은 방임형 리더십으로 대부분의 의사결정의 권한을 구성원들에게 위임하는 형태로 리더는 극히 소극적으로 조직 활동에 참여하며 심지어 업무 수행의 목표와 방법까지도 구성원들이 세우도록 한다. 이러한 유형은 구성원들이 조직의 규칙이나 정책을 위반하지 않는 범위 내에서 자유 재량권을 행사할 수 있다는 장점이 있다. 그러나 이 유형의 리더는 자문기관으로서의 역할만 할 뿐 구성원들에게 지시 및 감독 등과 같은 적극적인 일처리를 하지 못하므로 내부에서 발생하는 의사소통 상의 갈등과 분쟁을 쉽게 조정하지 못하는 단점이 있다.

(2) 조직 계층 수준에 따른 유형

① 최고 관리층의 리더십

최고 관리층의 리더십은 조직을 이끌어 갈 전반적인 책임을 지고 있는 최고 책임자(회장, 사장, 대표이사, 관장 등)가 가져야 하는 리더십이다. 최고 관리층은 조직 외부의 다양한 이익 집단과 지역 사회와의 상호 연계를 이루며 조직 내외 환경 변화에 적극적으로 대응하고 조직의 미래 비전과 목표를 수립하며 조직을 이끌어 나가야 한다. 그러므로 조직 내 최고 관리층은 다음과 같은 기능을 수행하게 된다. 첫째, 조직의 기본적인 임무를 설정한다. 둘째, 조직 목표를 설정하고 정책을 결정한다. 셋째, 목표 달성을 위해 인적 · 물적 자원의 동원하고 관리한다. 넷째, 조직의 통제, 조정 능력을 강화한다. 다섯째, 조직의 변화를 주도하고 수행하는 것이다.

② 중간 관리층의 리더십

중간 관리층의 리더십은 조직의 중간 단계 위치에서 조직의 한 부서를 책임지고 있는 중간 관리자가 가져야 하는 리더십이다. 중간 관리자들은 하위 관리자와 최고 관리층 사이의 수직적 연결과 같은 수준의 타 부서와의 수평적 연결 역할을 하게 된다. 그러므로 조직 내 중간 관리층은 다음과 같은 기능을 수행하게 된다. 첫째, 전문가적 입장에서 최고 관리층의 정책 결정에 조언하고 보좌한다. 둘째, 최고 관리층이 설정해 놓은 정책을 효율적으로 집행한다. 셋째, 조직 목표의 달성을 위하여 하위층에 대한 감독 및 통제 기능을 수행한다. 넷째, 중간 관리층의 상호간 수평적 협조 및 조정 능력을 증진시킨다.

③ 하위 관리층의 리더십

하위 관리층의 리더십은 조직 내 최일선에서 일반 직원들을 교육 감독하는 관리자(계장, 대리, 팀장 등)가 가져야 하는 리더십이다. 프로그램을 감독하고 일선 직원들에게 업무를 위임 또는 분담시키며, 일선 직원에 대한 상담 및 감독 등 팀 리더의 역할을 수행한다. 또한 전문적 기술을 제공하고 동기부여 및 조직의 일체감을 높이는 역할을 수행한다.

9.2 안전리더십

9.2.1 안전리더십의 개념

산업 현장에서 안전 관리의 효과적인 방법을 위해 리더십의 중요성이 강조되었다. 산업 현장에서 고도의 위험을 내포한 작업을 안전하게 수행하기 위한 최우선 고려 사항으로 리더십을 꼽았고 과업 수행에 있어서 상하 간, 동료 간 신뢰와 인간적 유대 관계가 중요한 요소로 작용하였다. 또한 한 집단의 목적을 달성하기 위해서 조직 구성원들의 신뢰를 바탕으로 한 리더의 안전리더십이 강조되었다.

안전리더십은 리더십의 개념에 안전이라는 의미가 더해진 것이다. 즉, 안전리더십은 근로자에 대한 관리자의 영향력 행사라는 점에서는 기존의 리더십 이론들과 유사하지만 산업 현장에서의 물리적·심리적 위험성과 근로자들의 안전 참여, 안전행동 유도 등 안전에 대한 개념이 추가된 것으로 정의할 수 있다.

안전리더십은 조직이 설정한 안전 목표 달성을 위해 다양한 안전 보건 활동을 통하여 안전문화를 형성하는 과정에서 구성원에게 영향력을 미치는 것을 말한다. 안전리더십이 조직의 안전문화를 형성하는데 기여하게 되면서 안전리더십의 중요성이 더욱 부각되고 있다.

20세기 후반부터 리더십과 안전의식에 대한 개념이 정착되기 시작하면서 리더십의 개념과 모형을 근간으로 안전리더십에 대한 정의가 발전되었다. 피터슨(Peterson)은 최초로 안전리더십의 개념과 리더의 역할에 대해 설명하였는데, 안전리더십은 조직 관리 차원에서 어떤 정책보다도 중요하며, 안전 관리자는 자신의 행동이나 결정을 통해 현장에 적합한 규정이나 관리 방안이 어떤 것이 있는지 경영진에 전달하는 역할을 하였다. 또한 안전리더십을 현재의 안전 상태를 파악하고 개선하기 위한 비전을 세우고 비전 달성을 위한 방법을 고안해 내는 총체적인 과정이라고 정의하였다.

오데아와 플린O'Dea & Flin)은 안전리더십에 대해 부하 직원이 안전에 대한 성과 향상을 위하여 매진하고 효율적으로 활동하는 것이며, 안전에 대한 책임감을 갖도록 동기를 부여하는 것이라고 하였다.

호주의 NSWMC(New South Wales Minerals Council, 뉴사우스광물위원회)은 안전리더십이란 근로자의행동 · 태도 · 습관을 변화시키고 현장의 안전 의식이 향상될 수 있도록 근로자의 믿음과 가치에 영향을 주고 변화시키는 것이라고 정의하였다.

또한 우, 린, 쉬아우(Wu, Lin, & Shiau)은 안전리더십이란 조직의 목표를 달성하기 위해 리더가 구성원에게 강력한 영향력을 발휘할 때 리더와 구성원 간에 형성되는 상호 동조의 과정이라고 정의하였다.

일반적으로 안전리더십은 2000년대 이전까지는 안전을 관리하는 경영진이나 최상위의 관리자가 필요로 하는 리더십의 한 축으로 인식되었다. 발링, 로플린, 켈러웨이(Barling, Loughlin, & Kelloway)는 안전을 강조한 변혁적 리더십이 작업 안전에 연계된다는 것을 논증하였으며 이는 조직 구성원의 교육을 통해서 체득할 수 있다고 하였다. 이경훈 · 박해천은 안전리더십을 조직을 구성하는 구성원의 생명과 재산을 보호하고자 조직의 목표를 안전이라는 것으로 정하고 이를 이루고자 하는 비전을 제시하고 규범, 규정, 절차 등을 마련하여 구성원으로 하여금 인식하도록 하고 활동을 하도록 영향을 주는 것이라고 하였다. 이러한 관점에서 박홍준은 안전리더십에 대하여 구성원의 태도, 행동, 습관을 안전한 작업장과 조직 문화가 형성되도록 바꾸는 것으로 구성원으로 하여금 안전에 대한 믿음과 가치를 심어주고 변화시키는 것이라고 하였다.

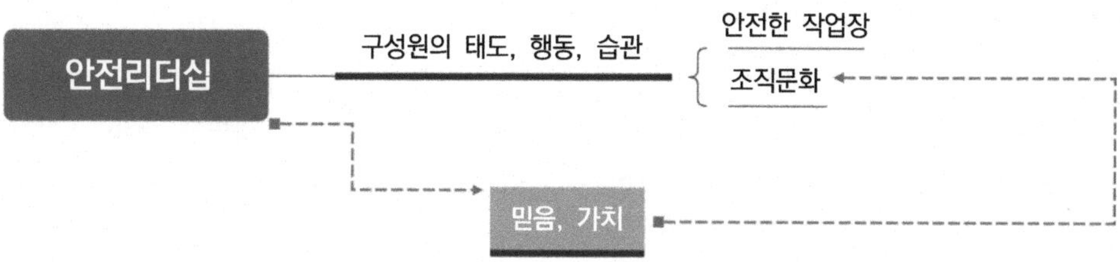

[그림 9-2] 안전리더십의 목표

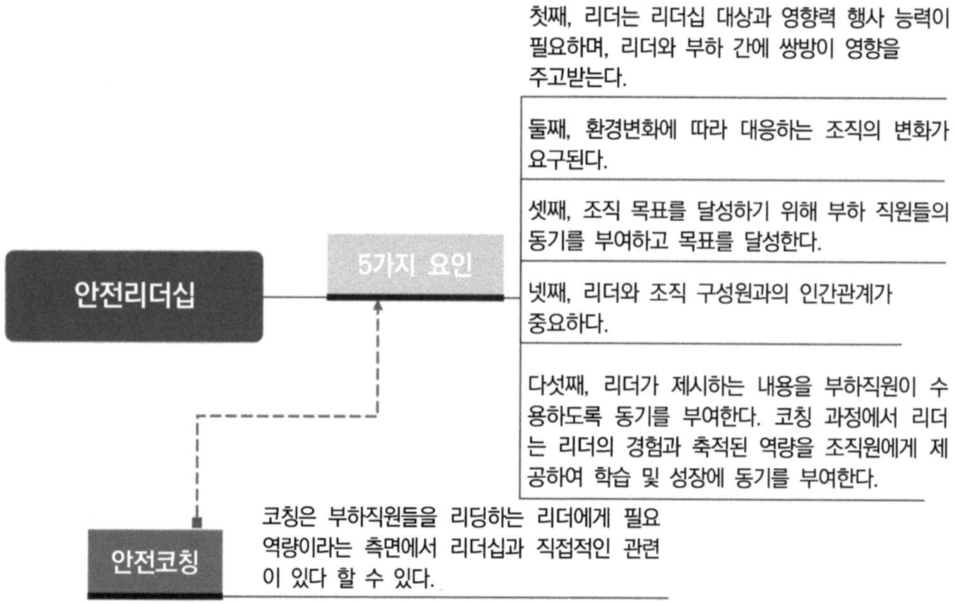

[그림 9-3] 안전리더십의 5가지 요인

루시에와 아쿠아(Lussier & Acua)는 안전리더십에는 5가지 요인이 포함되어야 한다고 주장하였다. 첫째, 리더는 리더십 대상과 영향력 행사 능력이 필요하며, 리더와 부하는 서로 영향을 주고 받는다. 둘째, 환경 변화에 따라 대응하는 조직의 변화가 요구된다. 셋째, 조직 목표를 달성하기 위해 부하 직원들의 동기를 부여하고 목표를 달성한다. 넷째, 리더와 조직 구성원과의 인간관계가 중요하다. 다섯째, 리더가 제시하는 내용을 부하 직원이 수용하도록 동기를 부여한다.

9.2.2 안전리더십의 중요성

안전리더십은 현재의 안전 상태를 파악하고 개선하기 위한 비전을 세우고 비전을 달성하는 방법을 고안해내는 총체적인 과정이다. 이 정의는 임원진, 경영진 등의 조직 상위 관리자의 안전 목표 확립 및 성취 방법을 강조하는 것이라고 할 수 있다.

그런데 안전리더십은 조직의 상위 관리자에게만 요구되는 것이 아니라 현장 관리자들에게도 요구되고 있다. 현장 관리자들은 근로자들과 가장 가까운 곳에서 함께 작업을 하거나 작업을 지시하고 감독하는 역할을 하기 때문에 관리자의 안전 관리 행동 및 안전 의식은 작업장의 안전 수준과 사고 발생에 직접적인 영향을 미친다. 그렇기 때문에 관리자들이 안전에 대한 관심이나 동기가 부족하면 사고 예방이 어려울 수 있다.

"Safety is everyone's responsibility" 안전은 우리 모두의 책임이라고 한다. 하지만 이 생각을 조직 전체에 뿌리 내리기란 쉽지 않다. 아직까지도 조직의 안전은 안전부서, 안전 담당자의 업무라고 생각하는 기업이 많기 때문이다.

물론, 안전을 담당하는 안전부서는 사고 예방을 위해 전사적인 활동을 이끌어가고 전 직원이 참여하도록 서포트 해야 한다. 하지만 모든 사람들의 안전이 최우선이라는 근본적인 생각과 더불어 적극적인 참여 및 노력이 없다면 사고를 예방할 수 없다.

'조직의 생산 활동에 안전이 기본이다'라는 의식을 심어 줄 수 있는 유일한 사람은 조직을 책임지고 있는 리더이다. 리더가 움직여야 구성원들이 움직일 수 있다. 리더는 조직 구성원이 조직의 이익을 위해 출근해서 퇴근할 때까지 안전하게 작업할 수 있는 환경을 조성하기 위해 리더십을 발휘해야 된다.

세계에서 가장 안전 관리를 잘하는 기업은 미국의 듀폰사이다. 듀폰은 1811년부터 안전 규칙을 제정하고 '사고 Zero에 도전한다'는 사명을 걸고 '직원의 안전과 건강'을 경영의 최고 핵심 가치로 천명한 후 사고 제로화를 위해 노력하고 있다. 사고가 발생하지 않도록 최고 경영진부터 정규 직원, 비정규직, 아르바이트생까지 안전교육을 철저히 시키고, 모든 직원들에게 안전과 관련된 구체적인 지침을 제공하여 안전 실천을 생활화하도록 하고 있다. '모든 사고는 사전에 예방될 수 있다'는 최고 경영층의 강한 확신이 모든 직원들에게 그대로 전수되어 현장에서 안전을 최우선 핵심 가치로 삼고 작업에 임하고 있다.

또한 안전을 위해 반드시 지켜야 하는 라이프 세이빙 룰을 만들어 이를 어기거나 자신의 잘못으로 인해 타인의 안전에 위협이 되었다면 징계 처분이나 해고도 감수하겠다는 것에 동의하도록 하고 있다. 직원을 채용할 때나 보수 교육을 할 때에도 수시로 안전에 대한 서약을 받고 있다. '불안전한 행위를 하지 않겠다, 동료의 불안전한 행동을 발견하면 시정하도록 알려주겠다, 불안전행 행동을 지적받았다면 즉시 시정하겠다'는 문서를 읽고 꼭 지키겠다는 서명을 하게 한다. 그리고 회사에 큰 영향을 줄 수 있는 인적 사고와 자연 재해 리스크를 유형화시키고, 그 아래 하위 리스크를 나열한 후 각각의 대응 매뉴얼을 만들어 운영하고 있다.

최고 책임자에 의한 적극적인 안전 관리 활동이 실시되고 있는 조직의 재해 발생률이 가장 낮다고 하는 만큼 이론적으로나 실질적으로나 사고 예방에는 안전리더십이 큰 역할을 한다.

한 연구에 따르면 현장 관리자를 대상으로 안전리더십 기반 처치(관찰, 피드백, 커뮤니케이션)를 수행한 결과 직원들의 안전 보호구 착용 비율이 9%에서 59%까지 상승하였다고 한다. 이를 통해 관리자의 안전리더십 수준이 조직 내 안전문화에 영향을 미친다는 것을 알 수 있다. 조직 문화는 집단행동 규범의 영향을 받는데 관리자의 리더십은 이 규범 형성에 영향을 미친다. 따라서 관리자가 안전에 대해 강조하고 안전과 관련된 행동이나 상호작용을 많이 할수록 집단행동 규범에서 안전은 우선순위가 된다. 그리고 근로자들도 안전의 가치와 중요성을 인식하고 실천할 가능성이 높아진다.

대부분의 사람들은 합법적인 권위를 가진 사람의 지시에 순응하는 경우가 많다. 사회심리학자 밀그램은 '권위에 대한 복종 실험'을 통해 인간이 권위에 대해서 어느 정도까지 복종할 것인가?' 하는 의문에 대한 해답을 얻고자 하였다.

그는 참가자가 실험명을 알게 되면 실험 결과에 오류가 생길 것을 염려하여 대외적으로는 '처벌이 학습에 미치는 영향'이라는 실험 광고를 내고 참가자들에게도 그렇게 안내했다. 밀그램은 참가자들에게 각각 선생님과 학생의 역할을 부여했는데 선생님 역할을 맡은 참가자에게 문제와 정답을 미리 알려주고 학생이 문제를 틀릴 때마다 전기 충격을 주게 했다. 전기 충격기에는 15 V에서 450 V까지 15 V씩 증가하도록 총 30개의 스위치가 있었고 '약한, 강한, 극심한, 위험' 등의 표시도 붙여 놓았다. 사실 전기 충격기는 가짜였고 학생 역할의 참가자는 고의로 문제를 틀리고 전기 충격을 받은 것처럼 고통을 연기했다. 이 사실을 모르는 선생님 역할의 참가자들은 학생의 비명 소리를 듣고 그만 해야 한다고 이야기했지만 계속하라는 실험자의 말에 괴로워하면서도 다시 실험을 진행했다. '극심한, 위험' 표시가 되어 있는 전류를 사람에게 쓰는 것이 상식적인 행동은 아니다. 하지만 선생님 역할을 맡은 40명의 참가자 모두가 300 V까지 전압을 올렸다. 실험 설계 당시 밀그램은 3% 정도만 300 V까지 전압을 올리고, 0.1% 정도만 450 V까지 전압을 올릴 것이라 예상했지만 65%인 26명이 450 V까지 전압을 올렸다. 밀그램은 사람들이 주저하거나 거부하는 듯한 반응을 보이면 정확히 4번 반복해서 계속하라고 지시하고 계속 거부하면 실험을 중단했는데, 이 지시란 것이 특별한 협박이나 설득도 아니고 단순히 "계속 하십시오", "꼭 실험을 진행해야 합니다", "전기 충격으로는 실험자의 신체에 영구적 손상을 주지 않습니다. 실험을 계속 하십시오"라고 말하는 정도였는데도 대부분의 사람들은 결국 지시를 따랐다.

이 실험을 통해 합법적 권위를 가진 사람의 지시와 명령이 상당한 힘을 가지고 있다는 것을 알 수 있다. 이것을 안전과 연관시켜보면 관리자의 의식과 행동은 직원들의 행동에 영향을 미칠 수 있음을 알 수 있다. 조직과 현장의 안전문화를 발전시키기 위해서는 관리자의 올바른 안전리더십이 실제 현장에서 발현되어야만 한다. 따라서 관리자 안전리더십을 증진시키기 위한 적절한 교육과 현장에서 진행시킬 수 있는 안전 프로그램을 계획하고 실행할 필요가 있다.

9.2.3 경영진의 안전리더십

전 세계적으로 ESG(Environmantal, Social, Governance) 열풍이 거세게 불면서 비재무적 요소인 환경, 사회, 지배구조가 기업 경영의 핵심 가치로 떠올랐다. 이러한 흐름 속에 안전이 기업의 가치와 경쟁력을 결정하는 중요한 요소로 급부상하고 있다. 특히 경영진의 안전리더십은 조직의 안전문화 확립에 가장 중요한 요인이라고 할 수 있다. 경영진의 안전리더십은 다양한 형식으로 발현된다. 안전을 최우선 가치로 하는 리더는 그 가치를 조직 전체에 확산시키기 위해 모범적인 역할 모델이 되어 다양한 전략과 활동을 펼쳐야 한다.

경영진의 안전리더십을 위한 핵심 행동은 다음과 같다.

첫째, 안전에 대한 비전을 논의해야 한다. 경영진은 조직 내 임원과 안전보건 담당자, 현장 관리자와 함께 조직이 추구하는 안전 비전에 대해 논의해야 한다. 대체로 경영진은 안전이 우선이라고 강조는 하지만 실질적인 안전 활동을 하지 않는 경우가 많다. 하지만 경영진이 안전 목표와 비전에 대해 논의하고 안전행동을 실천하는 것은 모든 조직 구성원들의 안전에 대한 이해와 실천을 강화시킨다. 따라서 경영진은 관리자들과 함께 안전 목표와 비전에 대해 자주 논의하는 것이 필요하다. 분기별로 한 번씩 전 직원들에게 회사 사고에 관한 내용을 보고하면서 조직의 안전 목표와 비전을 다시 한번 강조한다면 조직 구성원들의 안전 의식은 점차 향상될 것이다.

둘째, 성공적인 안전 프로그램 실행에 관한 경영진의 기대를 논의해야 한다. 모든 관리자는 안전 프로그램이 성공적으로 실행될 수 있도록 경영진이 기대하는 바를 조직 구성원에게 명확하게 전달해야 한다. 또한 안전 프로그램이 어떻게 진행되고 있는지를 명확하게 전하는 것이 중요하다. 경영진은 안전 회의를 정기적으로 열어 임원진들과 관리자들이 안전 증진을 위해 어떤 역할을 하고 있는지 수시로 확인해야 한다. 진행되고 있는 안전 프로그램에 대해 다양한 질문을 하고, 프로그램 진행에서 발생하는 어려움을 수시로 확인하여 빠른 조치를 취함으로써 안전 프로그램이 정착될 수 있도록 지원을 아끼지 않아야 한다.

셋째, 조직의 안전문화를 확립하기 위해서 경영진은 지속적인 안전 관찰을 해야 한다. 경영진이나 상위 관리자는 안전과 관련된 사항을 보고만 받아서는 안 된다. 현장을 방문해 현장 관리자와 함께 안전 관찰을 통해 안전 사항을 직접 확인해야 한다. 특히 경영진은 관리자들에게 현장에서 우려되는 상황을 충분히 설명하고 안전행동 관찰의 중요성을 강조해야 한다. 경영진이 현장 근로자들에게 피드백을 제공해야 할 때도 있지만 안전을 위한 관리자들의 노력을 더 많이 인정해 주는 것이 먼저여야 한다.

9.2.4 관리자의 안전리더십

안전관리 담당자들의 안전리더십 실천은 경영진의 안전리더십 못지않게 중요하다. 대부분의 조직에서 안전관리 담당자들은 다양한 점검이나 평가에 대한 행정이나 서류 작업을 하면서 현장 안전에 대한 업무도 동시에 수행하고 있다. 안전관리 담당자들이 안전리더십을 실천하기 위해서 반드시 지켜야 할 핵심 행동은 다음과 같다.

첫째, 현장을 방문하여 안전 모니터링을 실시해야 한다. 관리자들의 안전리더십 행동 중에서 현장 방문은 매우 중요하다. 현장 방문을 자주 하게 되면 관찰을 통해 현장 상황을 자세하게 알 수 있기 때문에 예전에 미처 알아채지 못했던 안전에 미비한 사항을 파악할 수 있고, 안전 자료를 확보할 수 있다. 현장을 방문하여 눈으로만 확인하기 보다는 핵심 안전행동 체크리스트를 가지고 모니터링을 실시해야 한다. 문제점이 되는 사항이 발견되면 다음번 현장 방문에서 개선되고 있는지 확인해야 하며, 미처 반영되지 않았던 사항들을 발견하면 체크리스트의 항목에 추가시켜야 한다. 안전 관리자가 작업 공정이나 현장 상황에 대해 잘 모른다면 현장 관리자나 경력이 오래된 직원과 함께 현장을 방문하여 작업과 현장에 대해 질문하고 파악하는 것이 필요하다.

둘째, 현장 근로자들과 안전에 대해 의사소통해야 한다. 안전관리 담당자들이 의사소통할 때 주의해야 할 점은 근로자들의 불안전 행동에 초점을 두지 않아야 한다. 안전 담당자들이 현장에 가서 근로자들의 잘못된 행동을 찾아 지적하고, 질책하거나 처벌하는 방식의 의사소통을 반복하게 되면 현장 근로자들은 안전 담당자들의 현장 방문을 꺼려하게 되고 솔직한 이야기를 하지 않을 가능성이 높아진다. 안전 담당자들의 현장 방문이 잘못된 부분을 찾아내는 것이 목적이 되어서는 안 된다. 현장 근로자들의 잘못을 들추어내기 보다는 안전을 위해 노력하는 것에 대해 인정하고 칭찬해주어야 한다. 또한 그들이 안전하게 작업할 수 있도록 필요한 자원들을 제공하는데 초점을 맞추어야 한다. 현장에서 많은 정보를 얻거나 쉽게 드러나지 않는 사항들을 발견하는 것도 중요하지만 현장 근로자들과 자연스러운 의사소통을 통해 좋은 관계를 형성해가는 것을 목적으로 방문하는 것이 좋다. 현장에 대해 가장 잘 알고 있는 사람은 현장 근로자들이다. 좋은 관계가 유지된다면 근로자들은 관찰 당한다는 걱정이나 불안이 사라져 안전과 관련해 다양한 의견들을 들려줄 것이다.

셋째, 안전 모니터링 자료를 바탕으로 현장 관리자들과 주기적으로 안전 향상 방안을 논의해야 한다. 현장 방문을 마친 후에는 기록한 체크리스트 자료를 정리해야 한다. 현장 관리자의 기록 자료와 관찰에 참여한 근로자들의 기록 자료가 있다면 이것 역시 정리해 두어야 한다. 이때 안전 관리자와 현장 작업자 간의 관찰 결과는 다를 수 있다. 이때 누구의 결과가 더 정확하고 맞는지 따지는 것은 옳지 않다. 관찰에 참여하는 것 자체가 안전 향상에 큰 도움을 주므로 큰 차이가 아니라면 통합하여 분석하는 것도 괜찮다. 반면 의견의 너무 다르다면 관찰 기준이 서로 다르기 때문일 가능성이 높다. 이럴 경우에는 체크리스트의 안전 기준을 더 구체적으로 설정해 해결하는 것이 필요하다. 정리된 자료를 통해 체크리스트 항목에 대한 안전 비율을 확인할 수 있다. 이를 바탕으로 현장 관리자들과 함께 회의를 통해 안전 비율이 높은 항목은 적극 칭찬하고, 안전 비율이 낮은 항목은 원인을 파악한 후 증진할 수 있는 방법을 논의해야 한다. 또한 지원이나 도움이 필요한 것에 대해 논의하고 이를 바탕으로 안전 증진 방안을 함께 모색하는 것이 필요하다.

넷째, 근로자들에게 피드백을 제공해야 한다. 현장을 방문해 모니터링 하는 목적은 근로자들의 행동 변화를 이끌어내기 위해서이다. 그러므로 모니터링을 마치고 나면 현장 안전 관련 정보를 근로자들에게 제공해야 한다. 관리자들만 알고 있는 안전 관련 정보는 현장 안전 증진에 실질적인 도움이 되기 어렵다. 근로자들이 안전 정보를 정확하게 이해하지 못하면 안전 증진 효과는 떨어질 수밖에 없다. 안전 회의를 통해 안전 관리자는 안전 모니터링 자료에 기초하여 근로자들에게 제공할 핵심 내용을 정리하여 현장 관리자에게 전달해야 한다. 또한 안전 게시판이나 근로자들의 휴식 공간에 안전 비율 정보를 제공하거나, 사보나 사내 방송을 통해 알리는 것도 필요하다. 안전 정보 제공을 통해 회사나 공장이 안전을 주기적으로 관리하고 있고 안전을 중요하게 생각한다는 인식을 근로자들에게 심어줄 수 있다.

다섯째, 안전 노력에 대한 인정과 보상을 제공해야 한다. 조직의 안전 수준을 증진시키기 위해서는 무엇보다 안전 노력에 대한 인정을 해 주는 것이 중요하다. 그러기 위해서는 높은 안전 수행을 보이는 개인이나 팀을 인정하기 위한 가이드라인이 필요하다. 그런데 칭찬하거나 칭찬받는 것에 대한 경험이 부족한 일부 관리자와 직원들은 안전 노력에 대해 인정하는 것을 꺼려할 수 있다. 이런 경우에는 안전 노력에 대한 개인의 인정과 팀 인정의 중요성을 인식시키고 인정과 축하에 대한 가이드라인을 명확히 제시할 필요가 있다. 또한 안전 프로그램에서는 보상이 중요하다. 안전에 기여한 근로자들을 인정하고 의미 있는 방식으로 보상이 주어진다면 프로그램은 성공할 수 있다. 보상을 전달하는 사람은 직원이 무엇을 하여 이러한 인정을 받는지 명확히 전달하고 고마움을 표현해야 한다. 인정과 축하하는 개별적일수록 더욱 의미가 있으므로 감사 물품도 직원들이 알아서 가져하도록 하는 것보다 개별적으로 감사 메시지를 담아 전달하는 것이 효과적이다. 안전 행사나 이벤트를 계획한다면 관리자들은 행사나 이벤트에 모두가 참여해 재미를 느낄 수 있도록 마련해야 한다.

9.3 안전리더십에 필요한 의사소통 기술

우리는 혼자서 살아갈 수 없는 존재이다. 다른 사람과의 관계를 통해 서로 도움을 주고받지 않는다면 우리는 생존 자체도 위협받을 수 있다. 의사소통은 '내가 사용하는 것'이면서 동시에 '우리라는 관계를 만드는 것'이이다. 의사소통을 통해 사람과 사람이 관계를 만들고, 원하는 바를 획득하며, 관계를 발전시켜 나가기 때문이다.

의사소통이 잘 된다는 것은 내가 생각하고 느끼는 바를 전달해서 상대방을 이해시키고, 어떤 반응을 끌어낼 수 있다는 것이다. 반응이 공감이라는 형태라면 서로의 의사에 대해 우호적이며 좋은 인간관계를 유지할 수 있다. 그러나 공감을 얻지 못하는 의사소통이라면 관계 역시 어려움을 겪을 수 있다. 의사소통의 중요성을 강조하는 이유가 여기에 있다.

긍정적인 인간관계를 형성하는데 대화는 매우 중요한 요소이다. 많은 사람들이 대화의 중요성을 알고 있어도 현실에서 효과적인 대화를 하는 것이 쉽지 않다. 그렇기 때문에 꾸준히 노력하고 연습할 때 좋은 대화 기술을 얻을 수 있다. 이로 인해 인관관계가 좋아진다면 삶에 있어서 매우 가치 있는 일이다.

효과적인 의사소통을 하기 위해서는 상대방의 이야기를 정확하게 이해하는 것이 필요하다. 그리고 상대방에게 내 생각이나 의견을 정확하게 전달하는 것이 중요하다. 특히 직장에서 효과적인 업무 수행과 좋은 관계를 위해서는 의사소통 기술을 증진할 필요가 있다.

리더가 리더다운 의사소통을 하지 않으면 조직에 피해를 입힐 수 있다. 우선 상사와 부하 사이에 갈등이 생겨 조직 내 의사소통에 높은 장벽을 만든다. 또한 정보의 흐름이 단절되고 신념과 목표 공유가 어려워진다. 이런 부작용이 쌓이면 결국 조직이나 기업의 경쟁력 약화로 이어질 수 있다. 리더의 의사소통 장애로 인한 조직의 의사소통 단절은 단기적 성과 저하만 가져오는 게 아니다. 공동체 구성원은 직장에서 업무에 대한 성취감뿐 아니라 소속감 · 안정감 · 신뢰감 같은 다양한 가치를 추구한다. 그런데 조직에서 의사소통이 제대로 이루어지지 않으면 이들이 추구하는 가치를 달성하기 어렵게 된다. 조직의 의사소통 역량을 높이려면 적절한 소통 채널을 개설하고 임직원을 교육, 훈련시키는 것도 중요하지만 무엇보다 중요한 것은 리더의 역할이다.

구성원들은 리더를 역할 모델로 삼아 리더의 말과 행동을 학습한다. 또한 리더가 전하는 메시지나 리더의 의사소통 방식은 조직의 성과나 사기에 결정적 영향력을 행사한다. 아무리 유능한 리더라 해도 구성원들과의 의사소통에 실패한다면 자신의 능력을 충분히 발휘할 기회조차 잃어버릴 수 있다.

리더가 의사소통을 잘 하기 위해 꼭 갖춰야 할 기술은 다음과 같다.

첫째, 리더는 경청하는 자세를 견지해야 한다. 경청이란 상대의 말을 '그냥 듣지(hear)' 않고 '귀 기울여 주의해 듣는다(listen)'는 뜻이다. 상대가 무엇을 말하려고 하는지 올바르게 이해하는 것이 경청이다. 타인의 말을 경청하는 가장 큰 목적은 그 말에 담긴 귀중한 정보나 교훈 때문이 아니라 '대화 상대방을 인정한다'는 신호이다. 사람들은 대화 과정에서 상대방이 내 이야기를 경청하고 있는지 금세 느끼기 때문에 조직을 이끄는 리더는 더욱 경청하려고 노력해야 한다. 어느 시대이건 오래도록 존경 받아온 역사적 인물들은 예외 없이 훌륭한 경청자였다.

경청을 위해서는 자신이 말하기보다 상대방이 말할 기회와 시간을 충분히 주어야 한다. 상대방의 말을 듣는 도중에 끼어들지 말고, 유추하거나 먼저 결론을 내지 말고 끝까지 듣는 것이 중요하다. 그리고 맞장구를 치거나 고개를 끄덕여 상대방에게 듣고 있다는 신호를 보내는 것이 좋다.

겔브(Gelb)는 최악의 듣기 태도로 · 타인이 말하고 있을 때 자기가 할 말을 머릿속에서 다듬는다. · 대화하는 도중 전화를 받는다. · 상대방이 말하는 데 불쑥 끼어든다. · 자기 마음대로 화제를 바꾼다. · 계속 자신에 대해서만 이야기기 한다. · 불필요한 충고를 던진다. · 대화를 나눌 때 시선을 피한다. 등을 꼽았다. 리더는 말을 명령하는 사람이 아니라 다양한 의견들을 경청하는 사람임을 잊지 말아야 한다.

둘째, 리더는 미러링을 통해 보조를 맞추고 효과적인 질문을 할 수 있어야 한다. 상대방과 대화를 할 때 상대방과 대화의 속도를 유사하게 하고, 같은 주제나 화제로 대화 내용을 맞추며 상대방이 사용하는 표현을 함께 사용해 준다면 신뢰감이나 안정감을 높여 줄 수 있다.

대화 도중의 효과적인 질문은 상대방의 대화 내용이나 의도를 명확히 할 수 있다. 뿐만 아니라 질문은 생각 정리, 구체적인 내용 끌어내기, 관점 바꾸기, 대안 제시하기, 목표 설정하기, 동기부여 수준 높이기, 가치관 파악하기, 깨달음과 발견 촉진하기 등과 같은 다양한 목적을 가질 수 있다. 질문은 닫힌 질문과 열린 질문으로 구분할 수 있다.

닫힌 질문은 예/아니오로 대답하는 질문으로 사실이나 내용을 확인하는 것에 목적이 있다. 이에 비해 열린 질문은 좀 더 구체적인 내용을 기술하게 하는 질문으로 정보를 널리 수집하고 상대방의 자유로운 발상이나 의견을 들을 때 유효하다. 열린 질문을 하면 상대가 대답하는 과정에서 스스로 답을 찾을 수도 있다. 그러므로 안전 대화를 할 때는 닫힌 질문보다 열린 질문을 하는 것이 더 바람직하다.

셋째, 리더는 효과적인 피드백을 제공해야 한다. 피드백은 개인, 팀의 업무 수행 역량을 더 발전시키기 위해 성과, 업무 수행에 대한 정보를 요구하거나 전달하는 것이다 피드백은 행동 변화를 일으키는 중요한 원동력이 되며, 피드백을 받는 사람의 업무 수행을 향상시키는 데에 도움이 된다.

피드백을 효과적으로 제공하기 위해서는 상대방이 의견을 필요로 할 때 제공해야 한다. 무분별한 피드백이나 상대방이 피드백을 원치 않은 상태에서 제공하게 되면 간섭받거나 비판 받는다고 느낄 수도 있다. 이럴 경우 피드백은 아무 효과를 얻지 못한다. 따라서 피드백이 충고나 명령이 되지 않도록 의견이 필요한 상황인지를 먼저 확인하는 것이 중요하다. 또한 피드백은 할 때는 적절한 타이밍이 중요하다. 피드백을 전달하면 상대방이 받았을 것이라 생각하지만 그렇지 않은 경우도 많다. 피드백이 모호하거나 피드백 간의 시간차가 클수록 수용되지 않을 가능성이 높다. 피드백을 즉시 제공하면 효과도 크고 나중에 피드백 주는 것을 잊을 염려도 없다. 시간이 한참 지난 후에 피드백을 주게 되면 행동과 결과 간의 인간관계를 파악하기 어렵기 때문에 피드백 내용에 공감하기 어렵고 잔소리로 여길 가능성이 높다. 그리고 피드백은 수정할 수 있고 변화가 가능한 내용을 제공해야 하다. '이해심이 없다. 이해력이 부족하다. 성실하지 않다' 등은 쉽게 변할 수 있는 내용이 아니므로 적절한 피드백이라고 보기 어렵다. 개인이 변화시킬 수 있는 구체적인 내용으로 피드백을 제공해야 한다.

효과적인 의사소통은 대상을 초월해 사람들의 마음을 열어 협력을 얻어내며, 동시에 갈등을 효과적으로 해소한다. 의사소통은 결국 인간관계의 시작이자 끝이라고 할 수 있다. 특히 조직을 이끌어 가는 리더에게 의사소통은 매우 중요한 기술이다. 지속적으로 대화하려고 노력하고 상대방의 생각과 의견을 최대한 받아들이려는 자세가 중요하다. 차이를 인정하는 너그러움과 상대방을 대하는 진실한 태도의 바탕 위에서 의사소통은 결실을 맺게 될 것이다.

9.4 안전코칭 리더십

9.4.1 안전코칭 리더십 개요

리더십에 대한 연구는 1970년부터 본격적으로 행해졌는데, 국내에서는 변혁적 리더십, 거래적 리더십, 전략적 리더십, 카리스마 리더십, 셀프 리더십, 서번트 리더십, 공유 리더십, 긍정 리더십, 코칭 리더십 등이 자주 연구되고 있으며, 그중 코칭 리더십은 가장 최근에 등장한 리더십 이론 중의 하나이다.

오늘날 조직의 리더들에게 코칭은 필수 요소가 되었다. 조직의 성패를 좌우하는 요인 인재 양성을 통해 조직 구성원의 역량을 발견하고 개발함으로써 조직의 성과를 극대화시킬 수 있기 때문이다. 코칭은 리더십과 결합하여 급변하는 기업 경영에 반드시 필요한 능력이라는 인식에서 코칭 리더십이 탄생하게 되었다.

코칭 리더십은 조직의 관리자들이 조직 구성원의 역량을 강화하여 조직의 성과를 높이기 위해 행하는 코칭이다. 코칭 과정에서 리더는 자신의 경험과 축적된 역량을 조직원에게 제공하여 학습 및 성장에 동기를 부여하게 된다. 즉 코칭은 조직 구성원들을 이끄는 리더에게 필요한 역량이라는 측면에서 리더십과 직접적인 관련이 있다.

퀸(Quinn)은 리더의 역할 중에서 대인관계 기술을 갖춘 리더를 코치형 리더로 제시하였고 리더의 역할을 대인 관계뿐만 아니라 조직 차원의 구조와 문화의 관리까지로 확장될 수 있다고 하였다. 상황 리더십을 주장한 허쉬(Hersey)와 브랜차드(Blenchard)는 리더가 조직 구성원의 성숙도에 따라, 특정 상황에서는 코칭 기술을 사용하여야 한다고 주장하였다.

로빈슨(Robinson)은 조직에서 리더는 문제 해결사, 외부 인물들과의 연락책, 갈등 조정자, 코치의 4가지 역할을 수행할 것을 주장하였다. 이 가운데 코치로써 리더의 역할은 조직 구성원들에게 명확한 역할을 부여하고, 학습을 지원하고, 응원하며, 팀원을 도와 성과를 개선하는 것이다. 리더는 의지는 있지만 능력이 부족한 조직 구성원에게 코칭 기술을 사용하여 업무를 잘 수행할 수 있도록 리더십을 발휘해야 한다. 리더에게는 점점 코치로서의 역할이 많이 강조되고 있으며 코칭 리더십은 리더십의 일환으로써 대세가 되어가고 있다.

브리스(Vries)는 리더가 코칭 기술을 잘 사용하여 조직 전체에 영향을 미치게 되면, 이것은 조직 내에 코칭 문화를 형성하게 되고, 이런 조직은 21세기의 경쟁력 있는 조직이 된다고 하였다. 즉, 코칭이라는 것이 코치라는 직업을 가진 사람들이 구사하는 기술일 뿐만 아니라 리더들도 개발해야 하는 덕목 중 하나라는 것이다.

학자들마다 코칭 리더십을 다양하게 정의하고 있는데, 휘트모어(Whitmore)는 리더와 구성원 간에 수평적인 관계 속에서 리더가 조직 구성원의 잠재 역량을 개발하도록 돕고 그들의 능력을 극대화하도록 동기부여하고 지원하는 리더십이라고 정의하였다. 코칭 리더십은 조직 구성원에게 절적한 피드백을 제공하여 직무를 효과적으로 수행할 수 있게 하며, 성과 향상과 역량 개발로 이어지게 한다. 이러한 조직 구성원 중심의 접근은 업무에 대한 권한 위임을 수반하여 구성원들이 업무에 몰입하여 실패에 대한 두려움 없이 혁신적인 아이디어를 창출할 수 있는 환경을 조성할 수 있게 한다.

코칭 시 리더는 조직 구성원의 성장 가능성을 믿고 신뢰해야 한다. 인간은 누구나 성장 가능성과 잠재 능력을 지닌 전인적인 존재이며 본인 스스로 문제를 해결할 능력을 가지고 있다고 믿는 데서 코칭은 시작된다. 이런 인간에 대한 신뢰를 기반으로 리더의 코칭, 관리자의 코칭, 상사의 코칭도 코칭 리더십과 그 개념이 같다고 할 수 있다. 코칭 리더십에서 리더는 지시와 통제, 감독자가 아닌 코치로서 역할을 해야 하며 이때 스스로 촉진자라는 인식이 필요하다.

코칭 리더십과 다른 리더십의 차별점은 현대의 코칭이 학문을 뛰어넘는 방법론으로 개인과 조직의 변화를 주도한다는 것이다. 그랜트와 자콘(Grant & Zackon)이 2,529명의 전문 코치를 상대로 한 연구에 의하면 코치들은 과거에 컨설턴트 40.8%, 관리자 30.8%, 경영자 30.2%, 교사 15.7%, 세일즈 담당 13.8%로 매우 다양한 배경을 가지고 있었으며, 심리학 배경 출신은 4.8%에 불과했다. 이러한 코치 배경의 다양성은 강점인 동시에 약점이다. 전문 코치의 배경이 다양하다는 것은 누구나 일정의 훈련을 거치면 코치가 될 수 있다는 것을 보여주며, 이는 조직의 리더들도 적절한 교육과 훈련을 받으면 효과적으로 코칭 리더십을 발휘할 수 있다는 것을 의미한다.

다른 유형의 리더십들이 대체로 이론적이고 개념적인 것에 비하여, 코칭 리더십은 비교적 짧은 시간에도 코칭 기술을 익힘으로써 유의미한 리더십의 향상을 일으킬 수 있다.

9.4.2 동기강화상담을 이용한 안전코칭 리더십

(1) 동기 강화를 위한 대화의 단계

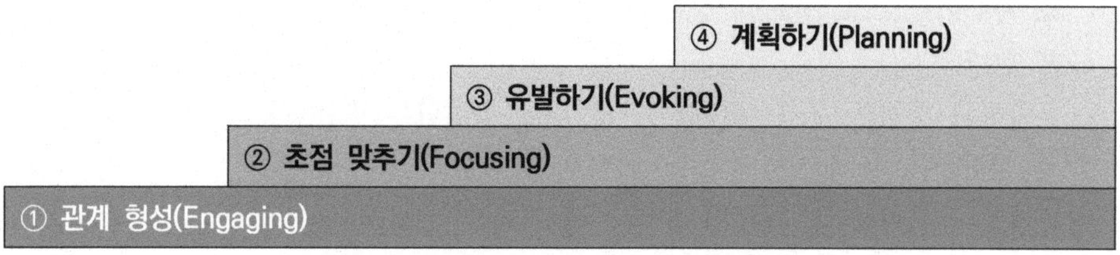

[그림 9-4] 동기를 강화시키는 대화 4단계

자발적인 동기를 유발하기 위해서는 효과적인 대화 방법을 사용하여야 한다. 효과적인 대화를 하기 위해서는 순서가 매우 중요하다. 많은 사람이 본론부터 먼저 말하는 것이 효율적이라고 믿지만 제일 먼저 상대와 관계를 형성하고 대화 주제에 대한 초점을 맞추는 데 많은 시간을 투자하는 것이 더 효과적이다. 이러한 초기 단계가 잘 진행되면 본론을 이야기하는 데는 에너지를 많이 쓰지 않아도 된다. 행동 변화를 위해서는 우호적인 관계를 잘 쌓고 시작하는 것이 중요하다.

구성원들이 스스로 변화할 수 있도록 도와주는 대화는 ① 관계 형성하기 ② 초점 맞추기 ③ 유발하기 ④ 계획하기의 단계로 이어진다. 이러한 대화 단계는 1:1 대화에도 적용할 수 있지만, 부서 회의와 같은 여러 명과의 대화에서도 적용 가능다다. 이 단계는 [그림 9-4]과 같이 표현할 수 있다.

① 관계 형성 단계에서는 전체 대화 과정 중 가장 중요한 부분으로 많은 시간을 투자해야 한다. 이 단계에서 리더는 조직 구성원과의 연결고리를 찾고, 열린 마음으로 상대방의 생각을 들어다 본다. 처음부터 안전행동에 관해 이야기하기보다는 좀 더 구성원 개개인에 대해 이해를 하려고 노력하는 것이 좋다. 일의 재미와 보람, 어려움 등의 개인적인 질문부터 '일하면서 안전이 걱정되는 점은 없는지, 아니면 오히려 안전 규정 때문에 불편한 점은 없는지' 등과 같이 주제와 관련이 있으면서도 개인적인 측면에 관심을 보여주는 질문을 통해서 신뢰감을 쌓는 과정이다.

② 초점 맞추기 단계에서는 관계 형성을 바탕으로 작업장 안전에 대한 구체적 주제를 선택한다. 이때 중요한 것은 조직 구성원 스스로가 어떤 주제에 초점을 맞춰서 이야기할지 선택권을 주는 것이다. '우리 작업장에서 안전과 관련하여 중요한 이슈가 무엇이라고 생각하는지', '안전한 조직 문화를 만들려면 무엇부터 해야 하는지'처럼 일반적인 질문을 통해 조직 구성원의 관심사를 탐색해 보는 것이 필요하다. 이

러한 질문에 대한 조직 구성원들의 답에 따라 구체적인 주제를 잡고 이야기를 진행해 나간다. 여기서 중요한 것은 조직 구성원이 선택한 영역부터 먼저 이야기를 할 수 있도록 선택권을 부여하는 것이다. 같은 주제에 관해 이야기한다고 할지라도 자신이 스스로 선택한 질문을 통해 들어가는 것이 훨씬 더 존중받는 느낌이 들게 한다.

③ 유발하기 단계는 구성원의 양가감정 뒤에 숨어있는 변화 의지를 수면 위로 드러나게 도와주는 단계이다. 우리의 마음에는 변화를 향한 마음과 변화를 거부하는 양가감정이 동시에 존재한다. 리더는 대화 중 구성원이 조금이라도 변화하고자 하는 마음이 보이는 말을 하면 이를 잘 알아차리는 것이 중요하다. 동기강화상담에서는 변화를 향하는 마음이 보이는 말들을 '변화 대화'라고 한다. '변화 대화'는 바람(Desire), 능력(Ability), 이유(Reason), 필요성(Need)으로 나타나는데 영어 첫 자를 딴 약어로 D.A.R.N. 이라고 부른다. D.A.R.N.이 나타나는 말 중에서 먼저, '바람'은 '상황이 달라졌으면 좋겠다', '모두 안 다치고 일할 수 있으면 좋겠다'처럼 변화에 대한 바람이 담겨 있는 말이다. '능력'은 '마음먹으면 할 수 있다', '이전에도 해본 적이 있다' 등 변화할 수 있는 자신감이 나타나는 말이다. '이유'는 '그러면 우리가 ~을 얻게 될 것이다', '그게 잘되면 사고는 일어나지 않았을 텐데' 등 변화를 이루면 어떤 장점이 있다는 것을 설명하는 말이다. 마지막, '필요성'은 '지금에서는 이 방법밖에 없다', "지금까지 해오던 방식대로 해서는 안 된다' 등 상황적으로 이러한 변화가 필요하다는 내용을 담고 있는 말이다. 리더는 구성원이 D.A.R.N.이 들어간 이야기를 하면 이를 다시 강조해서 다른 말로 돌려주는 반영을 함으로써 구성원 스스로 자신의 숨어있는 변화 동기를 좀 더 명확히 확인할 수 있는 기회를 주게 된다.

'유발하기' 단계에서 사용할 수 있는 유용한 기법으로 '중요도 자신감 척도'가 있다. 특정 안전규정이 얼마나 중요한지를 1-10점 척도로 대답해보라고 했을 때, 조직 구성원이 2점이나 3점으로 대답했다고 가정해 보자. 이때 왜 그렇게 낮게 생각하느냐고 물어보면, 상대는 그것이 중요하지 않은 이유를 방어적으로 설명을 할 가능성이 크다. 그런데 이는 우리가 원하는 방향이 아니다. 반대로, 왜 0도 아니고 1도 아니고 2인지를 물어볼 수 있다. 즉, 왜 더 낮은 점수가 아닌지를 물어보는 것이다. 이 경우, 상대는 그 규정이 완전히 필요 없는 것은 아니고, 이런저런 이유로 있긴 있어야 한다고 대답할 가능성이 크다. 이러한 대답은 규정의 '필요성'에 대한 변화 대화를 이끌어 낼 수 있는 좋은 기회가 될 것이다. 비슷하게 '자신감' 척도도 사용 가능하다. 이번에는 특정 안전 규정을 준수할 수 있는 자신감이 어느 정도인지를 물어본다. 구성원이 10점 만점에 5점이라고 대답했다면, 역시 왜 1도 아니고 2도 아니고 5인지를 다시 물어본다. 그러면, 상대는 자신이 이 규정을 준수할 수 있는 능력에 관해 설명하게 되고, 이는 변화대화를 유발한 것이 된다. 덧붙여 5에서 6으로 7로 올라가려면 어떤 교육이나 훈련, 도움이 필요한지를 물어볼 수 있다. 그러면, 구성원이 스스로 구체적으로 행동을 수정할 방안을 고민하고 만들어 낼 기회를 제공하게 된다.

④ '계획하기' 단계는 본격적으로 안전행동의 목표를 설정하고, 그 목표를 달성하는데 필요한 세부 계획들을 수립하는 단계이다. 직장에서 안전행동에 관한 이야기를 나눌 때 대부분 처음부터 '계획하기' 단계로 들어간다. 동기강화상담에서는 '관계형성하기', '초점 맞추기', '유발하기' 단계가 제대로 되어야지 '계획하기'가 효과적으로 진행될 수 있다고 본다. 즉, 리더가 미리 계획을 세운 후 구성원들에게 전달하는 계획은 결국 리더의 계획이기 때문이다. '계획하기' 단계에서 역시 리더는 주로 질문을 통해 구성원들의 의견을 들을 수 있다. 계획을 실천으로 옮길 수 있으려면 첫 번째 단계를 잘 설정하는 것이 매우 중요하다. 여기서 초점은 계획의 세부적인 단계를 체계적으로 설정하는 것이다. 가장 쉬운 단계를 스스로 선택하게 하면 많은 것을 한 번에 해야 한다는 중압감을 덜어낼 수 있다. 그런 의미에서 장기적인 목표와 세부 목표를 나누고, 세부 목표들의 달성을 앞으로 어떻게 점검해 나갈지에 대한 의견을 조직 구성원에게서 듣는 것이 중요하다. 달성하기 어려운 일이라고 할지라도 이 과정에서 각 세부 단계를 스스로 결정하고, 단계적 성공 경험을 해나가 도록 격려하는 것은 조직 구성원의 동기를 활성화하는 데 중요하다.

(2) 안전 리더를 위한 대화 기술

리더가 조직 구성원들을 무조건 끌고 간다면 조직 구성원은 자율성과 자발적 동기를 잃게 되고, 조직 구성원들의 의견을 따라가다 보면 조직의 목표와 다른 방향으로 갈 수 있다. 조직 구성원들을 무조건 끌고 가거나 뒤따라가지 않으면서도 효과적인 안내자의 역할을 하는 것은 쉽지 않다. 하지만 4가지 대화 기술을 익히면 안내자의 역할을 효과적으로 할 수 있다.

첫째, 열린 질문을 해야 한다. 정해진 답을 요구하는 질문은 닫힌 질문인데 반해, 열린 질문은 답이 정해져 있지 않고 상대방의 생각을 자유롭게 이야기할 수 있는 질문이다. '이 안전 규칙이 중요한가, 중요하지 않는가'와 같은 질문은 답이 정해져 있는 닫힌 질문이다. 이런 질문은 구성원에게 '중요하다'라고 답해야만 할 것 같은 부담감을 준다. 그러나 '이 안전 규정이 우리가 안전하게 작업하는데 어떻게 도움이 될까요?' 라고 물어보는 것은 리더가 다양한 생각에 대해 열려 있다는 뉘앙스를 전달하고, 상대방의 생각을 구체적으로 들어볼 수 있는 문을 열어준다. 일반적으로 '어떻게' '왜' '무엇을'과 같은 어구를 사용하면 열린 질문을 만들 수 있습니다.

둘째, 상대방을 인정해주어야 한다. 이때에는 상대방의 시도, 노력, 바람, 성공 등을 구체적인 근거를 가지고 이야기해야 한다. 예를 들어, 한 구성원이 작업 시 보안경을 착용해야 하는데 김이 서려서 사용을 잘 안 하고 있지만 김이 안 서리게 할 방법에 대해 여러 가지 시도들을 해본 적이 있다고 가정해 보자. 보안경 착용이라는 규정 준수 여부로만 보면, 인정하기 어렵지만 여러 시도를 해봤다는 것은 구성원이 이 규정을 중요하게 생각하고 노력하고 있다는 증거가 된다. 이때 리더가 "김 서림을 방지하려고 여러 고민을 해보았다고요. 안전규정을 지키려고 진지하게 생각해보셨군요"라고 인정해주면 그 구성원은 더욱 적극적으로 문제를 해결하거나, 혹은 불편하더라도 보안경을 잘 쓰겠다는 동기를 가지는 데 도움이 된다.

셋째, 반영하기를 해야 한다. 반영이란 상대방의 이야기를 경청하고 변화하고자 하는 의지를 보이는 부분을 강조하여 돌려주는 방법이다. 예를 들어, 구성원이 "보안경을 쓰자니 답답하고 안 쓰자니 혹시 다칠까 불안합니다"라고 이야기한다고 가정해 보자. 리더는 이 말 속에 녹아 있는 변화 이유를 강조하면서 "불안감을 낮추고 일에 집중하기 위해서는 보안경을 써야 한다고 생각하는 것 같네요"라고 다시 말해줄 수 있다. 그냥 상대방이 한 이야기를 따라하는 것처럼 들릴 수 있지만, 조직 구성원은 리더가 자신의 이야기를 경청하고 가치 있게 듣고 있다는 점에서 파트너십을 가지게 된다. 자신의 말 중의 변화 대화를 지속적으로 거울처럼 돌려받게 되면 상대방은 자신이 한 말대로 행동하게 될 가능성이 커진다.

넷째, 대화를 마지막으로 정리할 때 요약하기를 해야 한다. 상대방이 한 이야기의 핵심을 요약해서 다시 말해주는 방법이다. 예를 들어 "정리를 해보면, 오늘 보안경을 쓰는 게 필요하지만 잘 안 쓰게 되는 이유를 이야기 해 주셨네요. 개인적으로 필요성을 느끼고 있고, 시간을 들여 많은 생각을 해 온 것 같네요. 회사나 리더인 저도 고민해봐야 할 좋은 의견이라고 생각합니다. 다시 시간을 내서 이 문제를 어떻게 해결할지 아이디어를 모아보면 어떨까요?"라고 요약하기 및 다음 대화거리를 유도할 수 있다. 요약하기의 목적은 대화 중에 조직 구성원이 언급한 조각들을 하나로 모아 '전체 그림'을 보여줌으로써 자신이 봉착한 문제에 대한 본인의 생각과 반응들을 다시 한번 인식할 수 있도록 돕고, 나아갈 방향을 설정할 수 있도록 이끄는 것에 있다.

9.5 안전문화와 리더십

9.5.1 안전문화

1986년 4월 말에 발생한 체르노빌 사고는 폭발 몇 주 내에 방사성 물질 노출에 의한 사망자가 30명에 달하고, 그 이후로도 6,500명 이상의 암 환자를 발생시킨 인류 역사상 최악의 원전사고이다. 같은 해 미국에서는 우주선 챌린저호가 발사 73초 만에 공중에서 폭발하는 사고가 발생했다. 탑승자 7명이 전원 사망한 이 사고는 미국인들에게 엄청난 심리적 충격을 안겨 주었다.

이 두 사고의 공통점은 발생한 장소나 구체적인 사고 원인 등은 다르지만 안전의 중요성을 간과한 조직 문화가 사고의 근본적인 원인이었다는 것이다. 이후 안전 분야에서 작업자들의 행동에 영향을 주는 조직 문화의 중요성이 강조되면서 안전문화에 대한 관심이 시작되었다. 그리고 수많은 연구들과 사례들을 통해 조직의 안전문화가 사고와 재해 발생에 영향을 미친다는 것이 확인되었다.

안전문화는 안전 분야에서 친숙한 용어임에도 불구하고 정확히 무엇을 의미하는지 잘 모르겠다는 사람들이 많다. 학자들은 안전문화와 같은 개념을 구성개념이라고 부르는데 이것은 어떤 현상을 설명하기 위해 사람들이 만들어 낸 개념으로 직접 보거나 만져볼 수 없는 특징을 가진다. 그렇기 때문에 구성개념은 정의하는 사람마다 의미하는 바가 조금씩 다를 수 있다.

안전문화를 정의하면 작업장 안전과 관련된 조직 구성원들이 공유하고 있는 기본 가정이라고 할 수 있다. 기본 가정은 눈으로 직접 보거나 정확히 말로 표현하기 어렵지만 그 조직의 일원이라면 모두 당연하다고 생각하는 것을 의미한다.

Schein의 3단계 조직문화 모형에 의하면 조직구성원들이 가지고 있는 기본 가정은 조직의 가치에 영향을 주고, 이것은 다시 조직의 시스템, 물리적 환경, 구성원들의 말과 행동을 통해 드러난다. 안전과 관련된 기본 가정 역시 그 조직의 안전 정책, 안전 시스템, 작업자들의 안전행동 등에 중요한 영향을 미친다. 조직에서 다뤄야 하는 거의 모든 문제가 그러하듯이 안전도 안전만을 떼어내어 생각할 수 없다. 그러므로 조직의 안전문화를 향상시키기 위해서는 조직의 전반적인 문화 및 관련 시스템과의 관계를 함께 고려해야 한다.

9.5.2 안전문화와 안전행동

조직심리학자들은 안전문화가 안전에 대한 지식, 기술, 동기를 결정하고 이를 통해 안전행동, 궁극적으로 사고 및 재해 발생에 영향을 미친다고 주장한다. 실제 연구 결과들도 경험적인 증거를 제시하고 있다. 안전문화의 효과를 설명할 수 있는 대표적인 이론 중 하나는 '행동-결과에 대한 기대이론'이다.

이 이론에 따르면 안전 문화는 조직의 구성원들에게 안전과 관련된 행동을 하는 것이 어떤 결과를 낳을 것인가에 대한 기대를 제공한다는 것이다. 예를 들어 안전을 최우선으로 하는 문화를 가진 조직에 근무하는 근로자는 작업장의 위험 요인에 대해 상사에게 보고하면 상사에게 칭찬을 받거나 더 나아가 회사에서 문제점을 개선할 것이라는 긍정적인 결과를 기대할 수 있다. 반대로 안전을 중시하지 않는 조직 문화를 가진 조직에서 근무하는 근로자는 같은 행동이 부정적인 결과(상사가 자신을 불평불만이 많은 직원으로 생각함)나 중립적인 결과(듣고 아무런 조처를 하지 않음)를 가져올 것이라고 기대할 수 있다. 이처럼 조직의 안전문화에 따라 특정 행동에 특정 결과가 생길 것이라고 기대를 하게 되고, 이러한 기대는 근로자가 위험 요인을 상사에게 보고할 동기를 일으키거나 혹은 그런 동기를 떨어뜨리기도 한다.

지식과 기술 면에서도 비슷한 설명이 가능하다. 안전을 중요시하는 문화에서는 안전에 대한 지식과 기술을 쌓는 것이 좋은 결과를 낳을 것이라는 기대를 하게 만든다. 이러한 기대는 안전 교육에 적극적으로 참여하게 되고 결과적으로 안전한 행동을 할 수 있는 능력이 높아질 수 있다. 반대로 안전을 중요시하지 않는 조직 문화를 가진 조직의 구성원은 안전 교육을 시간이나 채우는 요식 행위라고 생각하고, 결과적으로 필요한 안전 관련 능력을 기르지 못할 수 있다.

사고를 예방하는 데 도움이 되는 안전행동은 매우 다양하다. 일반적으로 안전행동이라고 하면 필요한 보호 장비를 착용하고 작업하는 행동, 작업장 안전을 유지하기 위해 정해진 작업 절차를 지키는 행동 등을 떠올릴 수 있다. 안전을 위해 지켜야 하는 안전 규정과 절차에 따르는 행동은 사고 예방에 매우 중요하다. 학자들은 이러한 행동을 '안전 준수 행동'이라고 부른다.

그런데 사고와 재해를 예방하기 위해서는 단순히 규정을 준수하는 행동 이상이 필요하다. 아무리 꼼꼼히 안전 규정을 정해 놓더라도 작업장에 존재하는 모든 위험 요인에 관한 규정을 만든다는 것은 사실 불가능하다. 따라서 안전한 작업장을 만들기 위해서는 보다 적극적인 안전행동이 필요하고, 이러한 행동들을 학자들은 '안전 참여 행동'

이라고 부른다. 안전 참여 행동은 대부분 조직에서 꼭 해야 한다고 요구하는 행동은 아니지만 사고를 예방하고 안전을 지키기 위해 매우 중요한 행동들이다.

아래는 안전 참여 행동의 예이다.

- 신입 직원에게 안전 절차를 알려주는 행동
- 동료들이 보호 장비를 제대로 착용하지 않았을 때 이를 지적해주는 행동
- 자기가 맡은 일이 아니더라도 동료가 위험 작업을 하면 지켜봐 주는 행동
- 작업장의 위험 요소를 적극적으로 찾아 개선을 요청하는 행동
- 안전위원회에 자발적으로 참여하는 행동
- 안전 활동에 적극적으로 참여하는 행동
- 안전하지 않은 작업을 지시 받았을 때 과감히 해당 작업을 거부하는 행동

안전 문화는 구성원들에게 안전과 관련된 특정한 행동을 하는 것이 어떤 결과를 낳을 것인지에 대한 기대를 제공한다. 이러한 기대는 구성원의 안전관 련 지식, 기술, 그리고 동기에 영향을 미친다. 안전 지식, 기술, 동기는 다시 안전 준수 행동과 안전 참여 행동을 하게 하고 이러한 행동이 결과적으로 재해와 사고 발생을 일으키기도 하고 예방하기도 한다. 따라서 현장에서 건강한 안전 문화를 조성하여 사고와 제의를 예방하고자 한다면 조직 문화 중 구성원의 안전에 대한 지식, 기,술 그리고 동기에 영향을 미칠 만한 것이 무엇인지 그리고 이러한 지식, 기술, 동기가 어떻게 사고를 예방할 수 있는 행동에 영향을 미치는지, 우리 작업장의 직원들은 어떤 안전행동은 잘하고 어떤 행동은 미진한지 등을 살펴보는 것이 중요하다.

9.5.3 안전문화를 위한 리더의 역할

새로운 조직 문화를 도입하기 위해 노력하는 리더들은 종종 구성원들의 비자발적인 모습에 답답함과 좌절감을 느낀다고 토로한다. 하지만 변화하려는 동기가 하나도 없어 보이는 사람도 숨어있는 동기가 어딘가에는 존재할 수 있다. 그렇기 때문에 리더는 겉으로 드러나는 말과 행동에만 초점을 맞추기보다는 필요한 동기를 자극해서 꺼낼 수 있는 기술이 있어야 한다. 안전문화도 마찬가지다. 누구나 안전행동을 하는데 미비한 점이 있다 하더라도 기본적으로 안전하게 일하고 싶어 한다. 그러므로 리더는 안전행동을 하는데 필요한 동기를 끄집어낼 역할을 할 수 있어야 한다.

무엇인가를 하려는 '동기'를 발현시키는 데는 자율성과 자기결정권이 중요하다. 그런데 조직에서 이미 정해진 규칙을 제시하고, 이를 지킬 것을 명령하는 상황에서는 자율성이나 자기결정권을 기대하기 어렵다. 많은 안전규정과 절차는 법적인 요구사항에 따

라 만들어지기 때문에 작업자에게 안전에 대한 자율성과 자기결정권을 줄 수 없다고 생각할 수도 있다. 하지만, 그런 상황에서도 리더로서 구성원들에게 자율성과 자기결정성을 느낄 수 있게 도울 방법은 있다. 구성원의 자기결정권을 높여 자발적 동기를 유발하는 데 도움이 될 수 있는 대화의 원리와 기술은 동기강화상담 기법에 바탕을 두고 있다.

자발적 동기를 유발하기 위해서 제일 먼저 이해해야 할 개념 중 하나가 '양가감정'이다. 행동의 변화를 시도하는 상황에서 사람들은 종종 양가감정을 갖게 된다. 즉, 행동 변화에 동의하는 감정과 동의하지 않는 감정이 동시에 존재한다. 양가감정은 안전 행동에도 적용된다. 예를 들어 작업 시 보안경을 착용하겠다는 생각과 동시에 착용하기 싫다는 양가감정이 동시에 존재할 수 있다. 이런 양가감정이 발생하는 이유는 전에 보안경을 안 쓰고 작업해도 문제가 없어서, 그날 몸 상태가 안 좋아서 일을 빨리 마치고 퇴근하고 싶어서, 보안경이 익숙하지 않아 오히려 더 위험할 것 같아서, 보안경을 안 쓰고 일하는 습관 때문에 등 다양할 수 있다. 그런데 현장에서 보안경을 써야 하는 공정에서 보안경을 쓰지 않은 근로자들을 보면, 리더들은 반사적으로 이를 교정하려고 하는데 이것을 교정반사라고 한다. 즉, 근로자의 불안전 행동을 지적하고, 안전규정에 따라야 한다고 훈계하거나, 안전규정을 따르지 않으면 벌칙을 줄 것이라고 경고한다. 이러한 리더의 교정반사는 해당 직원에게 자율성을 침해받았다는 느낌이 들도록 만들고, 결과적으로 행동을 바꿀 수 있는 구성원 자신의 동력을 떨어뜨릴 수 있다. 따라서 리더들이 가능한 한 피해야 할 행동이 바로 '교정반사' 행동이다.

스스로 안전하게 행동하고자 하는 동기를 유발하기 위해 리더는 상대방이 '양가감정'을 경험한다는 것을 인지하고 양가감정의 원인을 생각해보아야 한다. 안전규정을 지키지 않는 근로자에게 간단히 "지켜야 한다고 생각하면서도 잘 지키지 못하지요?"라고 말해주고, 안전규정을 지켜야 한다고 생각하는 근로자의 생각을 들어본다. 이때 근로자가 "지키라고 하니까요", "안전이 중요하니까요"처럼 막연히 대답한다면, "왜 회사에서는 이걸 꼭 지키라고 할까요?", "이 규정을 지키는 게 왜 안전에 도움이 될까요?" 등의 추가 질문을 통해 구체적으로 왜 중요한지에 대한 이유를 근로자 스스로 생각할수록 도와줘야 한다. 이러한 과정을 통해 근로자 자신이 말한 논리에 스스로 동의하게 만드는 효과를 얻을 수 있다. 또는 근로자에게 안전규정이 잘 지켜지는 현장을 경험한 적이 있는지, 그곳에서는 왜 잘 실행되고 있는지 이유를 물어볼 수 있다. 이런 질문은 이상적인 상황(가고자 하는 미래)과 조건을 스스로 설명하게 함으로써, 근로자의 변화 동기를 향상하고 동시에 변화를 위한 방법을 스스로 도출할 수 있게 도와준다.

물론 안전규정을 지키지 않게 되는 이유에 대해서도 자세히 들어 봐야 한다. 보안경을 착용하는 규정이 혹시 안전에 도움이 안 된 다고 생각하는지, 실제 보안경을 쓰고 작업하기 어려운 이유가 있는지, 규정이나 장비에 관한 개선 필요성은 없는지 등을 자세히 질문할 필요가 있다. 우리가 보통 동의하지 않는 의견을 듣기 어려운 이유는, 일단 이야기하라고 하면 그 의견에 모두 동의 해줘야 할 것 같은 압박감을 느끼기 때문이다. 하지만 이유를 듣는다고 해서 모두 동의하거나 수용할 필요는 없고 없다. 그렇다고 상대의 생각이 틀렸다고 반박하거나 설득할 필요도 없다. 오히려 리더가 논쟁이나 반박을 하면 구성원은 이에 대한 '저항'이 높아질 수 있다. 동기 강화에서는 '저항'을 낮추는 것을 목표로 하기 때문에, 그럴 때는 그냥 "그렇게 생각하는군요" 정도로 넘어가는 것이 좋다. 대화 과정에서 자신은 인식하지 못하지만 변화의지를 보이는 단어들이 나타날 때, 리더가 그 단어들을 반복해주거나, 의미를 물어보거나, 구체화할 수 있는 질문을 해주는 것이 효과적이다.

결론적으로 리더가 조직구성원의 양가감정에 관해 묻는 이유는 상대방의 관점을 이해하기 위해서이다. 게다가 구성원 자신의 논리가 합리적인지 아닌지를 자신의 목소리를 통해 들을 수 있는 과정을 거치는 것 자체가 자기결정권을 느끼게 하는 효과가 있다. 따라서 대화에서 조직구성원이 주도권을 가질 수 있도록 하는 가장 쉽고 효과적인 방법은 리더가 방법을 나열하고 지시하는 것이 아니라 좋은 질문을 하는 것이다. 리더가 구성원에게 질문한다는 것은 구성원의 경험을 존중한다는 의미이며, 이는 구성원을 단순한 부하직원이 아니라 그 분야의 전문가로, 파트너로서 인정한다는 태도를 보여주는 것이다. 조직구성원이 자신의 의견과 생각을 피력하는 과정에서 자기 결정권을 가지게 된다면, 이미 정해진 규정이라도 자율성을 경험하게 되고, 이는 자발적으로 규정을 준수하는 행동으로 연결될 수 있다.

제10장

안전교육

10.1 안전교육

10.1.1 안전교육의 개요

사업장에서 활용되고 있는 설비나 기기 및 작업 환경에는 사회의 생활환경에서는 상상할 수 없는 유해 위험한 요인들이 산재해 있다. 산업재해의 요인에는 인적 요인과 물적 요인이 있는데 안전교육은 이 중 인적 요인의 문제를 해결하기 위한 것이다. 산업재해를 살펴보면 근로자의 불안전한 행동이 원인이 된 경우가 많다. 불안전한 행동은 근로자의 작업에 대한 지식 부족에서 혹은 안전하게 작업을 수행하는 기능의 미숙에 의해 나타날 수 있다. 또한 근로자가 작업에 대한 지식을 잘 알고 숙련되어 있더라도 규정을 위반하는 등 태도의 잘못에 의해서 나타날 수도 있다. 즉, 작업 중에 설비나 기기들의 취급이나 조작을 잘못하거나 태만히 하여 근로자가 상해를 입기도 하고, 질병에 이환되기도 한다.

이러한 사고가 발생하는 것을 방지하기 위해서는 설비기기 등의 안전한 취급 방법이나 조작 방법에 관해서 필요한 지식과 기능을 심어주는 것이 필요하다. 안전교육은 작업장에서 필요로 하는 안전 지식을 이해시킬 뿐만 아니라 이해된 안전 지식을 작업장에서 활용하고 태도로 내재화시켜야 한다.

안전교육의 목적은 지식 교육, 기능 교육, 태도 교육을 통해 안전을 확보하는 것이다. 지식 교육은 모르는 것을 해결하고, 기능 교육은 할 수 없는 것을 해결하며, 태도 교육은 알면서도 하지 않는 것을 해결하는 것이다.

일을 하는 도중에 조작이나 동작하는데 어려움이 있는 작업자에 대한 교육은 이들 작업자가 작업 절차를 어느 정도 알고 있는지에 따라 지식 교육 → 기능 교육 → 태도 교육 순으로 교육하는 것이 필요하다. 작업자가 작업 절차를 알고 있었는지(지식), 절차대로 작업할 수 있었는지(기능), 작업 절차를 지킬 생각이 있었는지(태도)를 잘 조사한 후에 지식, 기능, 태도 교육을 하는 것이 효과적이다.

지식 · 기능 · 태도 교육의 내용을 정리하면 [표 10-1]와 같다.

[표 10-1] 안전교육

종류	내용	목표
지식 교육	· 취급하는 기계, 설비의 구조, 기능, 성능의 개념 형성 · 유해 물질의 성질과 취급 방법 이해 · 재해 발생의 원리 이해 · 안전 관리, 작업에 필요한 법령, 규정, 기준 이해	알아야 할 것의 개념 형성을 도모한다.
기능 교육	· 작업 방법, 기계, 장치, 기계류의 조작 방법을 몸에 익히는 것 · 점검 방법, 이상 시의 조치를 몸에 익히는 것	실기를 중심으로 실시한다.
태도 교육	· 안전 작업에 대한 자세와 마음가짐을 몸에 익히기. · 직장 규율, 안전 규율을 몸에 익히기 · 의욕 진작	가치관 정립의 교육으로서 올바른 자세 형성을 위한 태도변화를 도모한다.
추후 지도	· 지식 - 기능 - 태도 교육을 되풀이 한다.	정기적으로 OJT로 실시한다.

10.1.2 안전교육의 방법

안전보건교육을 실시하는 방법에는 강의법(OFF-JT법), OJT법, 토의법, 문제 해결법 등 많은 방법이 존재한다.

(1) 강의식(OFF-JT) 교육

가장 대중적인 교육 방식으로, 일반적으로 강사의 수준이 높고 수강자의 수준 또는 경험이 적은 경우에 많이 사용되고 있다. 반면 수강자의 수준 또는 경험이 많은 경우에는 토의 방식 등 다른 방법을 택하는 것이 좋다.

강의식 교육은 한 번에 많은 사람에게 지식을 부여할 수 있고, 다른 방법과 비교하여 용이하게 행할 수 있으며, 수고와 시간이 다른 방법보다 적게 드는 장점을 가지고 있다. 하지만 강사가 일방적으로 교육을 진행하기 쉽고, 수강자의 수준에 따라 이해도의 편차가 생길 수 있으며, 교육 내용이 수강자의 현재 상황에 결부되지 않을 가능성도 있다. 따라서 강사는 미리 수강자의 수준, 업무의 범위 등의 정보를 구체적으로 파악하여 수강자에게 실질적인 도움이 될 수 있는 강의를 하도록 노력하여야 한다.

강의식 교육이라고 하더라도 동영상이나 재해 사례 등을 충분히 활용하고, 중간에 질문 시간을 두어 대화 형식으로 이끌어가는 것도 효과적이다.

(2) OJT(On the Job Training) 교육

OJT는 현장의 작업에 대하여 숙련되어 있지 않은 신규 채용자 등에 대하여 각각의 작업장에서 실무적인 교육을 실시하는 것이다. 이 교육은 수강자가 일을 하면서 지도자의 행동을 어떤 의미에서는 모방하는 것이고, 시행착오를 반복하면서 자신의 작업에 필요한 지식, 기능 등을 몸에 익혀 가는 실무적인 교육이라고 할 수 있다.

OJT교육은 신규 채용자 외에도 기계 설비의 변경, 작업 요령, 절차 변경 등이 있는 경우에 실시하게 되는데 일정한 직장 경험을 축적한 경우에는 그 경험도 존중하면서 안전한 작업 실시에 대한 적극적인 행동을 유도할 수 있어야 한다.

강의식 교육과 OJT 교육은 많은 사업장에서 정착되어 있는 교육 방식인데 교육의 목적, 수강자의 지식과 기능 수준에 따라 양자를 유기적으로 조합하여 효과적으로 실시할 필요가 있다.

(3) 토의 방식 교육

토의 방식 교육에는 토의, 심포지엄, 패널 토론, 브레인스토밍 등이 있는데 직장에서 근로자를 대상으로 하는 것으로는 소수에 의한 토의 방식이 많다. 이 방식은 7~8명 정도의 소그룹에 속한 수강자들이 현장의 실태에 맞는 주제에 대하여 토론을 진행하는 방식이다. 수강자들 간의 의견 교환이 자유롭게 이루어질 수 있으므로 정보, 지식, 경험, 의견 등을 서로 주고받으며 다면적인 학습이 가능하고, 정리된 대책이 현장에서도 실행에 옮겨질 수 있다는 장점이 있다. 그러나 이 방식은 강의의 목표가 명확하지 않으면 시간에 비해 효과가 적고, 강의를 충분히 이끌 수 있는 강사가 필요하다는 어려움이 있지만 교육 효과가 크기 때문에 가급적 도입하는 것이 바람직하다.

(4) 브레인스토밍(Brainstorming) 교육

브레인스토밍은 집단적인 창의적 발상 기법으로 소속된 사람들이 자발적으로 자연스럽게 아이디어를 제시하여 특정한 문제를 해결하기 위해 노력하는 방식이다.

브레인스토밍의 4원칙은 다음과 같다.

① 비판금지

제시된 아이디어는 아이디어를 확장하고 자유로운 아이디어를 제시하기 위해 비판을 하지 않아야 한다. 이로 인해 자유로운 분위기 속에서 자신만의 생각을 제시할 수 있다.

② 자유분방

자유롭게 자신의 아이디어를 제시하기 위해 다소 엉뚱한 아이디어도 제시하도록 한다. 새로운 방면에서의 생각은 기존에 당연히 여겨왔던 사항에 대한 의문점을 던지며 더욱 새로운 방법으로 접근할 수 있게 한다.

③ 대량 발언

아이디어가 많을수록 효과적인 아이디어가 있을 확률이 높아진다. 어떤 아이디어든지 자신의 생각을 최대한 이야기하는 것이 큰 도움이 된다.

④ 수정 발언

아이디어의 조합으로 생각하지 못한 새로운 아이디어가 떠오르기도 한다. 다른 사람이 이야기했던 아이디어를 자신의 생각과 융합시켜 새롭게 수정 발언할 수 있다.

10.2 산업안전보건법상 안전보건교육

10.2.1 안전보건교육의 변천

산업안전보건법 제3장 안전보건교육을 살펴보면 제29조~제33조의 5개 조문으로 구성되어 있다.

1981년 산업안전보건법이 제정됨에 따라 산업 재해율을 낮추는 등 산업현장의 안전보건문화 정착을 위한 노력이 이루어지고 있다. 산업안전보건법은 안전보건에 관한 사업주와 근로자의 직·간접적인 의무를 규정하고 있으며, 법 제정 당시 근로자 및 관리책임자 등에 대한 안전보건교육을 사업주의 의무로 규정하는 등 안전보건교육에 관한 기반을 마련하였다. 근로자교육을 신규 채용, 작업 내용 변경, 유해·위험 작업 시 교육으로

[그림 10-1] 산업안전보건법령상 제3장 안전보건교육

한정하다가 산업안전보건법이 1990년 1월 전부 개정되면서 정기교육 추가와 교육기관을 지정하게 되었다.

1997년 기업규제완화특별조치법에 따라 산업안전보건법상 안전보건교육이 면제되면서 사업주의 안전보건에 대한 관심이 저하되고 재해율이 상승하는 등 부작용이 나타나 문제가 되었다. 이에 2007년 기업규제완화특별조치법이 개정되면서 관리 책임자 등에 대한 안전보건교육의 면제 조항이 삭제되었고, 안전교육은 다시 의무화되어 안전보건문화 정착에 지속적인 기여를 하고 있다.

산업안전보건법의 안전보건교육 대상자는 법 개정에 따라 변화되어 왔는데 2016년 산업안전보건법 개정으로 직무교육 대상자가 확대되었다. 기존 산업안전보건법에서는 관리 책임자, 안전 관리자, 보건 관리자 및 재해예방 전문지도기관 종사자 등을 직무교육 대상자로 하고 있었으나 법 개정에 따라 안전보건관리담당자, 안전관리전문기관 종사자, 보건관리전문기관 종사자, 석면조사기관 종사자 등으로 직무교육 대상자가 확대되었다. 산업안전보건교육은 고용노동부에서 정한 등록 여건에 따라 등록된 교육 기관에서 교육 운영을 담당하고 있으며, 이 중 산업안전보건교육원은 산업 현장의 안전 및 보건 관계자에게 산업안전보건에 관한 지식과 기술 보급 및 실용적 사례 교육과 실험·실습 교육을 통한 직무능력을 배양하는 교육을 실시하는 기관으로 산업재해율 감소에 기여하고 있다. 산업안전보건교육원은 다른 교육 기관과 차별적으로 법정 직무교육 외에도 안전보건관리 관계자들을 대상으로 다양한 전문화 교육을 운영하고 있는데, 대부분의 교육 과정이 안전관리, 안전공학, 건설안전, 산업보건 등 전문화 분야로 개설·운영되고 있다. 산업안전보건교육원은 법정 직무교육(보수 및 신규)을 중심으로 운영되는 다른 기타 직무교육 기관과 비교하여 안전보건 관계자의 직무역량 향상을 위해 직무교육 이외에도 차별적인 교육 과정을 개발·운영하는 기관으로 산업안전보건 분야의 전문 교육기관이다.

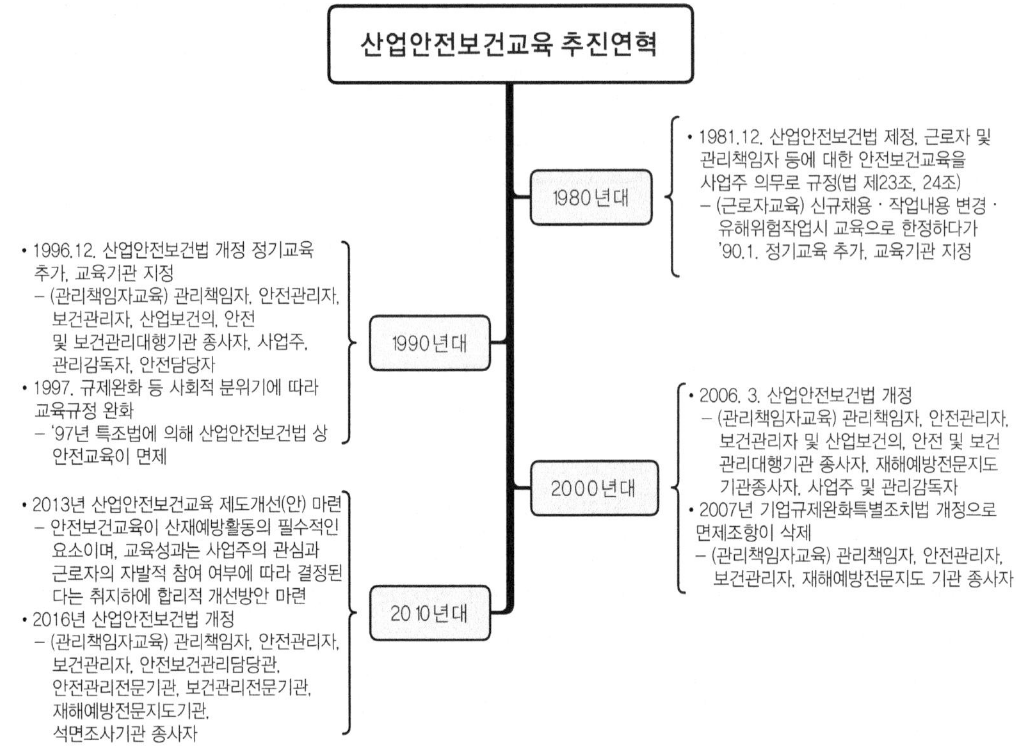

[그림 10-2] 산업안전보건교육 추진연혁

근로기준법에서도 근로자의 안전보건 강화를 위해 안전보건교육을 규정하고 있다. 그러나 산업안전보건법이 제정됨에 따라 근로자 안전보건에 관하여서는 산업안전보건법이 정하는 바에 의한다고 규정하고 있다.

10.2.2 안전보건교육 분류

(1) 근로자 안전보건교육

근로자가 작업장의 유해·위험 요인 등 안전보건에 관한 지식을 습득하고, 이에 적절히 대응할 수 있는 능력을 배양케 하여 근로자 스스로 산업재해를 사전에 예방하도록 하기 위해 산업안전보건법에서는 근로자에 대한 각종 안전보건교육 의무를 부여하고 있다.

사업주가 근로자에게 실시하여야 하는 안전보건교육은 다음 [표 10-2]와 같다.

[표 10-2] 근로자 안전보건교육

<table>
<tr><th>구분</th><th>교육 대상</th><th>교육 시간</th><th>교육 내용</th></tr>
<tr><td rowspan="3">가.
정기교육</td><td>사무직 및 판매업무 근로자</td><td>매분기 3시간 이상</td><td rowspan="2">· 산업안전보건법 및 일반관리에 관한 사항
· 산업안전 및 사고 예방에 관한 사항 등</td></tr>
<tr><td>사무직 및 판매업무 외 근로자 외</td><td>매분기 6시간 이상</td></tr>
<tr><td>관리감독자</td><td>연간 16시간 이상</td><td>· 산업안전보건법 및 일반관리에 관한 사항
· 관리감독자의 역할과 임무에 관한 사항 등 교육</td></tr>
<tr><td rowspan="2">나.
채용시의
교육</td><td>일용근로자</td><td>1시간 이상</td><td rowspan="4">· 기계·기구의 위험성과 작업의 순서 및 동선에 관한 사항
· 작업 개시 전 점검에 관한 사항
· 산업보건 및 직업병 예방에 관한 사항
· 산업안전보건법 및 일반관리에 관한 사항 등 교육</td></tr>
<tr><td>일용근로자 외</td><td>8시간 이상</td></tr>
<tr><td rowspan="2">다.
작업내용
변경교육</td><td>일용근로자</td><td>1시간 이상</td></tr>
<tr><td>일용근로자 외</td><td>2시간 이상</td></tr>
<tr><td rowspan="3">라.
특별교육*</td><td>일용근로자
[타워크레인 신호작업 근로자 제외]</td><td>2시간 이상</td><td rowspan="3">· 공통내용(산업안전보건법 및 일반관리에 관한 사항)
· 개별내용(유해·위험 작업별 개별교육 등에 관한 교육)</td></tr>
<tr><td>일용근로자
[타워크레인
신호작업 종사자]</td><td>8시간 이상</td></tr>
<tr><td>일용근로자 외</td><td>16시간 이상**
(2시간 이상***)</td></tr>
</table>

* 특별교육 대상인 경우에는 상시 근로자 수에 관계없이 교육을 실시

** 최초 작업에 종사하기 전 4시간 이상 실시하고 12시간은 3개월 이내에서 분할하여 실시 가능

*** 단기간 작업 또는 간헐적 작업인 경우에는 2시간 이상 실시

✓ 비고

① 상시근로자 50명 미만의 도매업과 숙박 및 음식점업은 위 표의 가목부터 라목까지의 규정에도 불구하고 해당 교육과정별 교육시간의 2분의 1 이상을 실시해야 한다.

② 근로자(관리감독자의 지위에 있는 사람은 제외한다)가 「화학물질관리법 시행규칙」 제37조 제4항에 따른 유해화학물질 안전교육을 받은 경우에는 그 시간만큼 가목에 따른 해당 분기의 정기교육을 받은 것으로 본다.

③ 방사선작업종사자가 「원자력안전법 시행령」 제148조 제1항에 따라 방사선작업종사자 정기교육을 받은 때에는 그 해당시간 만큼 가목에 따른 해당 분기의 정기교육을 받은 것으로 본다.

④ 방사선 업무에 관계되는 작업에 종사하는 근로자가 「원자력안전법 시행령」 제148조 제1항에 따라 방사선작업종사자 신규교육 중 직장교육을 받은 때에는 그 시간 만큼 라목 중 [별표5] 제1호 라목 33에 따른 해당 근로자에 대한 특별교육을 받은 것으로 본다.

(2) 안전보건관리책임자 등에 대한 교육

[표 10-3] 안전보건관리책임자 등에 대한 교육

교육대상	교육 시간	
	신규교육	보수교육
안전보건관리책임자	6시간 이상	6시간 이상
안전관리자, 안전관리전문기관의 종사자	34시간 이상	24시간 이상
보건관리자, 보건관리전문기관의 종사자	34시간 이상	24시간 이상
건설재해예방전문지도기관의 종사자	34시간 이상	24시간 이상
석면조사기관의 종사자	34시간 이상	24시간 이상
안전보건관리담당자	-	8시간 이상
안전검사기관, 자율안전검사기관의 종사자	34시간 이상	34시간 이상

(3) 특수형태근로종사자에 대한 안전보건교육

[표 10-4] 특수형태근로종사자에 대한 안전보건교육

교육 과정	교육 시간	교육 내용
최초 노무 제공 시 교육	2시간 이상 (단기간 작업 또는 간헐적 작업에 노무를 제공하는 경우에는 1시간 이상 실시하고, 특별교육을 실시한 경우는 면제)	· 교통안전 및 운전안전에 관한 사항 · 보호구 착용에 대한 사항 · 산업안전 및 사고 예방에 관한 사항 · 산업보건, 건강증진 및 질병 예방에 관한 사항 · 유해·위험 작업환경 관리에 관한 사항 · 기계·기구의 위험성과 작업의 순서 및 동선에 관한 사항 · 작업 개시 전 점검에 관한 사항 · 정리정돈 및 청소에 관한 사항 · 사고 발생 시 긴급조치에 관한 사항 · 물질안전보건자료에 관한 사항 · 직무스트레스 예방 및 관리에 관한 사항 · 산업안전보건법 및 산업재해보상보험 제도에 관한 사항
특별교육	16시간 이상 (최초 작업에 종사하기 전 4시간 이상 실시하고 12시간은 3개월 이내에서 분할하여 실시 가능)	· 공통내용(산업안전보건법 및 일반관리에 관한 사항) · 개별내용(유해·위험 작업별 개별교육 등에 관한 교육)
	단기간 작업 또는 간헐적 작업인 경우에는 2시간 이상	

* 특수형태 근로종사자 중 안전보건교육 실시 대상 : 건설기계 운전사, 골프장 캐디, 택배기사, 퀵서비스기사, 대리운전기사

(4) 검사원 성능검사 교육

[표 10-5] 검사원 성능검사 교육

교육과정	교육대상	교육시간
성능검사교육	-	28시간 이상

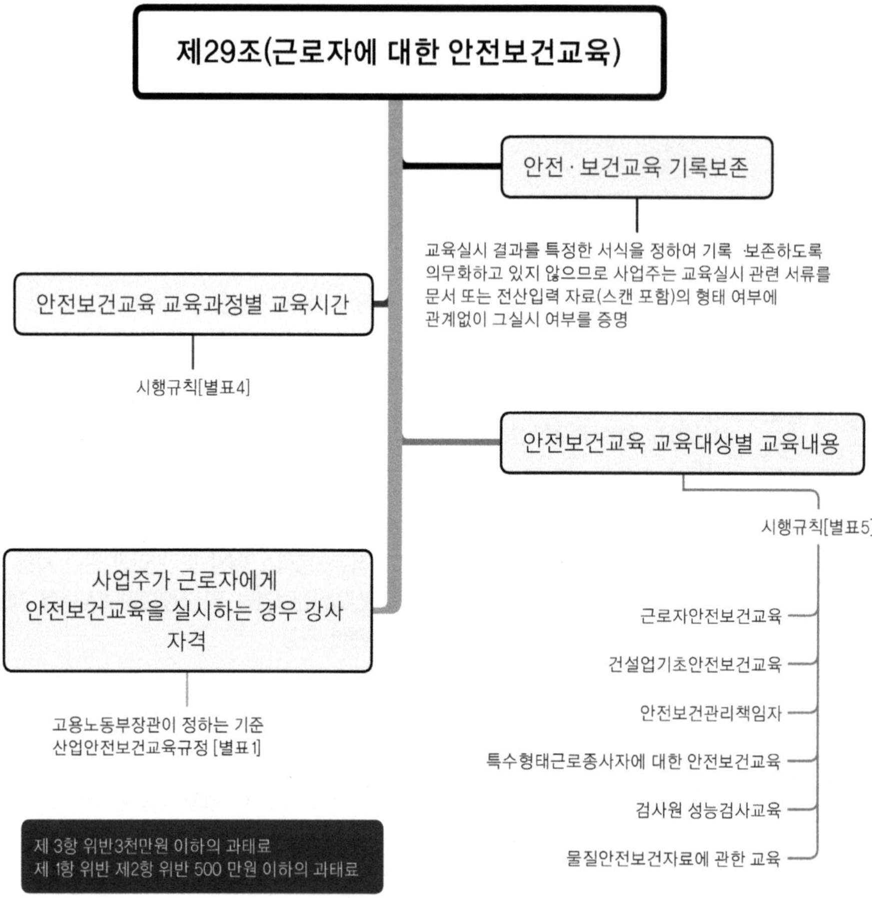

[그림 10-3] 제29조 근로자에 대한 안전보건교육

10.2.3 건설업 기초안전보건교육

건설업의 사업주는 건설 일용근로자를 채용할 때에는 그 근로자로 하여금 안전보건교육기관이 실시하는 안전보건교육을 이수하도록 해야 한다. 단, 건설 일용근로자가 그 사업주에게 채용되기 전에 안전보건교육을 이수한 경우에는 제외한다.

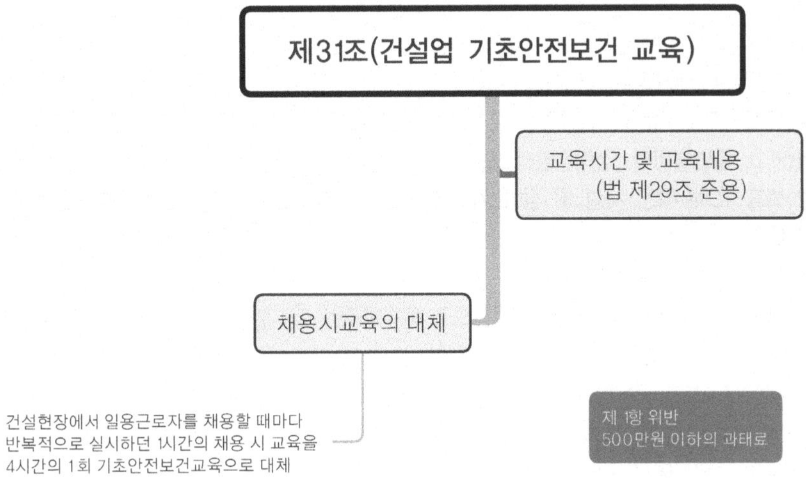

[그림 10-4] 제31조 건설업기초안전보건교육

산업안전보건법 시행규칙 제28조에는 건설업 일용근로자를 채용할 때 실시하는 안전보건교육 내용과 시간에 규정하고 있다.

[표 10-6] 건설업 기초안전보건교육

구분	교육 내용	교육 시간
공통	산업안전보건법령 주요내용(건설 일용근로자 관련 부분)	1시간
	안전의식 제고에 관한 사항	
교육대상별	직업별 위험요인과 안전작업 방법(재재사례 및 예방대책)	2시간
	건설 직종별 건강장해 위험요인과 건강관리	1시간

[표 10-7] 안전보건교육기관 등록신청 시행규칙

시행규칙 제31조(안전보건교육기관 등록신청 등)

① 영 제40조 제1항 및 제3항에 따라 안전보건교육기관으로 등록하려는 자는 다음 각 호의 구분에 따라 관련 서류를 첨부하여 주된 사무소의 소재지를 관할하는 지방고용노동청장에게 제출해야 한다.

1. 영 제40조 제1항에 따라 근로자안전보건교육기관으로 등록하려는 자: 별지 제9호서식의 근로자안전보건교육기관 등록 신청서에 다음 각 목의 서류를 첨부

가. 영 제40조 제1항에 따른 법인 또는 산업안전보건 관련 학과가 있는 고등교육법 제2조에 따른 학교에 해당함을 증명하는 서류
나. 영 별표 10에 따른 인력기준을 갖추었음을 증명할 수 있는 자격증(국가기술자격증은 제외한다), 졸업증명서, 경력증명서 또는 재직증명서 등 서류
다. 영 별표 10에 따른 시설 및 장비 기준을 갖추었음을 증명할 수 있는 서류와 시설・장비 명세서
라. 최초 1년간의 교육사업계획서

2. 영 제40조 제3항에 따라 직무교육기관으로 등록하려는 자: 별지 제10호서식의 직무교육기관 등록 신청서에 다음 각 목의 서류를 첨부
가. 영 제40조 제3항 각 호의 어느 하나에 해당함을 증명하는 서류
나. 영 별표 12에 따른 인력기준을 갖추었음을 증명할 수 있는 자격증(국가기술자격증은 제외한다), 졸업증명서, 경력증명서 또는 재직증명서 등 서류
다. 영 별표 12에 따른 시설 및 장비 기준을 갖추었음을 증명할 수 있는 서류와 시설・장비 명세서
라. 최초 1년간의 교육사업계획서

② 제1항에 따른 신청서를 제출받은 지방고용노동청장은 전자정부법 제36조 제1항에 따른 행정정보의 공동이용을 통하여 다음 각 호의 서류를 확인해야 한다. 다만, 신청인이 제1호 및 제3호의 서류의 확인에 동의하지 않는 경우에는 그 사본을 첨부하도록 해야 한다.
1. 국가기술자격증
2. 법인등기사항증명서(법인만 해당한다)
3. 사업자등록증(개인만 해당한다)

③ 지방고용노동청장은 제1항에 따른 등록 신청이 영 제40조 제1항 또는 제3항에 따른 등록 요건에 적합하다고 인정되면 그 신청서를 받은 날부터 20일 이내에 별지 제11호서식 또는 별지 제12호서식의 근로자안전보건교육기관 등록증 또는 직무교육기관 등록증을 신청인에게 발급해야 한다.

④ 제3항에 따라 등록증을 발급받은 사람이 등록증을 분실하거나 등록증이 훼손된 경우에는 재발급 신청을 할 수 있다.

⑤ 법 제33조 제1항에 따라 안전보건교육기관이 등록받은 사항을 변경하려는 경우에는 별지 제9호서식 또는 별지 제10호서식의 변경등록 신청서에 변경내용을 증명하는 서류와 등록증을 첨부하여 지방고용노동청장에게 제출해야 한다. 이 경우 변경등록신청서의 처리에 관하여는 제3항을 준용한다.

⑥ 안전보건교육기관이 해당 업무를 폐지하거나 등록이 취소된 경우 지체 없이 제3항 및 제5항에 따른 등록증을 지방고용노동청장에게 반납해야 한다.

10.2.4 안전보건관리책임자 등에 대한 직무교육

산업안전보건법 제15조를 보면 사업주는 사업장을 실질적으로 총괄하여 관리하는 사람에게 사업장의 업무를 총괄하여 관리하도록 하고 있다. 그리고 32조에는 안전보건총괄책임자 등에게 직무와 관련한 안전보건교육을 이수하도록 규정하고 있다.

안전보건관리는 조직 구성원의 안전보건 직무가 확실하고 원활하게 실시되도록 한다. 또한 기능이 요구된 직무와 관련한 내용을 교육함으로써 재해를 사전 예방하는데 중요한 역할을 담당한다. 안전보건관리책임자 등은 직무교육을 통해 안전보건관리를 추진하는 체계에 필요한 기본적 지식을 습득하게 된다.

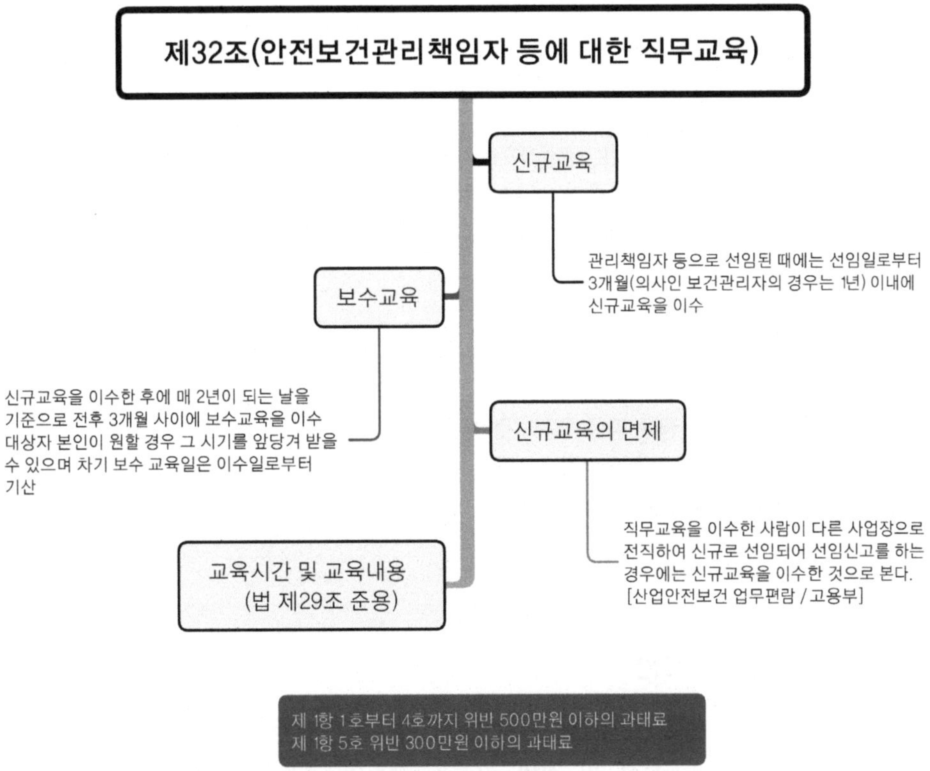

[그림 10-5] 제32조 안전보건관리책임자 등에 대한 직무교육

[표 10-8] 안전보건관리책임자 등에 관한 직무교육 시행규칙

시행규칙

제29조(안전보건관리책임자 등에 대한 직무교육) 직위에 선임(위촉의 경우를 포함한다. 이하 같다) 되거나 채용된 후 개월(보건관리자가 의사인 경우는 년) 이내에 직무를 수행하는 데 필요한 신규교육을 하며, 신규교육을 이수한 후 매 년이 되는 날을 기준으로 전후 개월 사이에 고용노동부장관이 실시하는 안전보건에 관한 보수교육을 받아야 한다.

1. 법 제15조 제1항에 따른 안전보건관리책임자
2. 법 제17조 제1항에 따른 안전관리자(기업활동 규제완화에 관한 특별조치법 30조 제1항에 따라 안전관리자로 채용된 것으로 보는 사람을 포함한다)
3. 법 제18조 제1항에 따른 보건관리자
4. 법 제19조 제1항에 따른 안전보건관리담당자
5. 법 제21조 제1항에 따른 안전관리전문기관 또는 보건관리전문기관에서 안전관리자 또는 보건관리자의 위탁 업무를 수행하는 사람
6. 법 제74조 제1항에 따른 건설재해예방전문지도기관에서 지도업무를 수행하는 사람
7. 법 제96조 제1항에 따라 지정받은 안전검사기관에서 검사업무를 수행하는 사람
8. 법 제100조 제1항에 따라 지정받은 자율안전검사기관에서 검사업무를 수행하는 사람
9. 법 제120조 제1항에 따른 석면조사기관에서 석면조사 업무를 수행하는 사람

제30조(직무교육의 면제)

① 법 제32조 제1항 단서에 따라 다음 각 호의 어느 하나에 해당하는 사람에 대해서는 직무교육 중 신규교육을 면제한다.

1. 법 제19조 제1항에 따른 안전보건관리담당자
2. 영 별표 4 제6호에 해당하는 사람
3. 영 별표 4 제7호에 해당하는 사람

10.2.5 안전보건교육기관

시행령 제40조에 안전보건교육기관의 등록 및 취소 규정이 있다. 등록을 위해서는 [별표10]에 따른 인력·시설 및 장비 기준을 갖추어 고용노동부장관에게 등록하여야 한다.

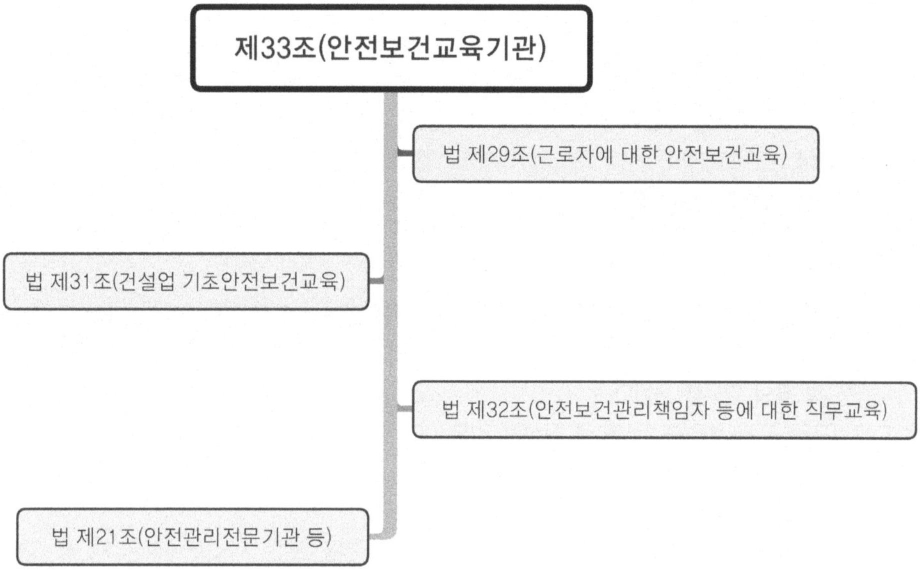

[그림 10-6] 제33조 안전보건교육기관

[표 10-9] 안전보건교육기관 등록 및 취소 시행규칙

시행령 제40조(안전보건교육기관의 등록 및 취소)

① 법 제33조 제1항 전단에 따라 법 제29조 제1항부터 제3항까지의 규정에 따른 안전보건교육에 대한 안전보건교육기관(이하 "근로자안전보건교육기관"이라 한다)으로 등록하려는 자는 법인 또는 산업안전·보건 관련 학과가 있는 고등교육법 제2조에 따른 학교로서 별표 10에 따른 인력·시설 및 장비 등을 갖추어야 한다.

② 법 제33조 제1항 전단에 따라 법 제31조 제1항 본문에 따른 안전보건교육에 대한 안전보건교육기관으로 등록하려는 자는 법인 또는 산업안전·보건 관련 학과가 있는 고등교육법 제2조에 따른 학교로서 별표 11에 따른 인력·시설 및 장비를 갖추어야 한다.

③ 법 제33조 제1항 전단에 따라 법 제32조 제1항 각 호 외의 부분 본문에 따른 안전보건교육에 대한 안전보건교육기관(이하 "직무교육기관"이라 한다)으로 등록할 수 있는 자는 다음 각 호의 어느 하나에 해당하는 자로 한다.

1. 한국산업안전보건공단법에 따른 한국산업안전보건공단(이하 "공단"이라 한다)
2. 다음 각 목의 어느 하나에 해당하는 기관으로서 별표 12에 따른 인력·시설 및 장비를 갖춘 기관

가. 산업안전・보건 관련 학과가 있는 고등교육법 제2조에 따른 학교

나. 비영리법인

④ 법 제33조 제1항 후단에서 "대통령령으로 정하는 중요한 사항"이란 다음 각 호의 사항을 말한다.

1. 교육기관의 명칭(상호)
2. 교육기관의 소재지
3. 대표자의 성명

⑤ 제1항부터 제3항까지의 규정에 따른 안전보건교육기관에 관하여 법 제33조 제4항에 따라 준용되는 법 제21조 제4항 제5호에서 "대통령령으로 정하는 사유에 해당하는 경우"란 다음 각 호의 경우를 말한다.

1. 교육 관련 서류를 거짓으로 작성한 경우
2. 정당한 사유 없이 교육 실시를 거부한 경우
3. 교육을 실시하지 않고 수수료를 받은 경우
4. 법 제29조 제1항부터 제3항까지, 제31조 제1항 본문 또는 제32조 제1항 각 호 외의 부분 본문에 따른 교육의 내용 및 방법을 위반한 경우

시행규칙 제32조(안전보건교육기관의 평가 등)

① 공단이 법 제33조제2항에 따라 안전보건교육기관을 평가하는 기준은 다음 각 호와 같다.

1. 인력・시설 및 장비의 보유수준과 활용도
2. 교육과정의 운영체계 및 업무성과
3. 교육서비스의 적정성 및 만족도

② 제1항에 따른 안전보건교육기관에 대한 평가 방법 및 평가 결과의 공개에 관하여는 제17조 제2항부터 제8항까지의 규정을 준용한다. 이 경우 "안전관리전문기관 또는 보건관리전문기관"은 "안전보건교육기관"으로 본다.

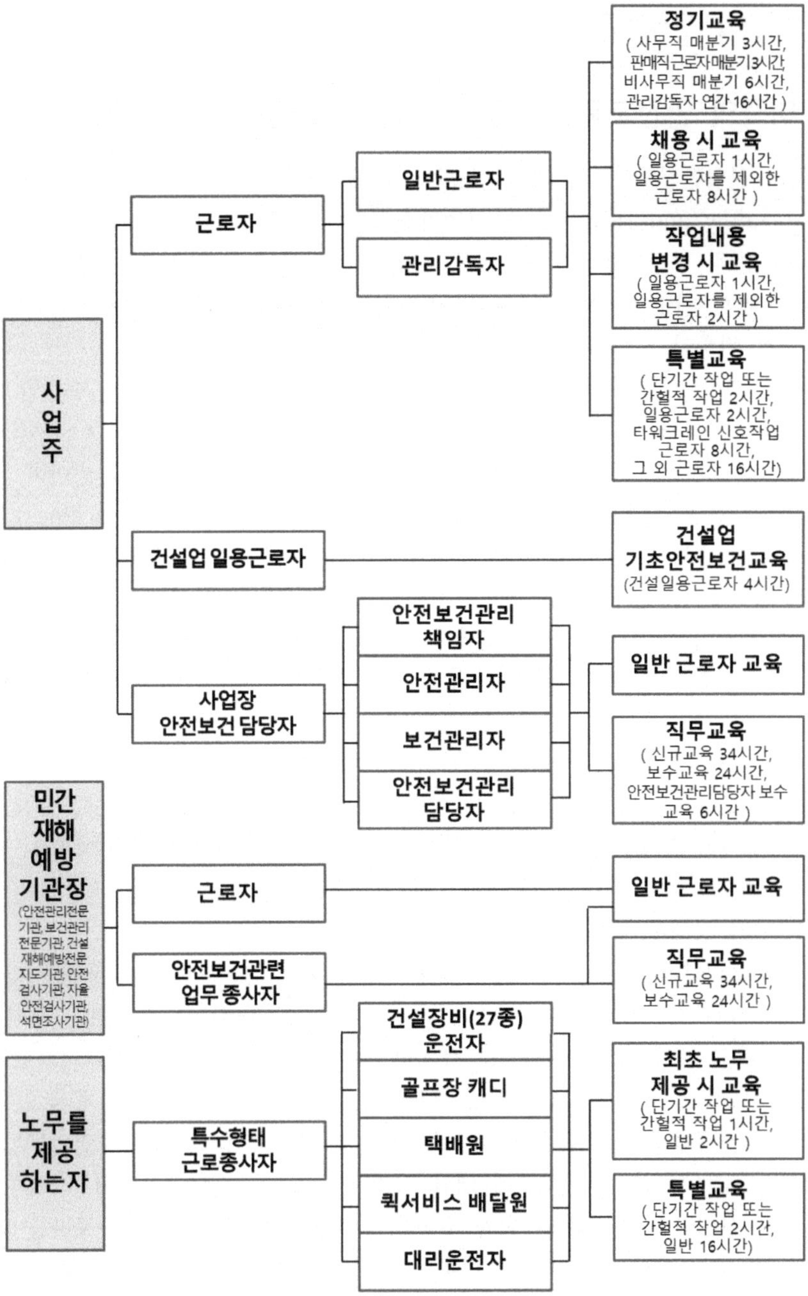

[그림 10-7] 안전보건교육 체계도

10.3 각국의 안전교육

10.3.1 미국의 안전교육

미국의 산업안전보건교육 관련 법규는 연방정부(노동부)가 관장하는 OSHAct(Occupational Safety and Health Act, 산업안전보건법), CFR(Code of Federal Regulations, 연방규정)과 주정부에서 개별적으로 제정하는 안전 기준 등으로 구성된다. 연방정부는 일부 안전 기준에 개별적인 교육 요건을 명시하고 있으며, 세부적으로 약 100여 개의 안전 기준이 교육 요건에 명시되어 있다.

미국의 주정부에서는 연방정부보다 더 강화된 산업재해예방정책을 수립할 수 있으며 이러한 경우 모든 OSHAct를 준수하는 내용으로 수립되어야 하고 OSHA(Occupational Safety and Health Administration, 산업안전보건청)의 승인을 받아야 한다. 캘리포니아 주정부는 연방정부보다 강화된 안전 기준인 IIPP(Injury and Illness Prevention Program, 부상 및 직업병 예방 프로그램)를 수립하여 운영하고 있다. IIPP는 국내 산업안전보건교육의 신규 채용 교육과 작업내용 변경교육과 유사한 내용을 포함하고 있으며 캘리포니아 주정부의 개별적인 안전 기준으로 제정되었으나 IIPP를 의무적인 안전 기준으로 준수하도록 하는 주정부가 많아지고 있다. 재해의 원인이 될 수 있는 불안전한 작업 환경을 인식하고 이에 대한 대처 방안 및 산업재해를 예방할 수 있는 교육 훈련 프로그램을 수립과 감독하도록 제정하고 있다.

산업안전보건교육을 실시할 대상은 일반산업(General Industry), 해양산업(Maritime), 건설업(Construction), 농업(Agricultural) 등 4개 업종과 연방정부의 직원용 교육으로 구분하고 있다. 이와 관련된 세부적인 교육 내용은 산업안전보건법 관련 연방 규정인 29 CFR에서 상세히 정하고 있다.

미국은 우리나라보다 상세히 교육 내용, 교육 방법, 교육 범위를 정하고 있으며 단순히 교육 시간을 이수하는 것으로 사업주의 의무가 면제되지 않으며 근로자가 필요한교육 내용을 이해하고 지속적으로 유지하도록 하는 것까지 의무를 부여하고 있다.

안전보건교육기관은 OSHA가 대표적이다. OSHA는 본부 조직과 10개 주의 지역 사무소가 50개 주를 관할하도록 하는 조직 체계를 마련하여 산업안전보건업무를 총괄하고 있다. OSHA는 산업안전보건에 대한 사업장 감독이 주된 업무이며, 사업주를 대상으로 하는 산업안전보건교육과 교육 훈련 컨설팅을 지원하고 있다. 근로자를 대상으로 하는 산업안전보건교육은 세 가지 형태로 실시되고 있다. 사업장에서 자체적으로 교육을 실시하는 형태가 있으며, 순수한 민간 교육 기관이나 OSHA가 지정한 OSHA 교육센터에 위탁하여 교육하는 형태로 실시되고 있다.

OSHA가 지정한 교육 센터인 UCSD(University of California, San Diego)에서는 시 산업안전보건교육을 담당하는 강사와 이를 지원하는 운영 인력으로 구성되어 있다. OSHA에서 제정한 일반산업, 건설산업, 해양산업 등 3개 업종에 대한 교육 과정을 핵심 과정으로 운영하고 있으며 농업에 대한 과정은 운영하지 않고 있다. 교육 과정은 대상 및 운영 성격에 따라서 네 가지로 구분된다. 법에 의하여 수강하여 하는 의무교육 과정, 안전 전문가를 대상으로 하는 안전전문가 과정, 산업안전보건강사를 육성하기 위한 강사 과정, 사업장에 방문하여 직접 교육을 지원하는 사업장 방문교육 과정, 온라인시스템을 이용하여 지원하는 온라인교육 과정이 있으며 세부적으로 총 300여 개의 교육 과정이 있다. 교육 수수료는 $125~$925로 UCSD의 산정 기준에 따라서 자체적으로 정하고 있다.

NIOSH(National Institute of Occupational Safety & Health, 국립산업안전보건연구원)는 작업장 안전과 건강을 개선하기 위한 연구와 이와 관련된 교육을 수행하는 미국 질병통제센터의 부속 기관이다. NIOSH는 역학, 의학, 안전 등 다양한 분야의 전문가 약 1,300명으로 구성되어 있다. 교육 측면을 보면 안전보건전문가를 위한 다양한 교육 프로그램을 지원하고 있으며 예비산업 인력인 고교 교육 과정에도 산업안전보건 교육 프로그램을 지원하고 있다. 또한, 전문인력 양성을 위해 산업위생 분야 등에 대한 학위 프로그램과 연구 훈련 기회를 제공하고 있다.

NSC(National Safety Council, 미국안전협회)는 안전, 건강 및 환경 활동을 수행하는 비영리 기관으로 약 55,000개의 기업 회원과 21개 지부로 구성되어 있으며, 작업장 안전 등 부상과 사망이 많은 분야에 사업을 집중하고 있다. NSC는 미국 노동부 및 OSHA와 협력하여 작업장 안전을 강화하도록 지원하고 있으며, 산업안전 및 건강 등의 모범 사례를 위주로 한 교육 과정을 제공하고 있다.

미국의 산업안전보건교육은 국내와는 다르게 일부 유해·위험한 작업으로 특별히 지정한 분야를 제외하면 교육 시수와 교육 내용 등에 대한 일체의 제한이 없다. 다만, OSHA의 감독에서 산업안전보건교육의 결과로 인하여 안전 규정의 위반이 확인된 경우에는 벌금 등으로 강력히 제재하고 있다. 미국은 사업장 특성에 맞는 산업안전보건교육을 자율적으로 시행하도록 하고 정부는 안전보건전문가의 육성과 교육 지원으로 이를 뒷받침하여 실행력이 확보될 수 있도록 운영하고 있다.

OSHA의 산업안전보건교육에 대한 감독은 단순히 교육 실시 서류를 확인하는데 그치지 않고 교육을 받은 근로자의 면접을 통하여 교육의 효과성을 판단하도록 하고 있다. 벌금은 재해의 강도에 따라서 $7,000~$25,000의 수준이며, 교육 서류 미미 등에 대한 벌금은 $25~$7,000 수준이다. 또한 국내와는 다르게 귀책 사유가 있는 근로자에게도 벌금을 부과하고 있다.

10.3.2 일본의 안전교육

일본의 산업안전보건교육 관련 법규로는 노동기준법, 노동안전위생법, 작업환경측정법 등이며 관련된 하위 법령으로 정령(시행령), 성령(시행규칙), 고시, 지침 등이 있다. 노동안전위생법에서는 안전보건교육을 신규채용교육, 작업내용변경교육, 위험 · 유해한 작업의 특별교육, 직장교육, 건설현장 신규채용 교육 등으로 구분하고 있다. 신규채용교육, 작업내용변경교육, 위험 · 유해한 작업의 특별교육에 한하여 교육 의무가 부여되고 있으며, 국내와 다르게 주기적으로 교육을 실시하여야 하는 정기교육의 의무는 부여되지 않고 있다.

관리감독자교육은 직무를 처음으로 맡은 경우에 12시간의 의무 교육을 이수하도록 하고 있으며, 정기교육을 의무 사항으로 부여하고 있지 않다. 관리감독자의 직책을 직장과 작업주임자로 구분하고 있다. 직장의 교육 대상 업종은 건설업, 제조업(위험성이 낮은 일부 업종은 제외), 전기업, 가스업, 자동차 정비업, 기계 수리업 등 일부 위험 업종에 한하여 교육을 받도록 하고 있으며, 작업 주임자는 고위험 작업별로 구분하여 교육을 받도록 하고 있다.

사업주가 근로자의 신규 채용 시에는 지체 없이 안전보건교육을 하도록 규정하고 있으나 별도로 교육 시간을 규정하고 있지는 않으며 충분한 지식이 있다고 인정하는 근로자에게는 안전보건교육을 생략할 수 있도록 규정하고 있다. 일본은 근로자가 해당 직무에 대한 재해의 위험성을 인식하고 재해 예방을 위한 지식을 숙지하고 있는가에 중점을 두고 있다.

특별안전보건교육은 40개의 유해 · 위험한 직무를 세부적으로 정하고 있다. 각 특별작업별로 최소 3시간에서 최대 11시간까지 교육 시간을 정하고 있으나 해당 작업의 위험성 등을 충분히 알고 있는 근로자에게는 특별교육을 생략할 수 있다. 산업안전보건교육강사는 현장 경험이 풍부한 해당 분야의 퇴직자를 강사로 활용하여 실질적으로 도움이 되는 교육이 되도록 하고 있다.

일본 노동안전위생법상 의무 교육을 이행하지 않은 경우에는 벌금을 부과하도록 정하고 있다. 신규채용교육 및 작업내용변경교육을 실시하지 않은 경우에는 벌금 50만 엔 이하를 부과하고, 유해위험업무특별교육을 실시하지 않은 경우에는 징역 6개월 이하나 벌금 50만 엔 이하를 부과하도록 하고 있으나, 신규 관리감독자(작업 주임자 제외)에 대한 교육의 미이행에 대한 별도의 벌칙 규정은 없다.

일본은 민간기관인 JISHA(Japan Industrial Safety and Health Association, 일본중앙노동재해방지협회)에서 다양한 산업안전보건교육을 지원하고 있다. 법령에 의한 교육과정과 내부강사 양성과정 등을 운영하고 있으며 안전보건전문가가 현장에 상주하며 기술을 전수하는 교육 방식도 운영하고 있다.

JISHA는 이론과 실무를 겸비하도록 교육 과정을 운영하고 있으며 교육 강사들의 능력 향상을 위하여 주기적인 세미나를 개최하고 있다.

10.3.3 영국의 안전교육

영국의 산업안전보건교육은 HSWAct(Health and Safety at Work etc Act, 사업장보건안전법)에서 사업주가 산업안전보건교육을 실시하도록 규정하고 있으며 하위 규칙에서 교육 대상과 교육 방법만을 포괄적으로 규정하고 있다. 기본적으로 사업주가 사업장 내 위험평가, 안전보건조치, 안전보건교육실시, 안전보건전문가 채용 등에 책임이 있고 사망사고와 같이 특별한 경우를 제외하고는 세부적 시행까지 사업장에서 자율적으로 시행하도록 하고 있다.

정부는 직접적으로 산업안전보건교육은 실시하지 않고 있으며 산업안전보건법령의 이행에 대한 감독과 재해조사 등을 수행하고 있다. 안전보건규정에서 신규 채용, 업무내용 변경, 새로운 장비 도입 및 교체 등에 국내와 유사하게 산업안전보건교육을 실시하도록 규정하고 있다.

단순히 실행 지침을 위반한 경우에 대한 처벌 규정은 없으나 법령을 위반하여 처벌하는 경우에는 실행 지침도 증거로 채택할 수 있도록 하여 실행력을 확보하고 있다.

안내 지침은 권고 사항으로 실행 지침의 부족한 부분을 보완하고 있다. 영국의 산업안전보건교육은 미국과 독일보다도 자율성이 강한 수준으로 국내와 비교해도 사업주의 자율성을 상당히 보장하고 있다.

영국에서 산업안전보건교육은 BSI(British Standards Institution, 영국표준협회)의 BS(British Standard, 영국표준규격) CODE와 개별 교육 기관에서 기준을 정하여 활용하고 있다. 영국의 주요한 교육 기관은 HSE(Health and Safety Commission, 보건안전청), RoSPA(Royal Society for the Prevention of Accidents, 영국왕립재해방지협회), IOSH(Institution of Occupational Safety & Health, 산업안전보건협회) 등이 있다. HSE는 안전보건 파트너십(Good Neighbor)과 주요기관 파트너십(Lead Authority Partnership Scheme)을 통하여 안전보건관리체계의 확산과 향상을 지원하고 있다. RoSPA와 IOSH는 안전보건전문가 대상의 전문기술 과정과 경영층, 관리자, 근로자 대상의 안전보건교육을 지원하고 있으며 안전 세미나 개최와 간행물을 제공하고 있다.

HSWAct 및 안전보건규정의 강행 규정을 위반한 경우에는 기소되거나 벌칙을 받도록 규정하고 있다. 개선조치, 금지조치, 배상명령 위반 등은 무제한 벌금 또는 징역 2년(군복무 가능)이 부과될 수 있고 제3자 사고와 양벌 규정으로 자격정지 15년까지 부과될 수 있다.

10.3.4 독일의 안전교육

독일은 정부와 DGUV(Deutsche Gesetzliche Unfallversicherung eV, 산재보험조합)가 이중으로 연계되어 산업안전보건예방활동을 하고 있다. 산업안전보건법에서 신규채용교육, 작업내용변경교육, 신기술도입교육을 의무 교육으로 규정하고 있다. 제국보험법에서도 안전보건관계자에 대한 산업안전보건교육을 의무하고 있다.

SGB(Sozialgesetzbuch, 사회법전)에서는 DGUV가 산업안전보건교육을 실시하도록 규정하고 있다. 산업안전보건교육에 대한 비용은 DGUV가 모두 부담하도록 규정하고 있으며 개별 사업장에 소속되지 않은 안전관리자 등 안전보건 관련 전문가도 의무교육 대상으로 포함하고 있다. 또한 교육 기간 동안 근로자의 인건비는 사업주가 부담하도록 규정하고 있다.

DGUV 산하에 독일 최대 규모의 안전보건교육기관인 IAG(드레스덴 교육센터, DGUV 산하 교육센터)가 있다. IAG는 산업안전보건교육과 컨설팅을 지원하고 있으며 산업재해 예방을 위한 연구사업도 수행하고 있다. 교육 과정은 예방전문가 자격과정, 산업안전분야 석사학위과정, 작업장 안전을 위한 경력근로자 자격과정, 강사자격과정, 예방전문과정 등을 운영하고 있다. 모든 교육 과정은 세미나 형식을 포함하고 체험이 필요한 과정은 해당 분야 전문가가 교육생과 전 과정을 체험하는 형식으로 운영하여 효과성을 높이고 있다.

독일의 안전보건교육에 관한 감독 및 처벌과 관련 사법적 권한은 연방정부 및 주정부가 가지고 있다. 연방정부와 주정부는 상호 협의를 통해 사업장 중복 출입을 피하고 방문 보고서를 공유한다. 산업안전보건교육 의무를 위반한 경우 사업주는 25,000유로, 근로자는 5,000유로의 과태료 처분을 받을 수 있다. 또한 고의적이나 반복적인 개선 지시의 불이행은 1년 이하의 징역 또는 벌금을 받을 수 있다.

- **각 국의 안전교육**
  - **미국**
    - 연방정부(노동부)가 관장하는 OSHAct(산업안전보건법)
    - CFR(연방규정)과 주정부에서 개별적으로 제정하는 안전기준
    - 일반산업(General Industry), 해양산업(Maritime), 건설업(Construction), 농업(Agricultural) 등 4개 업종과 연방정부의 직원용 교육으로 구분
  - **일본**
    - 산업안전보건교육 관련 법규로는 노동기준법, 노동안전위생법, 작업환경측정법 등
    - 민간기관인 JISHA(중앙노동재해방지협회)에서 다양한 산업안전보건교육을 지원
  - **영국**
    - 산업안전보건교육은 HSWAct(사업장보건안전법)에서 사업주가 산업안전보건교육을 실시
    - 정부는 직접적으로 산업안전보건교육은 실시하지 않고 있으며 산업안전보건법령의 이행에 대한 감독과 재해조사 등을 수행
    - 산업안전보건교육은 HSE(보건안전청), RoSPA(British Standard) CODE와 개별 교육기관에서 기준을 정하여 활용
    - 주요한 교육기관은 HSE(보건안전청), RoSPA(왕실재해방지협회), IOSH(사업안전보건협회) 등
  - **독일**
    - 정부와 DGUV(산재보험조합)가 이중으로 연계되어 산업안전보건예방활동
    - 사회법전(SGB: Sozialgesetzbuch)에서는 DGUV가 산업안전보건교육을 실시하도록 규정
    - IAG(드레드덴 교육센터)가 있다. IAG는 산업안전보건교육과 컨설팅을 지원하고 있으며 산업재해 예방을 위한 연구사업도 수행

[그림 10-8] 각국의 안전교육

제11장

직무스트레스

11.1 스트레스의 개념

생활환경과 사회가 급격한 속도와 다양한 방향으로 변화하는 현대 사회에서 스트레스는 질병의 가장 근본적인 원인으로 인식되고 있다. 일상생활뿐만 아니라 직장에서 경험하는 스트레스는 심리적, 신체적 건강에 부정적 영향을 미친다. 스트레스는 집중력이나 판단력의 저하, 정서적 불안정, 근육 긴장이나 피로감을 느끼게 하고, 이로 인해 직장 내에서 업무와 대인관계의 문제를 발생시키게 된다.

스트레스라는 말은 물리적, 정신적으로 외부로부터 힘이 더해지고 있는 상태를 나타내며 생물학적으로는 정신적, 신체적 자극의 지속으로 인해 비정상인 상태를 만든 요인, 긴장 상태를 의미한다.

스트레스는 크게 '바람직하지 않은 스트레스(distress)'와 '바람직한 스트레스(eustress)'로 나눌 수 있다. 디스트레스는 일반적으로 말하는 스트레스로써 사람에게 불편함이나 해로움을 주고 어떤 사건을 예측하지 못하거나 조절할 수 없는 경우로 정신적·물리적 기능을 방해받을 수 있고 결과적으로 질병이나 무력감을 유발시킬 수 있다. 유스트레스는 도움이나 행복감을 주는 바람직한 또는 원하는 스트레스로 사전에 이미 계획된 것이거나 한 개인의 생활에 잘 적응된 변화로 삶에 의미를 더하고 복잡한 문제에 대한 긍정적인 해결책을 발견하게 하여 질병 등을 유발시키지 않는 것을 말한다.

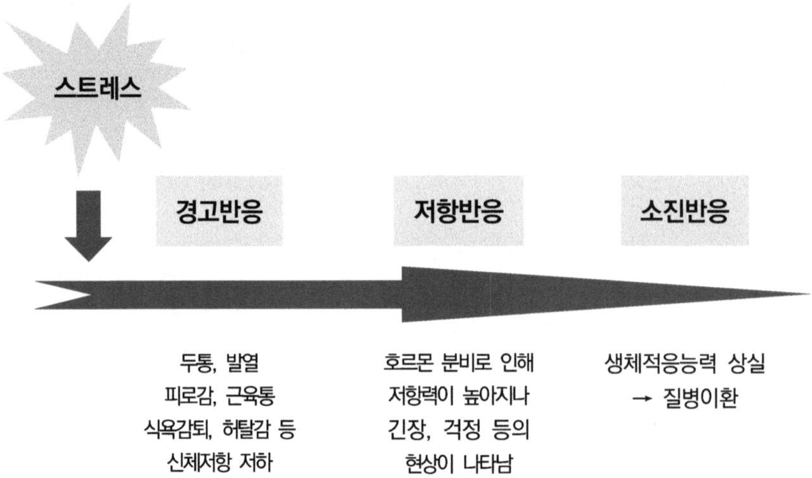

[그림 11-1] 스트레스에 대한 인체의 반응

인체가 스트레스를 받게 되면 [그림 11-1]과 같이 두통, 발열, 피로감, 근육통, 식욕감퇴 등의 경고 반응이 발생하며, 두 번째로 긴장감, 걱정 등의 현상으로 저항 반응이, 마지막으로 생체 적응 능력이 상실되면 질병으로 이환되는 소진 반응으로 이어지게 된다.

11.2 직무스트레스

산업이 고도화되고 직무 환경과 내용이 복잡, 다원화됨에 따라 직장 생활은 스트레스의 연속이라고 할 수 있다. 특히, 경쟁이 치열해지고 기업의 구조 조정이 일반화되면서 고용 불안이나 동료와의 갈등 등으로 인하여 직무스트레스가 심화되고 있다. 미국 국립산업안전보건연구원(NIOSH)의 연구에 의하면 미국에서 40%의 근로자가 업무로 인해 심한 스트레스를 받고 있으며, 직장인들은 직장 문제가 생활 속의 다른 스트레스보다 건강에 심각한 영향을 주는 것으로 믿고 있다.

직무스트레스란 직무 요건이 근로자의 능력이나 자원, 바램과 일치하지 않을 때 생기는 유해한 신체적 · 정서적 반응을 말한다. 본 절에서는 NIOSH의 직무스트레스 모형과 직무스트레스 요인에 대하여 설명한다.

11.2.1 NIOSH의 직무스트레스 모형

NIOSH(National Institute of Occupational Safety & Health, 국립산업안전보건연구원)에서는 머피와 쇼운본(Murphy와 Schoenborn, 1987)이 광범위한 문헌 검토를 수행하고, 캐프란과 존스(Caplan과 Jones, 1975), 쿠퍼와 마샬(Cooper와 Marshall, 1976), 하우스(House, 1974) 등이 제시한 스트레스 모형을 기초로 하여 새로운 직무스트레스에 관한 모형을 [그림 11-2]와 같이 제안하였다. 직무스트레스란 직무스트레스를 유발하게 되는 어떤 작업 조건 즉, 직업 관련 스트레스 요인과 근로자 개인 간의 상호 작용에 의한 것으로, 직무스트레스의 원인에 의해 결과적으로 정신적 반응, 신체적 반응, 행동적 반응이 급성으로 나타나게 되고, 이런 급성 반응들이 지속되어 다양한 질병에 이환된다. 또한 직업 관련 스트레스 요인과 급성 반응 사이에는 개인적 요인과 비직업적(비상업적) 요인, 완충 요인 등이 중재 요인으로 작용하게 된다.

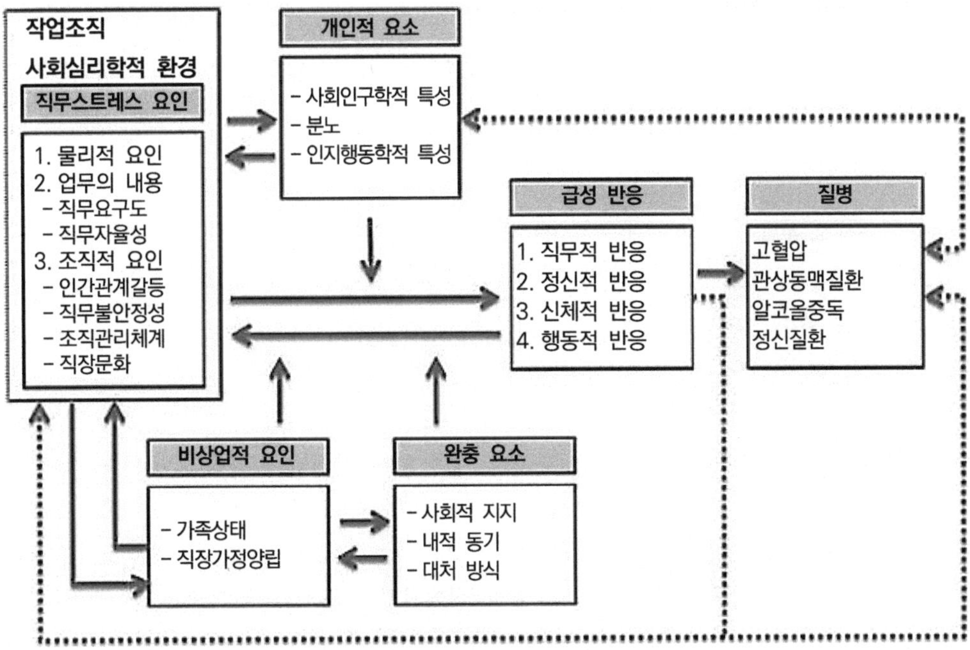

[그림 11-2] NIOSH직무스트레스 모형

11.2.2 직무스트레스 요인

직무 스트레스를 발생시키는 대표적인 요인은 [표 11-1]와 같이 구분할 수 있다.

[표 11-1] 직무 스트레스를 발생시키는 대표적 요인

시간적 압박, 업무 시간표, 업무 속도	- 장시간 노동, 연장 근무, 교대 근무 - 업무 시간동안 수동적인 행동을 강요받을 때 - 일시적으로 자주 바뀌는 업무 시간 - 스스로 업무 속도를 조절할 수 있는지의 여부
업무 구조	- 심리적 업무 요구가 높고, 직무의 재량권이 낮은 업무 - 업무 조직의 변화 - 부서 이동, 좌천이나 승진, - 업무의 예측 가능성
물리적 환경	- 부족한 조명, 과도한 소음, 비좁은 작업 공간, 비위생적 환경, - 불편한 책상, 과밀, 부족한 환기, 추운 실내 온도
조직 내 문제	- 업무의 모호성 - 과도한 경쟁으로 동료 간 신뢰 부족, 협동에 의한 상승효과가 어려움 - 성별에 따른 차별 - 직장 내 관계 갈등으로 의사소통 장애
조직 외 문제	- 직업 안정성과 승진, - 실업 및 자유시장 경제와 전 지구적 경제상황에서의 고용안정과 관련된 사항, 직무 안정성의 결여
비직업성 스트레스요인	- 개인, 가족 및 지역사회가 처한 환경

위에서 살펴본 직무스트레스의 대표적인 요인 외에 개인이 수행하는 직무 역할과 관련된 문제들도 직무 스트레스의 부정적 영향을 미칠 수 있다. 대표적으로 역할 모호성, 역할 과부하, 역할 갈등이 있다.

첫째, 역할 모호성은 직무범위와 책임이 정해지지 않아서 자신에게 어떤 행동을 기대하는지 명확하게 알지 못할 때 나타나며, 직장에 갓 입사한 신입 사원이 대표적인 예다. 역할 모호성은 수행 준거 모호성, 작업 방식 모호성, 작업 계획 모호성의 영향을 받는다. 수입 준거 모호성은 직무수행을 평가할 때 어떠한 기준이 적용되는지를 확실하지 않을 때 나타나고, 작업 방법 모호성은 직무수행을 성취하는데 필요한 방법과 절차가 불확실한 경우에 발생하며, 작업 계획 모호성은 작업을 진행하는 시점이나 순서를 확실하게 알지 못할 때 나타난다.

둘째, 역할 과부하는 개인이 책임을 과도하게 느끼는 경우에 발생하는데 역할에 대해 명료하게 알게 되더라도 역할이 너무 많으면 문제가 될 수 있다. 역할과 요구하는 일반적으로 양적 과부하와 질적 과부하로 나눌 수 있다. 양적 과부하는 제한된 시간 내에 수행해야 하는 업무량의 과부하를 뜻한다. 반면 질적 과부하는 수행해야 하는 업무가 능력에 비해 너무 어려울 때 나타난다. 이로 인해 스트레스를 받으면 더 쉬운 과제를 많이 하려고 하거나 수행하기 어려워도 양이 적은 소수의 과제만을 하려고 한다. 일반적으로 과부하된 역할을 맡으면 직무스트레스가 높아지고 이는 다시 직무만족을 저하시켜 긴장, 불안, 이직 의도를 증가시킨다. 또 역할과 요구하는 직무에 대해 정서적·신체적으로 소진된 상태인 직무 탈진을 촉진시키는 것으로 보고되고 있다.

셋째, 역할 갈등은 상충하는 목표나 요구에 직면할 때 나타나는데 맡은 역할이 과도하지 않고 적정하더라도 직무가 요구하는 것과 자신의 가치나 기대감에 차이가 클 때 나타난다. 평소에 부하 직원들과 돈독한 관계를 중요하게 여기며 의사소통을 자주 하는 팀장이 이번 달에 목표량을 20% 더 높이라는 지시를 회사에서 받는다면 갈등을 겪게 될 것이다. 급하게 목표치를 달성하려면 관계지향적인 의사소통보다 성취지향적인 권위적 행동이 필요하기 때문이다. 직장 안에서 요구들 간의 모순이 나타나는 역할 내 갈등뿐만 아니라 직장과 직장 이외의 요구들 사이에서도 모순이 발생하는데 이를 역할 외 갈등이라고 한다. 직장 상사는 급하게 야근이 필요하다고 지시하지만 저녁에 자녀들과 영화를 보기로 약속한 경우 직원의 역할과 부모 역할이 상충하여 역할 갈등을 경험하게 된다.

최근에 사회적으로 관심이 커지고 있는 감정노동은 직무 스트레스를 발생시키는 또 다른 요인이다. 감정노동은 직무를 수행하거나 서비스를 제공하는 동안 자신이 느끼는 본래 감정과 다른 감정을 고객에게 의무적으로 표현해야 하는 행동을 의미한다. 이러한 명칭은 직원들이 고객에게 긍정적 감정을 지속적으로 표현하기 위해 상당한 노력이 필요하기 때문에 붙여진 것이라고 할 수 있다. 감정노동은 정서를 소진시키고 두통이나 복통 등의 건강 문제를 유발시키는 등 심리적·신체적 건강에 부정적 영향을 미친다. 그리고 감정노동으로 경험하게 되는 불안이나 좌절은 직무만족과 업무 수행을 낮추고 이직 의도를 높이며 건강에 악영향을 미친다. 감정노동의 부정적 영향은 특히 자신이 실제로 느끼는 정서와 업무상 표현해야 하는 정서가 일치하지 않는 경우, 업무 시 자신이 가지고 있는 자율성과 통제력이 부족한 경우, 감정노동으로 얻게 되는 보상이 적은 경우에 더 많이 나타나는 것으로 알려져 있다.

11.3 직무스트레스 평가

11.3.1 한국인 직무스트레스 측정 도구

한국인 직무스트레스 측정 도구는 한국산업안전보건공단에서 개발한 기본형 측정도구와 단축형 측정 도구를 사용한다.

(1) 기본형 측정 도구

한국인 직무스트레스의 측정도구는 8개의 하부영역의 총 43개 항목의 설문으로 구성되었으며, 일반적이고 보편적인 의미에서의 직무스트레스 요인을 평가하기 위한 문항들로 구성되어 있다.

① **물리환경**
작업 방식의 위험성, 공기의 오염, 신체 부담 등
② **직무요구**
시간적 압박, 업무량 증가, 업무 중 중단, 책임감, 과도한 직무 부담 등
③ **직무자율**
기술적 재량 및 자율성, 업무예측 가능성, 직무수행 권한 등
④ **관계갈등**
동료의 지지, 상사의 지지, 전반적 지지 등
⑤ **직무불안정**
구직 기회, 고용 불안정성 등
⑥ **조직체계**
조직의 정략 및 운영체계, 조직의 자원, 조직 내 갈등, 합리적 의사소통 등
⑦ **보상부적절**
존중, 내적 동기, 기대 부적합 등
⑧ **직장문화**
한국적인 집단주의적 문화, 비합리적인 의사소통 체계, 비공식적 직장문화 등

■ 한국인 직무스트레스 점수 산출 방법(기본형)

각 영역별 환산점수 = (실제점수 - 문항수)×100/(예상가능한 최고점수 - 문항수)
직무스트레스 총 점수 = (각 8개 영역의 환산점수의 총합)/8

[표 11-2] 「물리환경」 점수 산정방식의 예

설 문 내 용	전혀 그렇지않다	그렇지 않다	그렇다	매우 그렇다
근무 장소가 깨끗하고 쾌적하다.	4	3	②	1
내 일은 위험해서 사고를 당할 가능성이 있다.	①	2	3	4
내 업무는 불편한 자세로 오랫동안 해야 한다.	1	②	3	4

* 물리환경 단순 산출식(단순점수) = 2 + 1 + 2 = 5

$$* \text{ 환산점수} = \frac{(\text{합산된 점수}[5] - \text{문항})}{\text{항목별 최고점수}[10]} \times 100 = 22.2$$

(2) 단축형 측정도구

한국인 직무스트레스 기본형 측정 도구 43문항은 문항수 및 설문내용이 다소 많아, 현장에서 쉽게 적용할 수 있도록 고안한 도구가 단축형 측정 도구이다.

① **직무요구**
시간적 압박, 업무량 증가, 업무 중 중단, 책임감, 과도한 직무부담 등

② **직무자율**
기술적 재량 및 자율성, 업무예측 가능성, 직무수행 권한 등

③ **관계갈등**
동료의 지지, 상사의 지지, 전반적 지지 등

④ **직무불안정**
구직 기회, 고용 불안정성 등

⑤ **조직체계**
조직의 정략 및 운영체계, 조직의 자원, 조직 내 갈등, 합리적 의사소통 등

⑥ **보상부적절**
존중, 내적동기, 기대 부적합 등

⑦ **직장문화**
한국적인 집단주의적 문화, 비합리적인 의사소통 체계, 비공식적 직장문화 등

■ 한국인 직무스트레스 점수 산출방법(단축형)

각 영역별 환산점수 = (실제점수 - 문항수)×100/(예상가능한 최고점수 - 문항수) 직무스트레스 총 점수 = (각 7개 영역의 환산점수의 총합)/7

11.3.2 한국인 직무스트레스 측정 평가 도구

(1) 한국인 직무스트레스 측정도구(기본형)

직무스트레스 측정도구(기본형)
* 현재 일하면서 귀하의 생각이나 느낌에 가장 가까운 곳에 "V" 표시를 하여 주시기 바랍니다.

구분	내 용	전혀 그렇지 않다	그렇지 않다	그렇다	매우 그렇다
물리환경	1. 근무 장소가 깨끗하고 쾌적하다.	4	3	2	1
	2. 내 일은 위험하며 사고를 당할 가능성이 있다.	1	2	3	4
	3. 내 업무는 불편한 자세로 오랫동안 일을 해야 한다.	1	2	3	4
직무요구	4. 나는 일이 많아 항상 시간에 쫓기며 일한다.	1	2	3	4
	5. 현재 하던 일을 끝내기 전에 다른 일을 하도록 지시 받는다	1	2	3	4
	6. 업무량이 현저하게 증가하였다.	1	2	3	4
	7. 나는 동료나 부하직원을 돌보고 책임져야할 부담을 안고 있다.	1	2	3	4
	8. 내 업무는 장시간 동안 집중력이 요구된다.	1	2	3	4
	9. 업무 수행 중에 충분한 휴식(짬)이 주어진다.	4	3	2	1
	10. 일이 많아서 직장과 가정에 다 잘하기가 힘들다.	1	2	3	4
	11. 여러 가지일을 동시에 해야 한다.	1	2	3	4
직무자율	12. 내 업무는 창의력을 필요로 한다.	4	3	2	1
	13. 업무관련 사항(업무의 일정, 업무량, 회의시간 등)이 예고 없이 갑작스럽게 정해지거나 바뀐다.	1	2	3	4
	14. 내 업무를 수행하기 위해서는 높은 수준의 기술이나 지식이 필요하다.	4	3	2	1

	15. 작업시간, 업무수행과정에서 나에게 결정할 권한이 주어지며 영향력을 행사 할 수 있다.	4	3	2	1
	16. 나의 업무량과 작업스케줄을 스스로 조절할 수 있다.	4	3	2	1
관계갈등	17. 나의 상사는 업무를 완료하는데 도움을 준다.	4	3	2	1
	18. 나의 동료는 업무를 완료하는데 도움을 준다.	4	3	2	1
	19. 직장에서 내가 힘들 때 내가 힘들다는 것을 알아주고 이해해 주는 사람이 있다.	4	3	2	1
	20. 직장생활의 고충을 함께 나눌 동료가 있다.	4	3	2	1
직무불안정	21. 지금의 직장을 옮겨도 나에게 적합한 새로운 일을 쉽게 찾을 수 있다.	4	3	2	1
	22. 현재의 직장을 그만두더라도 현재 수준만큼의 직업 (직장)을 쉽게 구할 수 있다.	4	3	2	1
	23. 직장사정이 불안하여 미래가 불확실하다.	1	2	3	4
	24. 나의 직업은 실직하거나 해고당할 염려가 없다.	4	3	2	1
	25. 앞으로 2년 동안 현재의 내 직업을 잃을 가능성이 있다.	1	2	3	4
	26. 나의 근무조건이나 상황에 바람직하지 못한 변화(예, 구조조정)가 있었거나 있을 것으로 예상된다.	1	2	3	4
조직체계	27. 우리 직장은 근무평가, 인사제도(승진, 부서배치 등)가 공정하고 합리적이다.	4	3	2	1
	28. 업무수행에 필요한 인원, 공간, 시설, 장비, 훈련 등의 지원이 잘 이루어지고 있다.	4	3	2	1
	29. 우리 부서와 타 부서간에는 마찰이 없고 업무협조가 잘 이루어진다.	4	3	2	1
	30. 근로자, 간부, 경영주 모두가 직장을 위해 한마음으로 일을 한다.	4	3	2	1
	31. 일에 대한 나의 생각을 반영할 수 있는 기회와 통로가 있다.	4	3	2	1
	32. 나의 경력개발과 승진은 무난히 잘 될 것으로 예상한다.	4	3	2	1
	33. 내 현재 직위는 나의 교육 및 경력에 비추어볼 때 적절하다.	4	3	2	1
보상부적절	34. 나의 직업은 내가 평소 기대했던 것에 미치지 못한다.	1	2	3	4
	35. 나의 모든 노력과 업적을 고려할 때 내 봉급/수입은 적절하다.	4	3	2	1
	36. 나의 모든 노력과 업적을 고려할 때, 나는 직장에서 제대로 존중과 신임을 받고 있다.	4	3	2	1
	37. 나는 지금 하는 일에 흥미를 느낀다.	4	3	2	1
	38. 내 사정이 앞으로 더 좋아질 것을 생각하면 힘든 줄 모르고 일하게 된다.	4	3	2	1

	39. 나의 능력을 개발하고 발휘할 수 있는 기회가 주어진다.	4	3	2	1
직장문화	40. 회식자리가 불편하다.	1	2	3	4
	41. 나는 기준이나 일관성이 없는 상태로 업무 지시를 받는다.	1	2	3	4
	42. 직장의 분위기가 권위적이고 수직적이다.	1	2	3	4
	43. 남성, 여성이라는 성적인 차이 때문에 불이익을 받는다.	1	2	3	4

① 한국인 직무스트레스 기본형 참고치

■ **남자용**

항 목	본인 점수	회사 평균	참고치				점수의 의미
			하위25%	하위50%	상위50%	상위25%	
물리환경			33.3이하	33.4~44.4	44.5~66.6	66.7이상	점수가 높을수록 물리환경이 상대적으로 나쁘다
직무요구			41.6이하	41.7~50.0	50.1~58.3	58.4이상	점수가 높을수록 직무요구도가 상대적으로 높다
직무자율			46.6이하	46.7~53.3	53.4~60.0	60.1이상	점수가 높을수록 직무자율성이 상대적으로 낮다
관계갈등			-	33.3이하	33.4~50.0	50.1이상	점수가 높을수록 관계갈등이 상대적으로 높다
직무불안정			44.4이하	44.5~50.0	50.1~61.1	61.2이상	점수가 높을수록 직업이 상대적으로 불안정하다
조직체계			42.8이하	42.9~52.3	52.4~61.9	62.0이상	점수가 높을수록 조직이 상대적으로 체계적이지 않다
보상부적절			55.5이하	55.6~66.6	66.7~77.7	77.8이상	점수가 높을수록 보상체계가 상대적으로 부적절하다
직장문화			33.3이하	33.4~41.6	41.7~50.0	50.1이상	점수가 높을수록 직장문화가 상대적으로 스트레스요인이다
기본형총점			45.0이하	45.1~50.7	50.8~56.5	56.6이상	점수가 높을수록 직무스트레스가 상대적으로 높다

② 참고치 및 점수의 의미

✓ 참고치

한국인 직무스트레스 평가표는 대상 근로자의 실제점수와 회사(또는 부서) 평균점수 및 전국 근로자의 4분위수를 제시한 것으로 대상 근로자의 직무스트레스 점수가 어떤 범위에 포함되는가를 비교할 수 있다.

■ **여자용**

항 목	본인 점수	회사 평균	참고치				점수의 의미
			하위25%	하위50%	상위50%	상위25%	
물리환경			33.3이하	33.4~44.4	44.5~55.5	55.6이상	점수가 높을수록 물리환경이 상대적으로 나쁘다
직무요구			41.6이하	41.7~54.1	54.2~62.5	62.6이상	점수가 높을수록 직무요구도가 상대적으로 높다
직무자율			53.3이하	53.4~60.0	60.1~66.6	66.7이상	점수가 높을수록 직무자율성이 상대적으로 낮다
관계갈등			-	33.3이하	33.4~41.6	41.7이상	점수가 높을수록 관계갈등이 상대적으로 높다
직무불안정			38.8이하	38.9~50.0	50.1~55.5	55.6이상	점수가 높을수록 직업이 상대적으로 불안정하다
조직체계			42.8이하	42.9~52.3	52.4~61.9	62.0이상	점수가 높을수록 조직이 상대적으로 체계적이지 않다
보상부적절			55.5이하	55.6~66.6	66.7~77.7	77.8이상	점수가 높을수록 보상체계가 상대적으로 부적절하다
직장문화			33.3이하	33.4~41.6	41.7~50.0	50.1이상	점수가 높을수록 직장문화가 상대적으로 스트레스요인이다
기본형총점			49.5이하	49.6~51.1	51.2~56.6	56.7이상	점수가 높을수록 직무스트레스가 상대적으로 높다

※ 참고치 상위 25% : 전국 근로자중 직무스트레스가 높은 상위 25%에 해당하는 점수를 나타냄

✓ 점수의 의미

각 항목의 직무스트레스 점수가 어떤 범위에 포함되는가에 대한 정보를 알 수 있도록 한 것으로 참고치의 점수가 낮은 방향으로의 관리가 필요하다.

(2) 한국인 직무스트레스 측정도구(단축형)

직무스트레스 측정도구(단축형)
* 현재 일하면서 귀하의 생각이나 느낌에 가장 가까운 곳에 "V" 표시를 하여 주시기 바랍니다.

구분	내 용	전혀 그렇지 않다	그렇지 않다	그렇다	매우 그렇다
직무요구	1. 나는 일이 많아 항상 시간에 쫓기며 일한다.	1	2	3	4
	2. 업무량이 현저하게 증가하였다.	1	2	3	4
	3. 업무 수행 중에 충분한 휴식(짬)이 주어진다.	4	3	2	1
	4. 여러 가지일을 동시에 해야 한다.	1	2	3	4
	5. 내 업무는 창의력을 필요로 한다.	4	3	2	1
직무자율	6. 내 업무를 수행하기 위해서는 높은 수준의 기술이나 지식이 필요하다.	4	3	2	1
	7. 작업시간, 업무수행과정에서 나에게 결정할 권한이 주어지며 영향력을 행사 할 수 있다.	4	3	2	1
	8. 나의 업무량과 작업스케줄을 스스로 조절할 수 있다.	4	3	2	1
관계갈등	9. 나의 상사는 업무를 완료하는데 도움을 준다.	4	3	2	1
	10. 나의 동료는 업무를 완료하는데 도움을 준다.	4	3	2	1
	11. 직장에서 내가 힘들 때 내가 힘들다는 것을 알아주고 이해해 주는 사람이 있다.	4	3	2	1
직무불안정	12. 직장사정이 불안하여 미래가 불확실하다.	1	2	3	4
	13. 나의 근무조건이나 상황에 바람직하지 못한 변화(예, 구조조정)가 있었거나 있을 것으로 예상된다.	1	2	3	4
조직체계	14. 우리 직장은 근무평가, 인사제도(승진, 부서배치 등)가 공정하고 합리적이다.	4	3	2	1
	15. 업무수행에 필요한 인원, 공간, 시설, 장비, 훈련 등의 지원이 잘 이루어지고 있다.	4	3	2	1
	16. 우리 부서와 타 부서간에는 마찰이 없고 업무협조가 잘 이루어진다.	4	3	2	1
	17. 일에 대한 나의 생각을 반영할 수 있는 기회와 통로가 있다.	4	3	2	1

보상부적절	18. 나의 모든 노력과 업적을 고려할 때, 나는 직장에서 제대로 존중과 신임을 받고 있다.	4	3	2	1
	19. 내 사정이 앞으로 더 좋아질 것을 생각하면 힘든 줄 모르고 일하게 된다.	4	3	2	1
	20. 나의 능력을 개발하고 발휘할 수 있는 기회가 주어진다.	4	3	2	1
직장문화	21. 회식자리가 불편하다.	1	2	3	4
	22. 나는 기준이나 일관성이 없는 상태로 업무 지시를 받는다.	1	2	3	4
	23. 직장의 분위기가 권위적이고 수직적이다.	1	2	3	4
	24. 남성, 여성이라는 성적인 차이 때문에 불이익을 받는다.	1	2	3	4

① 한국인 직무스트레스 단축형 참고치

■ **남자용**

항 목	본인 점수	회사 평균	참고치				점수의 의미
			하위25%	하위50%	상위50%	상위25%	
직무요구			41.6이하	41.7~50.0	50.1~58.3	58.4이상	점수가 높을수록 직무요구도가 상대적으로 높다
직무자율			41.6이하	41.7~50.0	50.1~66.6	66.7이상	점수가 높을수록 직무자율성이 상대적으로 낮다
관계갈등			-	33.3이하	33.4~44.4	44.5이상	점수가 높을수록 관계갈등이 상대적으로 높다
직무불안정			33.3이하	33.4~50.0	50.1~66.6	66.7이상	점수가 높을수록 직업이 상대적으로 불안정하다
조직체계			41.6이하	41.7~50.0	50.1~66.6	66.7이상	점수가 높을수록 조직이 상대적으로 체계적이지 않다
보상부적절			33.3이하	33.4~55.5	55.6~66.6	66.7이상	점수가 높을수록 보상체계가 상대적으로 부적절하다
직장문화			33.3이하	33.4~41.6	41.7~50.0	50.1이상	점수가 높을수록 직장문화가 상대적으로 스트레스요인이다
기본형총점			42.4이하	42.5~48.4	48.5~54.7	54.8이상	점수가 높을수록 직무스트레스가 상대적으로 높다

■ 여자용

항 목	본인 점수	회사 평균	참고치				점수의 의미
			하위25%	하위50%	상위50%	상위25%	
직무요구			50.0이하	50.1~58.3	58.4~66.6	66.7이상	점수가 높을수록 직무요구도가 상대적으로 높다
직무자율			50.0이하	50.1~58.3	58.4~66.6	66.7이상	점수가 높을수록 직무자율성이 상대적으로 낮다
관계갈등			-	33.3이하	33.4~44.4	44.5이상	점수가 높을수록 관계갈등이 상대적으로 높다
직무불안정			-	33.3이하	33.4~50.0	50.1이상	점수가 높을수록 직업이 상대적으로 불안정하다
조직체계			41.6이하	41.7~50.0	50.1~66.6	66.7이상	점수가 높을수록 조직이 상대적으로 체계적이지 않다
보상부적절			44.4이하	44.5~55.5	55.6~66.6	66.7이상	점수가 높을수록 보상체계가 상대적으로 부적절하다
직장문화			33.3이하	33.4~41.6	41.7~50.0	50.1이상	점수가 높을수록 직장문화가 상대적으로 스트레스요인이다
기본형총점			44.4이하	44.5~50.0	50.1~55.6	56.0이상	점수가 높을수록 직무스트레스가 상대적으로 높다

11.4 스트레스 결과 및 관리

11.4.1 스트레스 결과

조직에서 발생하는 스트레스의 결과는 개인적으로 영향을 주는 결과와 조직에 영향을 주는 결과가 있다.([그림 11-3] 참조)

① 행동적 결과: 흡연, 알콜, 약물남용, 돌발적인 사고 유발, 폭력, 식욕부진

② 심리적 결과: 가정 문제, 수면방해, 성적 역기능, 압박감, 불안, 우울, 집중력 장애, 화를 잘 냄

③ 생리적, 의학적 결과: 심장질환, 위장질환, 만성두통, 고혈압, 당뇨병, 신경불안증, 우울증, 피로감, 어지럼증

④ 결근률, 이직률 증가, 직무성과 낮아짐, 동기화 및 직무만족 수준이 낮음, 사기 저하, 헌신감이나 충성심을 느끼지 못함, 시간 지키기를 잘 못함, 질병이나 사고에서 회복 및 작업 복귀 지연, 시간 때우기

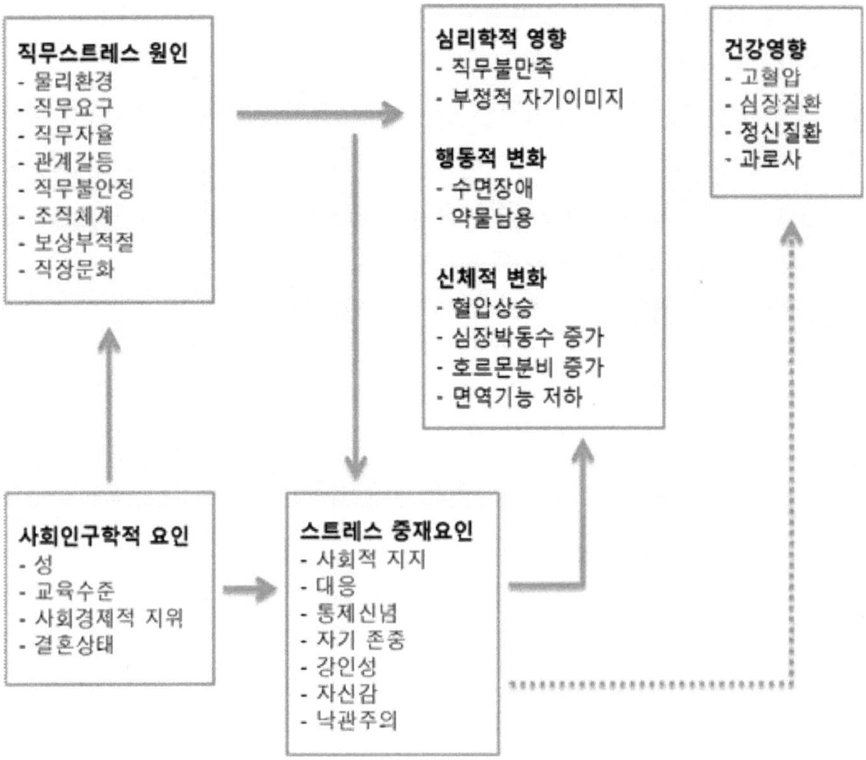

[그림 11-3] 스트레스 각 요인간의 관계

11.4.2 스트레스 관리

오늘날 조직에서 일하고 있는 사람이 스트레스를 받는 것을 피할 수는 없다. 적당한 스트레스는 구성원들에게 활력을 주고 동기를 부여할 수 있으나, 과중한 직무 스트레스는 개인의 건강뿐만 아니라 조직의 효율성에도 역기능으로 작용한다. 따라서 스트레스에 대한 적절한 예방 및 대응책이 요구된다. 스트레스에 관한 관리 방안은 개인적 차원과 조직적 차원에서 접근할 수 있다.

(1) 개인적 차원에서의 스트레스 관리

① 적절한 운동

직장인들은 스트레스를 극복할 목적으로 등산, 달리기, 수영, 테니스 혹은 배드민턴 등을 한다. 운동은 체력 단련의 효과뿐만 아니라 긴장 이완, 자긍심의 강화, 잠시 동안 작업을 잊고 정신적인 휴식을 취하게 하는 등의 부대 효과를 통해 개인이 스트레스에 보다 잘 대응할 수 있도록 해준다.

② 긴장 이완법

스트레스가 강하게 되면 사람들은 긴장하게 되고, 잘 대처하지 못하는 경우에는 자율신경계의 교감신경이 흥분하게 된다. 이러한 경우에는 긴장을 이완시켜 개인이 스트레스에 보다 잘 대응할 수 있도록 해주는 것이 도움이 된다.

긴장 이완법에는 인위적인 근육의 긴장과 이완을 경험하도록 하는 근육 이완법, 명상에 의한 영상 훈련법, 신체의 생리적 지표와 개인정보를 종합하여 근육 긴장도를 스스로 알게 함으로써 긴장을 낮추려는 바이오피드백법, 독서, TV시청 등이 있다.

③ 적절한 시간관리

직장 생활에서 가장 큰 스트레스의 원인 중의 하나는 사람들이 자신이 설정한 불가능한 기준을 실천하려고 하는 시도에서 온다. 따라서 한꺼번에 너무 많은 일을 하려는 계획을 세우지 말아야 하며, 현실적인 목표를 설정하고 가용 시간에 맞추어 자신의 일정을 계획하고 관리해야 한다.

④ 협력 관계 유지

다른 사람들과 협력 관계를 유지해야 다른 사람들과 일을 분담할 수 있고, 정보를 교환함으로써 업무를 보다 신속히 적은 노력을 들여 수행할 수 있다. 이러한 업무 협력관계 이외에 신뢰감이 있고 우호적인 동료 작업자나 가까운 친구들과 친목을 도모하여, 스트레스 상황에 직면할 때 위로해 주고 대화를 나눌 수 있는 인간적인 협력 관계도 필요하다.

(2) 조직 차원에서의 스트레스 관리

① 우호적인 직장 분위기 조성

직무에서의 우호적인 직장 분위기가 조직 구성원의 직무 스트레스를 대처할 수 있게 해줄 수 있다. 조직 구성원들에게 서로 상호작용 하는 것을 쉽게 만들어 주거나 동료들이나 하급자, 상급자들에게서 후원을 받을 수 있도록 직장 분위기를 조성하면 스트레스를 경감시켜줄 수 있다는 것이다.

② 참여적 의사 결정

구성원들을 의사 결정에 참여시키게 되면 보다 많은 정보들을 구성원들이 공유하게 되고, 참여와 자율성의 증가는 구성원들의 행동에 신축성을 부여하게 됨으로써 비록 제한된 범위에서라도 구성원들은 자연스럽게 스트레스 배출구를 찾을 수 있게 된다.

③ 직무 재설계

조직 구성원들에 대한 직무분석이나 직무평가를 통해 역할 모호성, 역할 과다 및 과소 발휘, 위험과 건강에 해로운 작업 조건 등을 밝혀낼 수 있다. 직무분석 결과를 토대로 역할 모호성이 있을 경우에는 구성원들이 해야 할 업무 규정과 지침을 제공하고 충분한 권한을 확보해 주어야 한다. 또한 역할 과다 및 과소 발휘에 대해서는 개인이 가지고 있는 기술과 능력에 맞게 직무를 할당해 주어야 한다. 위험한 작업 조건에 대해서는 안전하게 일할 수 있는 작업 환경으로 개선 한다거나 안전보호구와 충분한 방호장비를 갖추어 종업원들이 안심하고 작업할 수 있게 해 주어야 한다.

④ 경력 계획과 개발

승진에서의 누락이나 적성에 맞지 않는 부서로의 이동, 또는 구성원들의 경력 개발에 조직이 무관심하면 구성원들은 만성적인 스트레스를 느낄 수 있다. 이러한 유형의 스트레스를 완화시키기 위해서 조직에서는 종업원들을 위해 경력 계획 및 개발 과정을 수립하고 상담을 제공해야 한다. 또한, 현재의 업무 능력을 고양시키거나 새로운 직무에 필요한 기술과 지식을 준비시키는 교육 및 경력 프로그램 등을 제공하는 것이 바람직하다.

(3) 8단계 직무스트레스 예방관리 프로그램

단 계	관 리 내 용
제 1 단계	직무스트레스의 증상과 요인을 파악하기
제 2 단계	스트레스란 무엇인지 이해하기
제 3 단계	직무스트레스에 대한 자신의 대처 방법을 파악하기 (스트레스요인, 이 요인에 대해서 그것이 발생한 당시 자신의 감정과 생각, 반응을 파악한다)
제 4 단계	목표설정 - 스트레스에 효과적으로 대응하기 위한 목표를 정하기
제 5 단계	동기를 부여하자!
제 6 단계	인지수정기법 - 생각을 바꾸자!
제 7 단계	신체 조절 법을 익히자!
제 8 단계	생활습관을 개선하자!

(4) 스트레스로 인한 질환 예방 수칙

- 규칙적인 생활과 건전한 생활 리듬을 유지한다.
- 자기 분수에 맞는 취미 생활, 오락, 스포츠 등으로 심신의 스트레스를 해소한다.
- 운동과 균형 잡힌 식사를 한다.
- 과다한 음주와 흡연은 피한다.
- 원만한 인격으로 보다 적극적인 대인 관계를 갖는다.
- 주체성을 갖고 즐겁게 충실하려는 노력과 습관을 갖는다.
- 필요한 경우에는 정신과 의사를 찾아 상담하고 지도를 받는다.
- 긍정적 태도가 중요하다.
- 여유 있게 스케줄을 짠다.
- 거절할 줄도 알아야 한다.
- 체념할 줄 알아야 한다.
- 유머 감각으로 긴장을 해소하자.

제12장

안전과 관련된 주요 이론

안전관리를 효율적이고, 원활하게 수행하기 위해 필요한 안전관리와 관련된 주요 이론을 소개하고자 한다. 주로 이론을 주장한 사람의 이름을 따라 이론의 명칭이 선정되었으며, 그것이 많은 사람들에게 검증을 받아 법칙으로 정립되어 있다.

크게 사고 발생 비율과 관련된 이론, 사고 발생 메커니즘과 관련된 이론, 위험요인 분석 및 위험 감소대책 수립 관련 이론, 안전활동 수행을 위한 동기부여 관련 이론, 안전 책임자의 리더십 관련 이론, 뇌과학과 안전심리 이론, 조직 구성원 간 소통 관련 이론 및 방법론으로 구분하여 설명하고자 한다.

12.1 사고발생 비율 이론

12.1.1 하인리히의 1 : 29 : 300의 법칙

안전관리 이론 중 가장 대표적인 이론 중 하나로 손꼽히는 하인리히의 1 : 29 : 300의 법칙이다. 잘 알려진 법칙인 만큼 가장 기본이 되고 실제 안전관리에 있어서 큰 도움이 되는 이론 중에 하나이다.

1920년대에 하인리히(Heinrich)라는 보험회사 직원은 사고 약 5,000건을 대상으로 사고의 비율을 분석하여 중상해 사고(Major Accident, 8일 이상 휴업~사망), 경상해 사고(Minor Accident, 1일 이상 휴업~7일 이하 휴업), 무상해 사고(No Injury Accident, 휴업 1일 미만) 및 아차사고(Near Accident, 사고가 날 변하였지만, 상해 혹은 손실로 이어지지 않은 사고)의 비율이 1:29:300 라는 것을 밝혔다. 또한 이를 근거로 유추할 때 불안전한 행동이나 불안전한 상태의 비율은 훨씬 많을 것이라고 설명하였으며, 이를 도식화하면 [그림 12-1]과 같다.

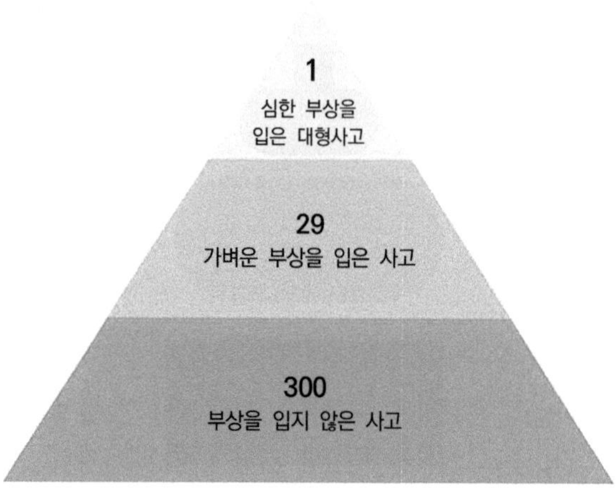

[그림 12-1] 하인리히의 1 : 29 : 300의 법칙

이 법칙은 안전관리에 있어 매우 소중한 교훈을 제공한다. 하인리히 법칙의 통계분석 결과에 따르면 무상해 사고 혹은 아차사고가 10건 발생할 경우, 1건의 경상해 사고가 발생할 확률적 가능성이 있고, 29건의 경상해 사고가 발생할 경우 1건의 중상해 사고가 발생할 확률적 가능성이 있다는 점에 주목할 수 있다. 이는 무상해 사고 혹은 아차사고를 경험할 경우 손실이 없다고 해서 그냥 지나친다면, 10번째 지나치는 순간 사고를 경험할 가능성이 매우 높다는 것이다. 마찬가지로 29건의 경상해 사고를 경험하였음에도 손실이 크지 않고, 사고를 보고하지 않거나 근본적인 재발 방지대책을 통해 문제점을 개선하지 않는다면, 누군가의 생명을 위협하는 사고로 이어질 수 있다는 것이다.

12.1.2 버드(Bird)의 1 : 10 : 30 : 600의 법칙

하인리히의 1 : 29 : 300 법칙 이후에 수정된 이론들이 추가적으로 제안되는데, 그 중 버드의 1 : 10 : 30 : 600의 법칙은 1960년대 북미에서 발생한 1,753,498건의 재해를 대상으로 조사한 결과를 바탕으로 한다. 버드(Bird)는 중상 혹은 폐질 등 등 중대사고 :

경상사고 : 재산상 손실만 있는 무상해 사고의 비율이 1 : 10 : 30 : 600의 비율로 발생한다는 것을 발견하였다. 하인리히의 법칙에 비해 무상해, 무손실의 비율이 더 큰 것이 특징적이고, 더 많은 사고 건수를 분석함으로서 신뢰성을 높였다는 측면에서 개선된 법칙이라 할 수 있다. [그림 12-2]

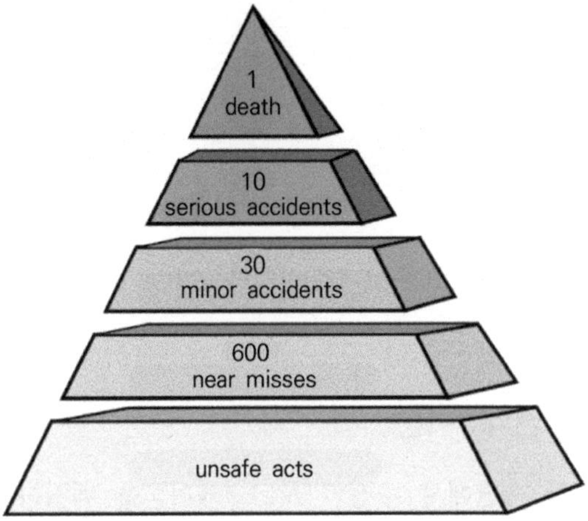

[그림 12-2] 버드의 1 : 10 : 30 : 600의 법칙

12.2 사고발생 메커니즘 관련 이론

12.2.1 하인리히(Heinrich)의 도미노(Domino) 이론

하인리히는 1 : 29 : 300의 법칙 외에도 도미노(Domino) 이론을 통해 사고의 원인에서 사고의 발생에 이르는 메커니즘을 분석하여 5단계로 구분하였다.

각각의 단계는 도미노 블록을 구성하고 있는 요소에 대응되고, 이는 사회적 환경과 유전적 요소, 개인적 결함, 불안전한 행동과 불안전한 상태, 사고, 재해이다. 이러한 구성요소들이 순서로 도미노 블록이 쓰러지듯이 연쇄적으로 영향을 주어 모두 쓰러질 때, 재해가 발생하고, 그 중간에 도미노블록을 제거할 경우 연쇄반응은 중단되어 사고의 발생을 예방할 수 있다는 이론이다. 하인리히는 사고예방의 핵심과제로서 사고 발생의 직접원인인 불안전한 행동과 불안전한 상태의 제거가 가장 용이하고 중요하기에 이 단계에 집중하여야 한다고 강조하였다. [그림 12-3]

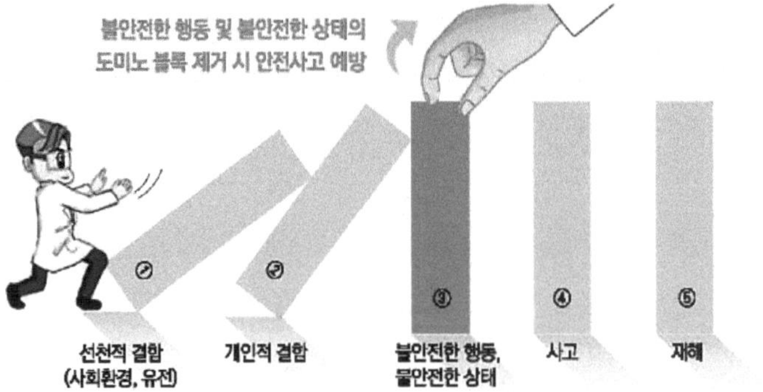

[그림 12-3] 하인리히의 도미노 이론

12.2.2 버드의 사고 연쇄 이론

버드는 사고 원인적 측면에서 수정된 사고연쇄이론을 제시하였다. 사고의 직접원인까지는 동일하지만 사고의 근본 원인을 관리조직 및 관리자의 관리적 결함으로 보고, 수정된 사고연쇄 이론을 제안하였는데, 이러한 사상이 현대의 안전관리기법에도 계승·반영되어 사고의 근본적 원인은 상당 부분 관리의 부실로 지목되고 있다. 버드의 사고 연쇄 이론도 재해까지 5단계로 구분되며, 각각의 단계는 통제(Control)의 부족 즉 계획, 조직, 지시, 통제, 기능상 관리의 부족, 기본적인 원인-기원, 직접적인 원인-징후, 사고-접촉, 재해-손해·손실이다. [그림 12-4]

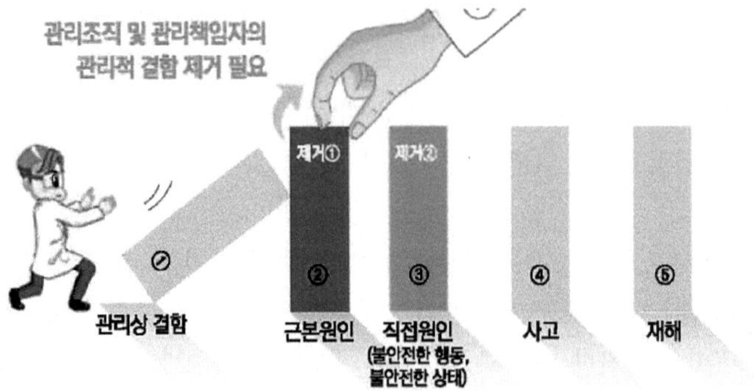

[그림 12-4] 버드의 도미노 이론

12.3 재해 코스트 산정 이론

12.3.1 하인리히(Heinrich)의 재해 코스트 이론

1930년 하인리히는 그 저서 중에서 산업 재해에 의해 생긴 재해코스트에 관한 연구 성과를 발표하였다. 하인리히는 재해코스트를 직·간접코스트로 구분하였으며, 직접코스트는 법령이 정한 지급되는 산재보상비, 치료비, 입원비, 간호비, 보상금을 말한다. 또한 간접코스트는 그 외 기계, 재료 등의 손해, 제3자의 시간적 손실, 생산작업 중단에 생산량 감소 등의 손해를 말한다. 피해자에게 지불되는 산재보상비는 직접비로 구분하며 그 이외의 손실은 간접비로 구분하고 직접비와 간접비의 비율은 1 : 4가 되며 직접비와 간접비의 합이 재해코스트이다.

여기서 직접비는 치료비, 휴업급여, 장해보상비, 유족보상비 등 직접적으로 보상하는데 소모되는 비용을 뜻하며, 간접비는 직접비를 제외한 모든 비용을 뜻한다.

- 인적손실 : 부상자의 시간 손실, 작업 중단에 의한 인적 시간 손실
- 물적손실 : 기계/기구, 공구, 재료, 시설의 복구에 소비된 시간 손실 및 재산 손실
- 생산손실 : 생산감소, 생산중단, 판매감소 등에 의한 손실
- 특수손실 : 근로자의 신규채용, 교육 훈련비, 섭외비 등에 의한 손실
- 기타손실 : 병상 위문금, 여비 및 통신비 등

총 재해비용 = 직접손실비(1) + 간접손실비(4)

✓ 하인리히 재해코스트 산정의 문제점

- 재해자가 소비한 시간손실보다 타인의 시간손실(동료 종업원이나 관리감독자 등)에 의한 비용이 더 많이 발생
- 사고로 인한 납기지연 및 공기지연에 따르는 위약금, 신뢰성의 상실에 따른 주문 취소에 의한 손실이 많이 나타남
- 대부분의 간접비는 발생 횟수는 적으나 많은 손실을 가져오는 중상해보다는 건 수당 손실은 적더라도 발생 횟수가 많은 경상해로 이어짐
- 직접비는 없고 간접비만 발생하는 특수한 사례가 많음
- 하인리히의 1 : 4의 비율 연구는 1926년에 처음으로 행해졌으나, 산출방법의 정확성이 결여되어 있어 다른 산출방법들이 제시되었음

12.3.2 시몬즈(Simonds)의 재해코스트 이론

시몬즈는 보험 코스트와 비보험 코스트로 구분하여 하인리히 방식의 불완전한 점을 수정하였다. 총재해 코스트(cost) = 보험 코스트 + 비보험 코스트, 보험 코스트 = 보험금총액 + 보험회사의 보험에 관련된 여러 경비와 이익금의 「보험 코스트」는 근로자 재해 보상 보험료와 보상에 관련된 여러 경비를 포함한 금액이다.

(휴업 상해 건수× A)+(통원상해 건수× B)+(응급조치 건수× C)+(무상해건수× D)
= 비보험코스트

여기서 A, B, C, D는 상해 정도별에 의한 비보험 코스트의 평균치이다.

12.4 재난 분류/발생 이론

12.4.1 시스템 이론

과거에는 재난이 발생하면 이는 단순히 인간의 실수 또는 기계적 오류 등 개별적 요인에 기인한다고 보는 경향이 강했다. 하지만, 최근 재난관리학은 이러한 개별적 요인들은 단지 재난발생의 계기가 되었을 뿐, 실제 이유로는 결국 다양한 개별적 요소들의 결합체인 시스템의 문제라고 본다. 이러한 시스템은 큰 시각으로 보면 결국 우리가 살고 있는 사회 자체가 될 수도 있다. 시스템 이론은 이렇게 복잡한 대상에 대해 개별적인 요소만을 보는 것에서 벗어나 요소들 간의 관계 등 전체적 시각으로 보는 이론이다.

따라서, 향후 재난을 예방, 대비, 대응, 복구하는 정책도 단편적인 개별 요소가 아닌 전체적 시스템을 진단하고 개선해 나가야 한다는 것이다. 최근 재난관리 분야에서 활발하게 논의되고 있는 다양한 재난발생 이론들도 이러한 시스템 이론에 기반하고 있다. 이러한 시스템 이론은 네트워크 이론(Theory of Network)이나 복잡계 이론(Theory of Complex Systems) 등으로 확대되어 논의되고 있다.

12.4.2 신규범 발생 이론

재난상황에서 사람들의 행동은 평상시와는 다른 양상을 띤다. 예를 들어 많은 경우에서 사람들은 자신이 재난을 당했는데도 불구하고 부상당한 상태로 다른 사람들을 구조하기도 하고 어떤 경우에는 수용하기 힘들 정도의 기부금품이 재난현장에 모이기도 한다. 갑작스럽게 범죄율이 떨어지는 경우도 발생한다. 또는, 이와는 반대로 매우 드물긴 하지만 약탈행위나 집단패닉이 일어나기도 한다. 재난상황에서는 효율적, 효과적 대응을 하거나 이를 대비하기 위해서는 바로 이러한 사람들의 집단적 행동을 알아야 한다. 이렇게 재난상황에서 사람들의 집단적 행동의 기저가 되는 군중심리를 설명하는 이론이 신규범발생이론(Emergent Norm Theory)이다.

규범은 사회적으로 통용되는 행동기준이라고 할 수 있다. 따라서, 평상시 사람들은 이러한 규범에 따라 행동한다. 하지만 재난상황이 되면 이러한 평상시 규범이 통하지 않는 상황이 되는데, 이때 사람들은 일부 소수의 행동을 보고 이를 새로운 규범으로 인식하게 되고 이에 따라 행동하게 된다는 것이다. 이러한 새로운 규범은 결국 사람들의 불만을 잠재우면서 집단행동으로 나타나는데 이는 결코 비이성적 행위가 아니라 이성적인 판단에 따라 새로운 규범을 따르게 되면서 나타나는 행동이다.

12.4.3 사회정치 생태계 이론

재난은 누구에게나 발생할 수 있지만 역설적으로 그 영향은 결코 동일하지않다. 예를 들어, 가난한 사람들은 일반적으로 지진이나 태풍에 위험한 지역에 사는 경향이 높으며, 그들이 살고 있는 주택도 내진이나 내풍설계가 되지 않을 가능성이 높다. 또한, 장애인 또는 노년층은 이러한 가난에 더 노출될 경향이 높다. 통일한 이유로 경제력이 부족한 학생들도 재난 대비용품을 구비하지 못한 경우가 많다.

이러한 경향은 개인에게만 나타나는 것이 아니다. 기업 역시 같은 재난에 대해 중소기업은 일반적으로 대기업에 비해 더 큰 피해를 입는 경우가 많다. 또한, 같은 규모의 지진에 대해서도 선진국에 비해 후진국은 훨씬 더 큰 피해를 입는다. 이를 설명하는 이론이 사회정치 생태계 이론(Sociopolitical Ecology Theory)이다. 즉, 재난에 대한 예방, 대비, 대응, 복구에 있어서 사회적으로 항상 비용이 발생하는데 반해 자원은 한정되어 있으므로 이를 확보하기 위한 경쟁에서 항상 승자와 패자가 존재한다는 것이다.

따라서, 재난관리자는 현대사회가 각 개인, 조직들 간에 서로 유기적으로 연계되어 있는 생태계적 환경이라는 것을 고려하여 이러한 자원이 어느 한쪽으로 제한되지 않도록 관리해 나가야 한다.

12.4.4 길버트 재난 이론

길버트(Gilbert, 1998)는 재난분류의 모형이 유사전쟁모형(Disaster as atterns of war), 사회적 취약성 모형(Disaster as social vulnerability), 불확실성 모형(Disaster uncertainty)의 3개 유형으로 분류할 수 있다고 주장하였다.

(1) 유사전쟁적 접근방식

재난이 사회체계를 방해하는 외부로부터의 공격이라고 보는 관점이다. 선박이 좌초한 원인을 외부의 위협인 '태풍'이 강력했기 때문에 발생했다고 주장한다. 이는 외부의 적과 싸우는 전쟁의 연구방법과 유사하다고 하여 '유사전쟁적 접근방식(disaster as patterns of war)'이라고 한다. 이러한 이론은 냉전시대인 1970년대에 미국 학자들을 중심으로 연구되었다.

우리나라를 비롯한 대부분의 나라에서 재난을 외부요인에 따라 분류하는 것처럼 아직까지 많은 재난행정은 기본적으로 이러한 접근방식을 따르고 있다. 최근 신종재난이 출현하고 각종 재난유형이 복잡·복합화되는 등으로 인해 이러한 외부위협이 획기적으로 급증하였다, 하지만, 재난의 원인을 외부의 탓으로 돌려버림으로써 재난을 줄이기 위한 노력 동 내부요인을 무시했다는 지적을 받고 있다.

(2) 사회적 취약성 접근방식

재난이 사회의 내부과정에 내재한 취약성에 의해 발생한다는 관점이다. 선박이 좌초한 원인을 노후화된 선체에 대한 대처가 미숙한 선원 등과 같이 내부요인에서 찾는 접근 방식이다. 근원적으로 재난은 외부요인과 내부요인의 관계에 따른 결과이지만 외부요인은 재난발생의 근원이 아니라 단순한 촉발자일 뿐이며 그 근원적 원인은 내부요인인 그 사회의 취약성에 있다는 것이다. 따라서 이를 '사회적 취약성 접근방식(disaster as social vulnerability)'이라고 부른다. 이는 앞서 말한 유사전쟁적 접근방식이 인류의 자율성을 무시했다는 지적에 대한 대안으로 1970년대 후반에서 1980년대 초반까지 유럽학자들을 중심으로 연구되었다.

최근 재난예방에 대한 지속적인 투자로 인해 홍수, 지진 둥과 같은 고전적 재난은 많이 감소되었다. 하지만, 최근 대두되고 있는 급속한 사회적 고령화, 다문화 가족의 증가 등으로 인한 재난취약계층의 대두는 새로운 사회적 취약성의 증가요인으로 지적되고 있다.

(3) 불확실성 접근방식

최근 심리학자들에 의해 주장되어 온 것으로 재난은 실제뿐만 아니라 가상의 위협에 대한 대중의 불확실한 이해와 밀접하게 연결되어 있다는 주장이다. 예를 들어 운항 중인 배가 폭풍을 만났지만 실제적으로 이 폭풍은 강도가 크지 않아 질서 있게 탈출했다면 인명피해가 없었을텐데 불확실한 정보전달 동 의사소통의 문제로 인해 극심한 공포가 무질서를 초래하여 서로 다투는 집단탈출이 발생하고 이로 인해 인명피해가 발생한 경우라고 볼 수 있다. 이를 '불확실성 접근방식(disaster as uncertainty)'이라 한다.

즉, 사회를 위협하는 위협 자체가 불확실하거나 사회 자체의 불확실성 등으로 인해 위협에 대한 인과관계가 불확실하게 되면 사회의 구성원들은 현재 사태를 파악하지 못하고 혼란스러운 상태에 처하게 된다는 것이다. 비록 이러한 혼란스러운 상태가 물리적 피해를 야기하지 않더라도 혼란으로 인하여 사회적으로 유무형의 영향과 비용을 부담하게 하는데, 이러한 물리적 피해와는 무관한 혼란상태도 재난이라 할 수 있다는 것이다.

대개 이러한 불확실성은 소통의 부재에서 발생하게 되는데 정보공급이 부족한 경우뿐만 아니라 과다하거나 무질서하게 이루어질 때도 발생하기도 한다.

12.4.5 터너의 재난배양 이론

재난배양이론(Disaster Incubation Theory)은 터너(Turner) 의 1978년 저작 「인적재난(Man Made Disaster)에서 제기된 것으로, 주로 재난 발생의 사회적·문화적 측면에 주목한다. 터너의 주된 관심은 재난이 발생하는 해당 사회의 사전(precondition) 조건들을 규명하는 것이었다. 그는 재난이 이미 사회 속에 내재되어 있다는 것을 강조한다. 즉 재난 발전의 초기 단계인 배양(incubation) 단계에서부터 사회 속에서는 재난이 잠재되어 누적되어 가고 있다는 것이다. 이러한 재난의 배양에 대한 강조는 재난 그 자체보다는 재난을 야기하는 사회적 상황에 대하여 사전적인 관심을 기울여야함을 의미한다.

재난의 사전적 배양에 대하여 관심을 기울이는 것이 재난의 발생 이후의 준비나 대응 단계에서 재난을 측정하고 대처하는 것 자체를 소홀히 한다는 것은 아니다. 다만 문제는 소위 재난평가에서 흔히 무시되었던 사회문화적인 조건들을 제대로 인식하고, 재난과 관련된 조직문화의 맹점, 부적절한 정보, 의사소통의 문제점, 오차 수정의 실패, 안전 규제 도입의 실패 등을 성찰해야 한다는 것이다. 즉, 조직의 문화, 정보를 수집하고 처리할 때 모호성, 복잡성 등으로 야기되는 불확실성 등을 심각하게 다루어야 한다는 것이다.

12.4.6 페로의 정상사건 이론

페로(Perrow, 1984)의 1984년 저작 「정상사고(Normal Accident)에 처음으로 소개되었다. 페로의 핵심주장은 현대사회의 기술적, 조직적 시스템의 특성을 복잡하고 꽉 짜여진 것에서 찾으며, 복잡하고 꽉 짜여진 기술적 체계는 필연적으로 사고를 발생시킨다고 한다. 체계가 복잡하다는 것은 그 체계를 구성하는 요소들 간의 복잡한 상호작용으로 말미암아 인간이 요소들 간의 상호작용을 정확하게 이해하기 어렵게 되어, 결과적으로 불확실성이 높아지는 것을 의미한다. 또 제계의 요소들이 다중적인 기능을 하기 때문에 그만큼 실패가 다양하게 나타나게 되며, 요소들 간의 관계가 밀접하기 때문에 그러한 설패는 연속적으로 발생하게 된다. 한편 '꽉 짜여진 체계'란 단일성이 높고, 변형이 적으며, 시간 의존적인 생산 과정을 거치는 체계를 의미한다. 흔히 전문가 집단으로 구성되어 있고 각각의 구성 요소들의 대제가 쉽지 않은 속성을 지닌다. 이러한 체계는 체계 내에 안전 기제가 내장되어 있지만, 그 개선이 용이하지 않다는 문제가 있다.

이러한 복잡하고 꽉 짜여진 체계에서 예기치 않은 조그만 사건이 발생하게 되면 그것은 곧 가속화 과정을 거쳐 거대한 재난으로 확대되는 경향이 존재한다. 즉, 복잡성과 꽉 짜여짐의 조합은 재난의 발생을 불가피하게 만들며 재난의 확대를 촉진하게 된다. 페로는 이렇게 발생하는 재난을 '정상사고(normal accident)'라고 명명하였다. 이러한 견해는 재난 발생의 필연성을 강조하는 것으로 그 관리에 대하여는 일종의 비관적 자세를 위하는 입장이다.

참고문헌

강경식 외, 안전경영과학론, 청문사, 2008

김상철 외, 소방심리학의 이해, 재웅플러스, 2020

김종운, 상담심리학의 이론과 실제, 동문사, 2021

남승규 외, 산업심리학, 학지사, 2018

박세영 외, 산업 및 조직심리학, 학지사, 2017

박진우, 과학적 관리의 원칙, 박영사, 1994

신현정 외, 심리학개론, ㈜시그마프레스, 2022

양운섭, 산업경영심리학, 형설출판사, 1997

오태근 외, 안전 및 재난관리의 주요이론, 윤성사, 2020

위국환 외, 산업안전교육론, 동문사, 2022

위국환 외, 안전보건관리론, 동문사, 2021

위국환 외, 재난안전교육론, 동문사, 2022

유태용, 산업 및 조직심리학, 시그마프레스, 2012

이관석, 임현교, 신승헌, 장성록, 김유창, 이동경, 이광원, 휴먼에러의 예방과 관리, 한솔아카데미, 2011

장성록, 안전심리학, 다솜출판사, 2013

정병용, 이동경, 현대인간공학, 민영사, 2005

정수진, 고종식, 산업경영심리학, 제2판, 삼우사, 2010

차종석 외, 인적자원개발론, 한경사, 2019

도로시 리즈(노혜숙 역), 질문의 7가지 힘, 더난 출판, 2012.

조성진, 진로설계와 코칭 리더십, 정민사, 2015.

에노모토 히데타케(황소연 역), 부하의 능력을 열두 배 키워준 마법의 코칭, 새로운 제안, 2004.

문광수 · 이종현, 안전이 묻고 심리학이 답하다, 좋은 땅, 2022.

위국환 외, 산업안전보건법령해석(도해식), 동문사, 2021.

이순열 · 이순철 · 박길수, 안전심리학, 학지사, 2019.

남승규 외 3인, 산업심리학, 학지사, 2022.

정진우, 안전심리, 청문각, 2018.

장성화 성경주, 교양으로 읽는 심리학개론, 동문사, 2021

이선희, 안전문화 길라잡이 1, 한국산업안전보건공단, 2021.

김병석 외, 산업안전관리론, 형설출판사, 2010.

조경호 외, 공공조직행태론, 대영문화사, 2014.

에듀인컴연구소, 산업안전개론, 예문사, 2016.

기도형 외, 산업안전보건관리자를 위한 인간공학, 한경사, 2010.
김창섭, 특수재난의 효율적 관리를 위한 위험물 분류체계 및 액체 혼합물의 인화점 예측에 관한 연구, 세명대학교 박사학위논문, 2017,
김대식, 산업안전관리론, 2006.
김종철, 산업안전관리론, 1993.
유재환 외, 안전관리, 1998.
Dale H. Schunk, Paul R. Pintrich, Judith L. Meece, Motivation Education, 서울대학교 학습창의센터 · 대표 역자 신종호), 학지사, 2014.
Bob Bates, Learning Theories Simplified, Sage, 2016
Brendan Wallace and Alastair Ross, Beyond Human Error, Taylor & Francis, 2006
Dan Petersen, Human Error Reduction and Safety Management, 3rd ed., Van
Douglas McGregor, The Human Side of Enterprise, McGraw-Hill, 1960
ed., McGraw-Hill, 1972
Ernest J. McCormick & Joseph Tiffin, Industrial Psychology, 6th ed., McGraw-Hill, 1974
Error, John Wiley & Sons, 1987
Henry Clay Smith & John H. Wakeley, Psychology of Industrial Behavior, 3rd
James Reason and Alan Hobbs, Managing Maintenance Error, Ashgate, 2003
Jens Rasmussen, Keith Duncan & Jacques Leplat, New Technology and Human
Nostrand Reinhold, 1996
Rensis Likert, New Patterns of Management, McGraw-Hill, 1961
Rensis Likert, The Human Organization, McGraw-Hill, 1967
Trevor Kletz, An engineer's view of human error, 3rd ed., Institution of Chemical Engineers, 2001

산업안전심리학

인쇄 발행 2023년 03월 06일

저 자 장성록 · 위국환 · 김선화 · 용홍출
발행인 송기수
발행처 도서출판 GS인터비전
편집처 도서출판 GS인터비전
편집인 이선경
인쇄처 트윈벨미디어
등록번호 제 25100-2016-000050 호

주 소 서울 은평구 증산로 15길 69, 2층
전 화 02-976-7898
팩 스 02-6468-7898
이메일 gsinter7@gmail.com
홈페이지 gsintervision.co.kr

ISBN 979-11-5576-429-9(93500)
정가 25,000원

도서출판 GS인터비전